**„Zerstörungsfreie Charakterisierung flacher Carbonfaser-Halbzeuge zur Prozessanalyse und Qualitätsbewertung"**

**„Non-destructive Characterization of Flat Carbon Fiber Semi-finished Products for Process Analysis and Quality Assessment"**

Von der Fakultät für Maschinenwesen der
Rheinisch-Westfälischen Technischen Hochschule Aachen
zur Erlangung des akademischen Grades eines
Doktors der Ingenieurwissenschaften
genehmigte Dissertation

vorgelegt von

Andreas Nonn

Berichter:  Univ.-Prof. Prof. h. c. (MGU) Dr.-Ing. Dipl.-Wirt. Ing. Thomas Gries
Univ.-Prof. Dr.-Ing. Robert Heinrich Schmitt

Tag der mündlichen Prüfung:  30. August 2022

Textiltechnik/Textile Technology
herausgegeben von
Univ. Prof. Professor h. c. (MGU) Dr.-Ing. Dipl.-Wirt. Ing. Thomas Gries

**Andreas Nonn**

# Zerstörungsfreie Charakterisierung flacher Carbonfaser-Halbzeuge zur Prozessanalyse und Qualitätsbewertung

Shaker Verlag
Düren 2022

**Bibliografische Information der Deutschen Nationalbibliothek**
Die Deutsche Nationalbibliothek verzeichnet diese Publikation in der Deutschen
Nationalbibliografie; detaillierte bibliografische Daten sind im Internet über
http://dnb.d-nb.de abrufbar.

Zugl.: D 82 (Diss. RWTH Aachen University, 2022)

ISBN 978-3-8440-8806-9
ISSN 1618-8152

Shaker Verlag GmbH • Am Langen Graben 15a • 52353 Düren
Telefon: 02421 / 99 0 11 - 0 • Telefax: 02421 / 99 0 11 - 9
Internet: www.shaker.de • E-Mail: info@shaker.de

Teile dieser Arbeit basieren auf den Ergebnissen der von mir betreuten studentischen Arbeiten. Eine bibliographische Auflistung befindet sich am Ende des Literaturverzeichnisses.

# Vorwort

Diese Arbeit entstammt meiner Zeit als Doktorand im BMW Werk Landshut in Zusammenarbeit mit dem Institut für Textiltechnik (ITA) der RWTH Aachen University von Juli 2014 bis Juni 2017. Mit der Fertigstellung habe ich mich von Oktober 2020 bis April 2022 befasst.

Mein tiefster Dank gilt Univ.-Prof. Prof. h. c. Dr.-Ing. Dipl.-Wirt. Ing. Thomas Gries für seine fortdauernde Unterstützung als Doktorvater sowie die konstruktiven Gespräche und Anmerkungen zu meiner Arbeit. Univ.-Prof. Dr.-Ing. Robert Heinrich Schmitt danke ich für die Übernahme des Korreferats. Zudem möchte ich Univ.-Prof. Dr.-Ing. Verena Nitsch für die Übernahme des Vorsitzes danken. Mein besonderer Dank am ITA gilt Dr.-Ing. Christoph Greb und Dr.-Ing. Annette Kolkmann, die mir in Aachen und aus der Ferne stets zur Seite standen.

Großer Dank gilt meinem BMW-seitigen Betreuer Dr.-Ing. Thomas Maurer, der mich während meiner Doktorandenzeit gefördert und gefordert hat. Für Rat und Tat seitens Technikum, Fertigung, Technologie und Planung möchte ich mich stellvertretend für alle bei Veronika Köllnberger, Andreas Eckl, Alexander Mutzbauer, Gerald Hofmann und Dr.-Ing. Christian Koch bedanken. Ich danke allen von mir betreuten Studenten, die mit ihrem Engagement und ihrer Leistung im Rahmen von Studienabschlussarbeiten und Praktika zu dieser Arbeit beigetragen haben. Bei Richard Kupke von der SURAGUS GmbH in Dresden bedanke ich mich für die partnerschaftliche Kooperation.

Diese Arbeit wäre nicht möglich gewesen ohne den Rückhalt meiner Familie: Für die bedingungslose Unterstützung auf meinem Weg danke ich meinen Eltern. Ich danke meinen Schwiegereltern, die mir ein ums andere Mal geholfen haben den Raum und die Zeit zum Schreiben sowie zur Prüfungsvorbereitung zu finden. Meinem Vater und Martin danke ich zudem für das akribische Lektorat dieser Arbeit. Meine Frau Susanne habe ich während meiner Doktorandenzeit kennengelernt, wofür ich unendlich dankbar bin. Mein besonderer Dank gilt ihrer immerwährenden Unterstützung und Motivation - insbesondere zum Ende meines Promotions-Marathons.

Landshut, im September 2022                                    Andreas Nonn

# Kurzfassung

Im Automobilbau sind anforderungsgerechte mechanische Eigenschaften bei möglichst geringem Gewicht der Fahrzeugkarosserie wichtige Beitragsleister zur Senkung der Emissionen und Erzielung idealer fahrdynamischer Eigenschaften. Kohlenstofffaserverstärkte Kunststoffe (CFK) bieten hierfür ein hohes Leichtbaupotential zu vergleichsweise hohen Material- und Herstellungskosten. Nach erfolgreicher Industrialisierung der Fertigung von schalenförmigen CFK-Bauteilen in hohen Stückzahlen ist die Reduzierung der qualitätsbezogenen Kosten in der Prozesskette anzustreben. Die Fertigung flacher Carbonfaser-Halbzeuge, sogenannter Stacks, ist der erste Prozessschritt im Betrachtungsumfang der vorliegenden Arbeit. Die Stacks werden zu Binderpreforms und schließlich zu Karosseriebauteilen im Hochdruck Resin Transfer Moulding (HD-RTM) Verfahren weiterverarbeitet. Das Ziel dieser Arbeit ist die Entwicklung und prototypische Umsetzung eines Prüfkonzepts zur zerstörungsfreien Charakterisierung der Stacks. Hierdurch soll die automatisierte Qualitätsprüfung nach der Stackfertigung für ca. 9.000 Stacks pro Tag ermöglicht werden. Die Erarbeitung und Umsetzung des Prüfkonzepts basiert auf einem Reifegradmodell und ergänzend angewendeten Methoden. Im Prüfkonzept werden das Laser-Lichtschnittverfahren, das bildgebende Wirbelstromverfahren sowie eine vorhandene Zeilenkamera in Kombination mit dem Vakuumieren der Lagenaufbauten unter einer transparenten Folie für die Prüfaufgaben ausgewählt. Die Entwicklung beinhaltet Software-Toolboxen für die Laser- und Kamera-Messdatenauswertung sowie den Vergleich mit etablierten Referenzverfahren. Das Laser-Lichtschnittverfahren wird entsprechend des erzielten Entwicklungsstandes für die Prozessanalyse und Qualitätsbewertung genutzt. Mit der Prototypen-Prüfzelle werden Stacks zerstörungsfrei charakterisiert und Versuche in der Prozesskette durchgeführt. Hierdurch können die Einflussgrenzen von Stack-Dickstellen im Binderpreforming und HD-RTM-Prozess ermittelt werden. Anhand einer Messsystemanalyse und Untersuchungen zur Klassifikationsleistung von Falten und der Fügepunktanzahl werden die Unsicherheiten des Verfahrens ermittelt. Die Ergebnisse der Entwicklung und Validierung sind Eingangsgrößen des Modells zur wirtschaftlichen Bewertung für drei Integrationsszenarien in die Stackfertigung. Abschließend werden technische Konzeptanpassungen des rentablen Inline-100%-Szenarios und das weitere Vorgehen skizziert.

# Abstract

In the automotive industry, requirements-compliant mechanical properties with the lowest possible weight of the vehicle body are important contributors to the reduction of emissions and the achievement of ideal driving dynamic properties. Carbon fiber-reinforced plastics (CFRP) offer a high lightweight construction potential at comparatively high material and manufacturing costs. After successful industrialization of the production of shell-shaped CFRP components in high quantities, the aim is to reduce the quality-related costs in the process chain. The production of flat carbon fiber semi-finished products, so-called stacks, is the first process step in the scope of the present work. The stacks are further processed into binder preforms and finally to car body parts in the high-pressure resin transfer moulding (HD-RTM) process. The aim of this work is the development and prototypical implementation of a test concept for non-destructive characterization of the stacks. This is intended to enable automated quality control after stack production for approx. 9,000 stacks per day. The development and implementation of the test concept is based on a maturity model and complementary methods. In the test concept, the laser light section and the imaging eddy current methods as well as an existing line scan camera in combination with the vacuuming of the stack layups under a transparent film are selected for the test tasks. The development includes software toolboxes for laser and camera measurement data evaluation as well as comparison with established reference methods. The laser light section method is used for process analysis and quality assessment according to the state of development achieved. With the prototype test cell, stacks are characterized non-destructively and experiments are carried out in the process chain. This allows to determine the influence limits of stack thicknesses in the binder preforming and HD-RTM process. The uncertainties of the method are determined by means of a measurement system analysis and studies on the classification performance of folds and the number of joining points. The results of the development and validation are input variables of the economic evaluation model for three integration scenarios in stack series production. Finally, technical conceptual adjustments to the profitable Inline-100% scenario and the way forward are outlined.

# Inhaltsverzeichnis

# 1 Einleitung

Im Automobilbau führen die stetig steigenden Anforderungen an die Sicherheit und den Komfort zu immer höheren Rohkarosseriegewichten. Dementgegen entwickeln und realisieren die Automobilhersteller Leichtbaukonzepte für den Karosseriebau. Hierdurch können zudem der Kraftstoffverbrauch und somit die Emissionen gesenkt werden. [PS21]

Leichtbau von Automobilen hat darüber hinaus in der Historie zu immer neuen Geschwindigkeitsrekorden beigetragen und ist auch in heutigen Konzepten von entscheidender Bedeutung für die Fahrdynamik. Durch Leichtbau in oberen Teilen der Karosserie lässt sich z. B. die Schwerpunktlage senken. Im Kontext der Elektromobilität lässt sich das hohe Gewicht von Batterien ganz oder teilweise kompensieren. [Fri13; Sch17a]

Werkstoffe für den Leichtbau lassen sich grundlegend in Metalle und Nichtmetalle einteilen. Unter den Metallen sind neben Aluminium, Magnesium und Titan vor allem hochfeste Stähle als Werkstoffe mit hohem Leichtbaupotential zu nennen. Zu den Nichtmetallen zählen Keramiken sowie Kunststoffe. Je nach Anforderungsprofil der thermischen und mechanischen Belastbarkeit kommen Kunststoffe als Vollwerkstoffe oder im Verbund mit Verstärkungsfasern zur Anwendung. [HM11]

Faserverbundwerkstoffe zählen zu den technischen Textilien. Als Verstärkungsfasern werden zumeist Glas-, Carbon- oder Aramidfilamentgarne eingesetzt. Die umgebende Matrix besteht zumeist aus duroplastischen oder thermoplastischen Kunststoffen. Kohlenstofffaserverstärkte Kunststoffe (CFK) sind für Leichtbauanwendungen mit hohen Anforderungen an die Festigkeit und Steifigkeit prädestiniert. [GVW19; HM11]

Den herausragenden mechanischen Eigenschaften von CFK-Bauteilen für die automobile Anwendung stehen hohe Kosten gegenüber. Eine Studie aus dem Jahr 2012 stellt das Leichtbaupotential den Bauteilkosten gegenüber (vgl. Abbildung 1). Während Teile aus CFK die gleichen Anforderungen mit der Hälfte des Gewichts von Stahl erfüllen können, so werden die Kosten hierfür mit mehr als dem 5-fachen der Stahlkosten beziffert. [HMS+12]

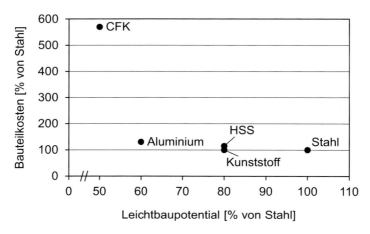

Abbildung 1:     Vergleich von Leichtbaupotential und Bauteilkosten verschie-
                 dener Materialien im Automobilbau auf Basis von [HMS+12]

Die Bayerische Motoren Werke AG (BMW) entwickelte im Rahmen des Project i
die sogenannte „LifeDrive-Architektur", die bei den Modellen i3 und i8 Anwendung findet. Bei dieser gewichtsoptimierten Bauweise sind u. a. Motor, Energie-
speicher und Fahrwerkskomponenten Bestandteil des Drive-Moduls aus Aluminium. Hauptbestandteil des Life-Moduls ist eine Fahrgastzelle aus CFK. Der
Werkstoff CFK ermöglicht beim BMW i8 das Erreichen der Fahrzeuganforde-
rungen in Bezug auf Design, Verbrauch, Quer- und Längsdynamik sowie pas-
sive Sicherheit. Gleichzeitig wurde eine Serienfertigung für die Produktion hoher
Stückzahlen an CFK-Bauteilen umgesetzt. [Tec14]

Die Karosserie des BMW i3 besteht aus ca. 40 CFK-Bauteilen, die in einer
Schalenbauweise gefertigt werden [PS21]. Bei einer Produktion von im Mittel
ca. 28.000 Fahrzeugen pro Jahr seit Start of Production (SOP) im Jahre 2013
(vgl. [BMW20a]) müssen somit alleine für dieses Fahrzeug ca. 1,1 Millionen
CFK-Bauteile jährlich produziert werden. Die hierfür benötigten flachen textilen
Halbzeuge, sogenannte Stacks, werden in der CFK-Stackfertigung hergestellt.
Die Stückzahl der Fertigung beträgt für alle Fahrzeuge mehr als 9000 Stacks
pro Tag [BMW20b]. Für die wirtschaftliche automobile Großserienfertigung von
CFK-Bauteilen besteht neben den Material- und Herstellungskosten auch im
Bereich der Kosten für die Qualitätssicherung Entwicklungsbedarf [EK14].

Fertigungsmesstechnik kann als wesentliche Komponente des Qualitätsmanagementsystems zur Sicherstellung und Verbesserung der Produkt- und Prozessqualität zur Anwendung kommen. Mit Zwischenprüfungen in der Prozesskette wird die Qualitätssituation erfasst. Die Ergebnisse der Datenauswertung einer Prozessanalyse können der Entwicklung zur Prozessverbesserung zur Verfügung gestellt werden. Mit Endprüfungen wird sichergestellt, dass keine fehlerhaften Produkte an den Kunden ausgeliefert werden. [PS10] Für die Inline-Qualitätssicherung bei der Produktion von CFK-Bauteilen und deren Charakterisierung im Bereich der Materialentwicklung bieten sich zerstörungsfreie Prüfverfahren an [EK14].

*Ziel*

Ziel der vorliegenden Arbeit ist die Erarbeitung, prototypische Umsetzung sowie technologische und wirtschaftliche Bewertung eines Konzepts zur Endprüfung, d. h. Qualitätsbewertung der relevanten Prüfmerkmale, nach der CFK-Stackfertigung. Die flachen textilen Halbzeuge sollen vor der Weiterverarbeitung in den Folgeprozessen charakterisiert werden. Hierauf aufbauend soll eine Prozessanalyse in der betrachteten Fertigungskette zur Herstellung von schalenförmigen CFK-Bauteilen erfolgen. Aufgrund der hohen Produktionsstückzahlen sollen Szenarien zur Automatisierung des Konzepts auf die Möglichkeit zur Reduzierung der Prüf- und Fehlerkosten in der Prozesskette bewertet werden.

*Ansatz*

Zunächst werden die technologischen und wirtschaftlichen Anforderungen an das Prüfkonzept ermittelt. Folgende übergeordnete Anforderungen bilden den Ansatzpunkt für die Entwicklung:

- Die Prüfung muss zerstörungsfrei sein.
- Es müssen bis zu 450 Stacks pro Stunde geprüft werden können.
- Das Konzept muss zur Inline-Prüfung in einer vorgegebenen Produktionsumgebung automatisierbar sein.

Kosten einer geplanten Prüfung können den Fehlerverhütungskosten zugeschrieben werden. Dem gegenüber stehen die Fehlerkosten, die sich u. a. aus Ausschuss- und Nacharbeitskosten zusammensetzen. Die gemeinsame Be-

trachtung von Fehlerverhütungskosten und Fehlerkosten ergibt die qualitätsbezogenen Kosten. [VDA15]

Dieser Ansatz wird hinsichtlich der Qualitätsbewertung der Halbzeuge auf den
Fertigungskettenausschuss im Untersuchungsraum übertragen. Nach Voraus-
wahl aus den etablierten Bewertungsverfahren werden die qualitätsbezogenen
Kosten für verschiedene Szenarien der Serienintegration des Prüfkonzepts mit
einem Renditeziel abgeglichen.

*Methode*

Das Prüfkonzept für die zu charakterisierenden Halbzeuge wird auf Basis eines
Reifegradmodells erarbeitet, entwickelt und validiert. Das Reifegradmodell und
weitere Methoden (vgl. Kapitel 2) bilden die Grundlage des Vorgehens.

*Untersuchungsraum*

Betrachtungsumfang der vorliegenden Arbeit sind Fertigungsketten für die CFK-
Bauteilproduktion in hohen Stückzahlen (vgl. Kapitel 3.1). Der Ausgangspunkt
der Fertigungsketten ist die CFK-Stackfertigung. Bei diesem Fertigungsschritt
werden textile Einzellagen zu flachen Zwischenprodukten, sogenannten Stacks,
gestapelt sowie beschnitten und gefügt. Im Anschluss an die Stackfertigung folgen die Weiterverarbeitung der Stacks mittels Binderpreforming und Hochdruck
Resin Transfer Moulding (HD-RTM) zu Bauteilen. In Abbildung 2 ist die betrachtete Prozesskette zusammenfassend dargestellt.

Abbildung 2:    Betrachtete Prozesskette zur Herstellung von CFK-Bauteilen

Die Entwicklung und Fertigung von Komponenten bzw. Bauteilen für die Automobilindustrie folgt einem generischen Zeitplan. Nach der Vorserienproduktion
von Prototypenfahrzeugen, zunächst aus Prototypen- und schließlich aus Se-
rienwerkzeugen, folgt die Serienproduktion der Kundenfahrzeuge. Die Phase
der Industrialisierung startet mit der Konzeption und Beschaffung der Anlagen
und Werkzeuge für die Serienproduktion. Währenddessen kann auf Basis einer

Prozessanalyse und zunehmend im Serienprozess eine stufenweise Prozess-verbesserung mit dem größten Verbesserungspotential erzielt werden. [Ber16]

Der Betrachtungsumfang der vorliegenden Arbeit ordnet sich nach der beschrie-benen Zeitschiene in die Serienproduktion ein. Hierbei können mittels De-tailanalyse nahe am Serienprozess weitere Verbesserungspotentiale realisiert werden, wie in Abbildung 3 dargestellt. Dementsprechend kann auf dem Stand der Technik zur Prozessanalyse (vgl. Kapitel 3.2) aufgebaut werden.

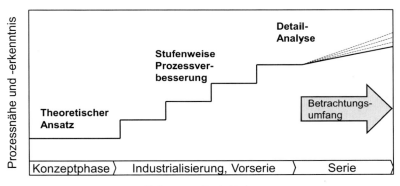

Abbildung 3:     Prozessanalyse und -verbesserung nach Bergmann [Ber16] mit Einordnung des Betrachtungsumfangs

*Bewertung*

Die Bewertung des Prüfkonzepts erfolgt entsprechend der Kriterien des zu-grunde gelegten Reifegradmodells. Die technologische Validierung wird anhand der für diesen Zweck konzeptionierten und beschafften Prototypen-Prüfzelle mit Serienmaterialien durchgeführt. Die wirtschaftliche Bewertung erfolgt anhand der repräsentativen Zielbauteile für verschiedene Serienintegrationsszenarien.

*Aufbau der Arbeit*

Der Aufbau der Arbeit ist in Abbildung 4 dargestellt. Kapitel 2 bis 4 beinhalten die Grundlagen und den Stand der Technik zu den verwendeten bzw. betrach-teten Methoden, Werkstoffen, Prozessen und Prüfverfahren. Die Schritte der Konzepterarbeitung bis zur Umsetzung in Form der Prototypen-Prüfzelle sind in

Kapitel 5 enthalten. Die anknüpfende Technologie- und Prototypen-Entwicklung ist mit dem resultierenden Verfahrensvergleich in Kapitel 6 beschrieben. Die Validierung des Prüfkonzepts folgt in Form der Teilkapitel zur Prozessanalyse und Qualitätsbewertung in Kapitel 7. Auf Basis der wirtschaftlichen Bewertung der Szenarien zur Serienintegration werden in Kapitel 8 abschließend die technischen Konzeptanpassungen und das weitere Vorgehen skizziert.

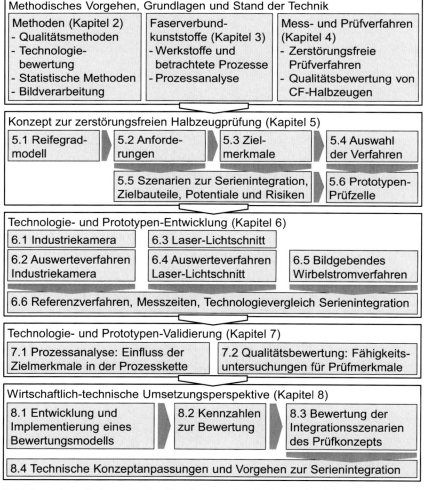

Abbildung 4:     Schematische Darstellung des Aufbaus der Arbeit

# 2 Methodisches Vorgehen

Das Vorgehen zur Erarbeitung und Bewertung des Prüfkonzepts dieser Arbeit beruht auf Qualitätsmethoden (Kapitel 2.1) sowie Methoden zur Technologiebewertung (Kapitel 2.2). Im Rahmen der experimentellen Versuche kommen statistische Methoden (Kapitel 2.3) zur Anwendung. Bei der Entwicklung der Auswerteverfahren werden Methoden der digitalen Bildverarbeitung (Kapitel 2.4) genutzt, die zusammenfassend beschrieben werden.

## 2.1 Qualitätsmethoden

Der Begriff Qualität ist nach der DIN EN ISO 9000 definiert als „Grad, in dem ein Satz inhärenter Merkmale eines Objekts Anforderungen erfüllt". Mit inhärenten Merkmalen sind dem Objekt innewohnende und zugleich kennzeichnende Eigenschaften gemeint. Das Objekt kann z. B. ein Produkt oder eine Dienstleistung sein. Anforderungen bezeichnen Erfordernisse, die unterschiedlich verbindlich sein können. [DIN15a]

Die Ermittlung der Anforderungen je Anwendungsfall ist auch in der Zertifizierungsnorm für Qualitätsmanagementsysteme DIN EN ISO 9001 ein zentraler Bestandteil; hierbei wird in Kundenanforderungen sowie zutreffende gesetzliche und behördliche Anforderungen unterschieden [DIN15b]. Die im Folgenden beschriebenen Methoden bilden die Grundlage für die Ermittlung, Priorisierung und Umsetzung der Anforderungen an das Prüfkonzept dieser Arbeit.

### 2.1.1 Kano-Modell

Mit dem Kano-Modell wird die Kundenzufriedenheit als Funktion der Erfüllung von Kundenanforderungen beschrieben. Die Anwendung des Modells führt zu einer Grundlage für die Produktentwicklung. Im Ergebnis liegen nach Wichtigkeit für den Kunden kategorisierte Anforderungen vor. [SP15]

Basismerkmale werden vom Kunden erwartet und führen zu Unzufriedenheit, wenn sie fehlen. Leistungsmerkmale beziehen sich auf individuelle Kundenwünsche und führen bei Erfüllung zu Zufriedenheit. Begeisterungsmerkmale werden vom Kunden nicht gewünscht, steigern jedoch ebenso wie Leistungsmerkmale die Zufriedenheit, wenn sie vorhanden sind. Mit der Zeit, d. h. fortschreitender

technischer Entwicklung, werden Begeisterungsmerkmale zu Leistungsmerk-
malen und schließlich zu Basismerkmalen. Indifferente Merkmale haben keinen
Einfluss auf die Kundenzufriedenheit und können vernachlässigt werden. Um-
kehrmerkmale können bei Vorhandensein zu Unzufriedenheit oder sogar zur
Ablehnung eines Produkts führen und sollten vermieden werden. [SP15] Das
Kano-Modell ist in Abbildung 5 dargestellt.

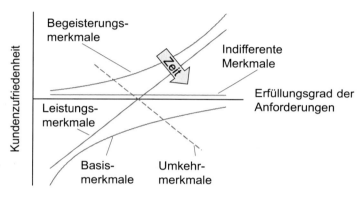

Abbildung 5:     Kano-Modell nach [SP15]

## 2.1.2  Reifegradmodelle

Reifegrade zur Bewertung einer Technologie sind z. B. für Raumfahrtsysteme
etabliert und genormt. Die Zeitdauer zur Erreichung der Technologie-Reifegrade ist technologieabhängig. In der DIN EN 16603-11 ist der Zweck der sogenannten Technologie-Reifegrade (Technology Readiness Levels, TRL) wie
folgt beschrieben [DIN20]:

- Quantifizierung der technologischen Entwicklungsreife
- Frühzeitige Kontrolle technologischer Entwicklungen im Rah-
  men einer zukünftigen Mission
- Überwachung des technologischen Fortschritts während der
  Entwicklung
- Eingangsgröße für den Entscheidungsprozess der Projekt-
  implementierung

Die Bewertung basiert auf 9 Reifegraden, ausgehend vom TRL 1 (Grundlagen erfasst und dargelegt) bis zum TRL 9 (Ist-System flugerprobt durch erfolgreichen Missionsbetrieb). [DIN20]

In der Automobilindustrie kommt eine Reifegradabsicherung für Neuteile entsprechend dem gleichnamigen VDA Band zur Anwendung; die Ziele sind [VDA09]:

- Sicherstellung der vereinbarten Qualität
- Förderung der Zusammenarbeit von Kunde und Lieferant
- Transparenz über zu leistende Inhalte, Terminplan und Status
- Frühzeitiges Aufdecken von Abweichungen
- Ergänzung des Projektmanagements

Checklisten mit Messkriterien, den sogenannten Reifegradkriterien, werden für jeden Reifegrad als Ampelstatus bewertet. Für besonders relevante Kriterien gibt es Wiederholfragen in den folgenden Reifegraden. Je nach Risikoklassifizierung des Lieferanten und des Produkts reicht die Arbeitsweise von der Selbstbewertung des Lieferanten mit Plausibilisierung durch den Kunden bis hin zur gemeinsamen Bewertung von Kunde und Lieferant am Runden Tisch. Der Reifegradterminplan ist am Projektterminplan des Kunden orientiert und wird zu Projektbeginn vereinbart. Er reicht vom Ende der Konzeptphase (RG0) über die Industrialisierung (RG1 bis RG6) bis zum RG7 maximal 6 Monate nach Serien-Produktionsstart eines Fahrzeugs (Start of Production, SOP). [VDA09] In Abbildung 6 sind die VDA-Reifegrade zusammenfassend dargestellt:

| Reifegrad | 0 | 1 | 2 | 3 | 4 | 5 | 6 | 7 |
|---|---|---|---|---|---|---|---|---|
| 0) Innovationsfreigabe für Serienentwicklung | ▪ | | | | | | | |
| 1) Anforderungsmanagement für Vergabeumfang | | ▪ | | | | | | |
| 2) Festlegung der Lieferkette und Vergabe der Umfänge | | | ▪ | | | | | |
| 3) Freigabe technische Spezifikationen | | | | ▪ | | | | |
| 4) Produktionsplanung abgeschlossen | | | | | ▪ | | | |
| 5) Serienwerkzeugfallende Teile, Serienanlagen verfügbar | | | | | | ▪ | | |
| 6) Produkt- und Prozessfreigabe | | | | | | | ▪ | |
| 7) Projektabschluss, Verantwortungsübergabe an Serie | | | | | | | | SOP◆ |

Abbildung 6:     Reifegradabsicherung für Neuteile auf Basis von [VDA09]

Prüfmittel sind in der Reifegradabsicherung als Kriterien für zwei Reifegrade enthalten. Im Rahmen des RG4 müssen Prüfmittel beauftragt bzw. bestellt sein. Die Abnahme muss innerhalb des RG5 erfolgen und somit vorab zur Produkt- und Prozessfreigabe des RG6 abgeschlossen sein. [VDA09] Die Kriterien berücksichtigen in der Form ausschließlich einfache Prüfmittel ohne Entwicklungsumfang, die z. B. als Katalogware bestellbar sind.

Für neuartige Fertigungskonzepte aus CFK gibt es darüber hinaus erweiterte Modelle zur Technologiereifebewertung, wie beispielsweise in [Mar17] auf Basis von [BRM+14; RS10]. Für neuartige Prüfkonzepte ist in [Koc13] ein dreistufiges Reifegradmodell beschrieben, das in Abbildung 7 dargestellt ist. Es fehlt jedoch die Reifegrad-Zuordnung zu den im Automobilbau etablierten Modellen [VDA09; BRM+14; RS10] und einem ergänzend in [Sie10] auf Basis von [CEN04] erarbeiten Stufenmodell zur Einführung von zerstörungsfreien Prüfverfahren. Dementsprechend wird das Methodenreife-Modell in Kapitel 5.1 adaptiert und um weitere Reifegradkriterien ergänzt.

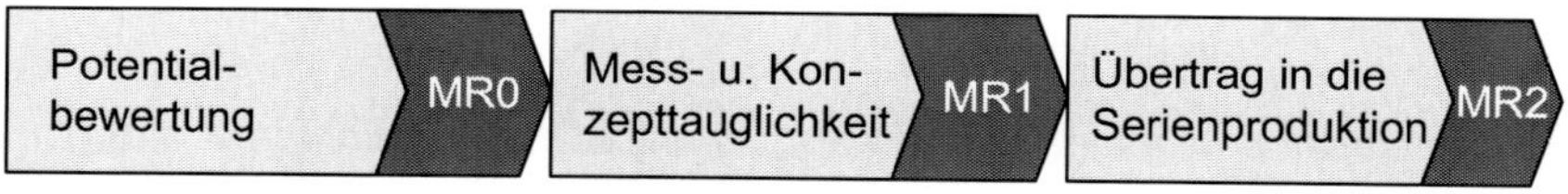

| Potential-bewertung   MR0 | Mess- u. Kon-zepttauglichkeit   MR1 | Übertrag in die Serienproduktion MR2 |
|---|---|---|
| • Stand der Technik recherchiert<br>• Marktscreening durchgeführt<br>• Anforderungen definiert<br>• Erste technologische Ergebnisse zur Messbarkeit der Zielgröße liegen vor<br>• Potential-/Risiko-analyse durchgeführt<br>• Wirtschaftlichkeit bewertet<br>• Planung für Methodenreife 1 (MR1) liegt vor | • Prototypen-Prüfsystem robust und einfach zu bedienen<br>• Standzeit und Wartung definiert<br>• Messdatenoutput definiert<br>• Prüfanweisung erstellt<br>• Versuche mit Zielmaterialien durch-geführt<br>• Messgerätefähigkeit Prototyp ermittelt<br>• Wirtschaftlichkeits-bewertung aktualisiert<br>• Planung für MR2 liegt vor | • Serien-Prüfsystem robust und einfach zu bedienen<br>• Einbindung in Produktionsdaten-erfassung erfolgt<br>• Messgerätefähigkeit Serie nachgewiesen<br>• Statistik über Zielmaterialien in Serie vorhanden |

Abbildung 7:      Reifegradmodell Methodenreife für Prüfkonzepte nach [Koc13]

## 2.2 Technologiebewertung

Technologiebewertung bezeichnet die Beurteilung einer Technologie in verschiedenen Entscheidungssituationen vor dem Hintergrund unterschiedlicher Kriterien. Die Bewertung dient der Gewinnmaximierung eines Unternehmens und umfasst somit auch Wirtschaftlichkeitsbewertungen. Als Werkzeug der Bewertung dienen Methoden, die sich in quantitative und qualitative Methoden aufteilen lassen. Der Fokus der Anwendung der Methoden verschiebt sich bei fortschreitenden Phasen des Technologiemanagementprozesses hin zur quantitativen Seite, wie in Abbildung 8 dargestellt. [SK11; VS12; MS18]

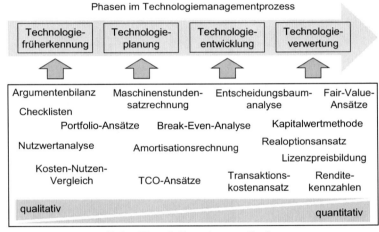

Abbildung 8:    Phasen und unterstützende Bewertungsmethoden im Technologiemanagement nach [SK11]

*Qualitative Methoden*

Qualitative Methoden sind dann sinnvoll einzusetzen, wenn nichtmonetäre Aspekte, wie z. B. Qualität oder Sicherheit, in einen Vergleich mit einbezogen werden sollen. Sie werden in den Bereichen eingesetzt, in denen quantitative Werte nur schwer zu erfassen sind. [SK11; Bun18] Zu den qualitativen Methoden zählen die Nutzwertanalyse, Präferenzmatrix und Portfolioansätze, wie die Potential-/Risikoanalyse. Detaillierte Beschreibungen finden sich in der Literatur. [SK11; DGP10; Bun18; TF12]

*Quantitative Methoden*

Quantitative Verfahren basieren vor allem auf Mustern oder Modellen der Technologieevolution. [SK11] Viele quantitative Bewertungsmethoden sind der Wirtschaftlichkeits- und Investitionsrechnung zuzuordnen. Die Wirtschaftlichkeitsrechnung beschreibt ein Kalkül zur Bestimmung der Wirtschaftlichkeit einer Handlung, die unterschiedlicher Art sein kann [WSP+18]. Die Wirtschaftlichkeitsrechnung in Bezug auf Investitionsentscheidungen und -beurteilungen wird als Investitionsrechnung aufgefasst. Im Rahmen der Investitionsrechnung werden die Bewertungsmethoden in statische und dynamische Verfahren unterteilt. [VS12; DGP10; SK11] Eine Übersicht der für diese Arbeit relevanten quantitativen Bewertungsverfahren ist in Abbildung 9 dargestellt; für ihre nähere Beschreibung sei auf die Literaturangaben der nachfolgenden Absätze verwiesen.

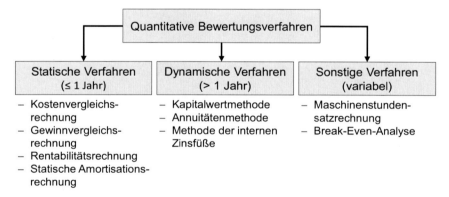

Abbildung 9:     Übersicht quantitativer Verfahren mit Angabe des typischen
                 Bewertungszeitraums auf Basis von [Pap18; SK11]

Aufgrund Ihres relativ geringen Informationsbedarfs und der einfacheren Handhabung im Vergleich zu dynamischen Verfahren sind die statischen Verfahren in der Praxis beliebt. Sie sollten allerdings nicht als einzige Bewertungsgrundlage dienen, da sie die Gleichwertigkeit der Liquidität voraussetzen und somit eher als Kurzfristrechnungen dienen. [VS12; DGP10] Die Anwendung von statischen Verfahren besitzt insbesondere für begrenzte Investitionsvolumina praktische Relevanz. Als Bewertungszeitraum wird in der Regel ein sogenanntes Durchschnittsjahr betrachtet. [Pap18]

Im Gegensatz zu statischen Verfahren beziehen dynamische Verfahren die Höhe und zeitliche Struktur der Ein- und Auszahlungen einer Investition in die Bewertung mit ein. Daher führen dynamische Verfahren sowohl bei absoluten als auch bei relativen Vorteilhaftigkeitsvergleichen zu realistischeren Ergebnissen als statische Verfahren. Sie kommen für kapitalintensive Investitionen mit Bewertungszeiträumen von mehreren Jahren zur Anwendung. [VS12; Pap18]

Neben den bereits aufgeführten Verfahren der klassischen Wirtschaftlichkeitsrechnung kommen in der Technologiebewertung auch andere quantitative Bewertungsverfahren zum Einsatz. Hier sind die Maschinenstundensatzrechnung und die Break-Even-Analyse zu nennen. [SK11; SSS08]

## 2.3   Statistische Methoden

Als Basis für diese Anwendungsgebiete der statistischen Methoden werden nachfolgend die verschiedenartigen Merkmalswerte und verknüpften Skalentypen zusammengefasst. Prüfmerkmale lassen sich wie folgt einteilen [PS10]:

- Qualitative Merkmale
  - o Nominalskala
  - o Ordinalskala
- Quantitative Merkmale (stetig oder diskret)
  - o Kardinalskala

Im Fall der Nominalskala können Merkmale nur als gleich oder verschieden klassifiziert werden. Nominalskalierte Merkmale werden auch attributive Merkmale genannt; sie besitzen keine Reihenfolge. Mit einer Ordinalskala können Merkmalsausprägungen zusätzlich in eine natürliche Reihenfolge gebracht werden. Bei der Kardinalskala können die Merkmalswerte reelle Zahlen sein mit Abständen und Verhältnissen entsprechend der Merkmalsausprägung. [PS10]

### 2.3.1  Statistische Versuchsplanung und Auswertung

Die statistische Versuchsplanung (Design of Experiments, DoE) dient dem Ziel, mit einem Minimum an Zeit und Kosten eine statistisch abgesicherte Antwort auf eine bestimmte Fragestellung zu finden. Die Anzahl der Einzelversuche soll dabei möglichst gering gehalten werden. Zudem sollen die Versuche möglichst voneinander unabhängig sein, was mittels Randomisierung und Blockbildung ermöglicht wird. Durch Wiederholung kann die Versuchsstreuung ermittelt werden. Für die detaillierte Beschreibung sei auf die vertiefende Literatur verwiesen. [SBH10; BHH05; Kle09] Die Anwendung der Grundbegriffe der Versuchsplanung im Rahmen dieser Arbeit basiert auf [Kle09].

*Beschreibende Statistik*

Nach der Durchführung von Messungen können quantitative Messwerte oder daraus ermittelte Kennzahlen statistisch beschrieben werden. Hierdurch werden Rückschlüsse auf die zugrunde liegende „Wahrheit" ermöglicht, die auch Grundgesamtheit genannt wird. Zur Berechnung der statistischen Kennzahlen sei auf die Literatur verwiesen. [Kle09; BHH05]

Für quantitative Merkmale oder Messwerte können die Häufigkeiten ausgewertet und visualisiert werden. Für diskrete Merkmale kommen zur Visualisierung Stabdiagramme zum Einsatz; im Falle von stetigen Merkmalen ist die Darstellung als Histogramm vorteilhaft. Dementsprechend werden die stetigen Daten für Histogramme in einem ersten Schritt in Klassen zusammengefasst und die x-Achsenbeschriftung entspricht den Klassengrenzen. [PS10] Für den Fall, dass diskrete Merkmale ganzzahlig sind, entspricht das Stabdiagramm der Histogramm-Darstellung mit einer Klassenbreite von 1 mit ganzzahligen Klassengrenzen, wie im Anwendungsfall der Bildverarbeitung in Abbildung 14 (Kapitel 2.4.2) dargestellt.

Die Verfahren zur statistischen Auswertung finden sich für stetige quantitative Merkmale auch in der DIN 53804-1 [DIN02a] und für diskrete quantitative Merkmale in der DIN 53804-2 [DIN85a]. Die statistische Beschreibung und Auswertung von qualitativen Merkmalen kann mitunter auf Basis der Häufigkeitsverteilungen erfolgen, wie im vorangegangenen Absatz beschrieben. Ergänzende Verfahren sind in der DIN 53804-3 [DIN82] für Ordinalmerkmale und in der DIN 53804-4 [DIN85b] für Attributmerkmale enthalten.

*Korrelations- und Regressionsanalyse*

Eine Möglichkeit zur Visualisierung der Beziehung zwischen zwei Merkmalen ist das Korrelationsdiagramm. Das Eintragen der Wertepaare in das Diagramm erlaubt eine einfache grafische Analyse des Zusammenhangs. Insbesondere lineare Zusammenhänge lassen sich so erkennen und hinsichtlich ihrer Korrelation, wie in Abbildung 10 dargestellt, beschreiben. [TC13]

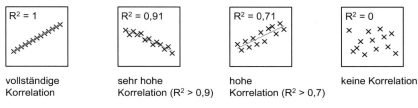

Abbildung 10:    Lineare Korrelationsmuster und Bewertung des Korrelationskoeffizienten $R^2$ in Anlehnung an [TC13]

Zur weiteren Untersuchung des Zusammenhangs bzw. der Abhängigkeit zwischen (mehreren) Einflussgrößen und Zielgrößen bietet sich die (multiple) Regressionsanalyse an. Ein vorgegebenes mathematisches Modell kann z. B. an Messdaten angepasst werden, bis diese bestmöglich durch das Modell beschrieben werden. Die Anpassung des Modells ist unabhängig davon, ob die Einflussgrößen in Form von Faktoren variiert oder als Störgrößen gemessen werden. [Kle09]

*Hypothesentests und Fehlerarten*

Statistische Tests im Rahmen der Versuchsauswertung dienen dazu, wahre Effekte von scheinbaren Effekten zu unterscheiden. Scheinbare Effekte sind nicht reproduzierbar und entstammen der zufälligen Versuchsstreuung. Wahre Effekte sind reproduzierbar; d. h. die Variabilität in den Versuchen ist in Form von Störgrößen bekannt oder bestmöglich kontrolliert. Grundlage hierfür bilden die statistische Versuchsplanung und eine Prüfung der Daten nach der Versuchsdurchführung, insbesondere auf Abweichungen von der Planung, fehlerhafte Datenerfassung oder Lücken. [SBH10]

Zur Versuchsbewertung ist es etabliert von einer sogenannten Nullhypothese $H_0$ auszugehen. Diese wird so formuliert, dass kein Effekt erwartet wird. Der Grund hierfür ist, dass die Gültigkeit der Nullhypothese niemals bewiesen werden kann. Stattdessen besteht die Möglichkeit, die Nullhypothese mit einer Alternativhypothese $H_1$ zu widerlegen. Mittels dieser Konvention wird das zu zeigende Ergebnis in Form von $H_1$ zur Evidenz, sofern eine zuvor festgelegte Akzeptanzschwelle überschritten wird. [SBH10]

Bei den Hypothesentests besteht das Risiko zwei Arten von Fehlentscheidungen zu treffen, wie in Abbildung 11 dargestellt. Es wird unterschieden in [SBH10; Käh04]

- Fehler 1. Art (auch: $\alpha$-Risiko oder Produzentenrisiko):
  Die Alternativhypothese $H_1$ wird fälschlicherweise akzeptiert, da die Nullhypothese $H_0$ (kein Effekt) zu Unrecht verworfen wird. Somit wird ein nicht signifikanter Effekt als wichtig angesehen.
- Fehler 2. Art (auch: $\beta$-Risiko oder Kundenrisiko):
  Die Alternativhypothese $H_1$ wird fälschlicherweise zurückgewiesen, da die Nullhypothese $H_0$ (kein Effekt) zu Unrecht akzeptiert wird. Somit wird ein signifikanter Effekt nicht erkannt.

| | | Objektiv richtig ist: | |
| --- | --- | --- | --- |
| | | $H_0$ trifft zu | $H_0$ trifft nicht zu |
| Durch die Testentscheidung wird akzeptiert: | $H_0$ | Richtige Entscheidung | Fehler 2. Art ($\beta$-Risiko) |
| | $H_1$ | Fehler 1. Art ($\alpha$-Risiko) | Richtige Entscheidung |

Abbildung 11: Fehler 1. und 2. Art bei statistischen Tests nach [SBH10; Käh04]

Es hat sich bewährt das $\alpha$-Risiko zu kontrollieren und hierdurch sicherzustellen, nicht signifikante Effekte mit einem Risiko von z. B. maximal 5 % als wichtig zu erachten. Über eine Betrachtung des $\beta$-Risikos kann dann die benötige Anzahl an Versuchen bestimmt werden, um signifikante Effekte zu erkennen. Die charakterisierende Größe ist die sogenannte Power der Tests $1 - \beta$, für die mit höherer Anforderung die Anzahl an Versuchen steigt. Es gilt, dass $\beta$ mit großem $\alpha$ klein ist. Ebenso ist $\beta$ mit kleinem $\alpha$ groß, was zu einer geringeren Power der Tests bzw. einer höheren benötigten Versuchsanzahl führt. Für die detaillierte Beschreibung der Vorgehensweise sei auf die Fachliteratur verwiesen. [SBH10; Käh04]

## 2.3.2 Verfahren für den Fähigkeitsnachweis

Mit der Messmittelfähigkeitsuntersuchung, auch Messsystemanalyse genannt, sollen die systematischen und zufälligen Messabweichungen eines Messgerätes quantifiziert werden. Bei der Analyse wird davon ausgegangen, dass sich die Gesamtunsicherheit im Messprozess aus mehreren Komponenten zusammensetzt. Hierzu zählen die Unsicherheit des Messgeräts, des Messablaufs, sowie die möglichen Einflüsse unterschiedlicher Prüfer oder Umgebungsbedingungen wie z. B. Temperatur oder Luftfeuchtigkeit. [PS10]

Für die Messsystemanalyse gibt es keine einheitliche Norm. Stattdessen haben sich firmenspezifische Richtlinien etabliert [DS14]. Diese Richtlinien basieren in der Automobilindustrie zumeist auf einem Handbuch zur Messystemanalyse (MSA) der Automotive Industry Action Group (AIAG), welches 1990 in erster Auflage veröffentlicht wurde und inzwischen in der 4. Auflage [Aut10] vorliegt. Im Rahmen dieser Arbeit wird u. a. der VDA Band 5 zur Prüfprozesseignung in der Automobilindustrie angewendet, der mitunter auf der AIAG MSA beruht. Hinzu kommen weitere Normen und Dokumente, die in Tabelle 1 zusammengefasst sind. [VDA11]

Tabelle 1:     Auszug von Normen und Standards zur Prüfmittelbewertung nach [VDA11]

| Zielstellung | Internationale/nationale Normen und Dokumente |
| --- | --- |
| Ermittlung der Mess-unsicherheit | • DIN 1319-1 [DIN95]<br>• DIN 1319-2 [DIN05a]<br>• DIN 1319-3 [DIN96a]<br>• JCGM 100 (GUM) [JCG08]<br>• DKD Leitfaden [DKD12] |
| Ermittlung der Messge-räte-/Prüfmittelfähigkeit | • ISO 22514-7 [ISO12]<br>• AIAG Referenzhandbuch [Aut10] |
| Berücksichtigung der Messunsicherheit | • DIN EN ISO 14253-1 [DIN18]<br>• AIAG Referenzhandbuch [Aut10] |

### 2.3.3 Bewertung klassifizierender Bildverarbeitungssysteme

Die Verfahren der Messsystemanalyse sind ausschließlich auf quantitative Prüfmerkmale bzw. Messergebnisse anwendbar. Für attributive Merkmale, wie z. B. die Klassifizierung in „in Ordnung" (i.O.) oder „nicht in Ordnung" (n.i.O.) gibt es alternative Bewertungsverfahren. In der Automobilindustrie werden für den Anwendungsfall, dass die Prüfergebnisse von verschiedenen Prüfern verglichen werden sollen, Auswerteverfahren im VDA Band 5 und VDA Band 16 vorgeschlagen. Hierbei wird unterschieden in Verfahren mit und ohne Referenzwert. [VDA11; VDA16a] Für eine umfassende Beschreibung sei auf [DS14] verwiesen.

Aus vorgenannten Gründen wurde die VDI/VDE/VDMA Richtlinie 2632 erarbeitet. In der Richtlinie ist eine Vorgehensweise zur Bewertung der Klassifikationsleistung von Bildverarbeitungssystemen enthalten, die z. B. im Rahmen der Lasten- und Pflichtenhefterstellung sowie bei der Abnahme entsprechender Systeme genutzt werden kann. Der zugehörige Ablauf eines Prüfprozesses in der Oberflächeninspektion ist in Abbildung 12 dargestellt. [VDI17]

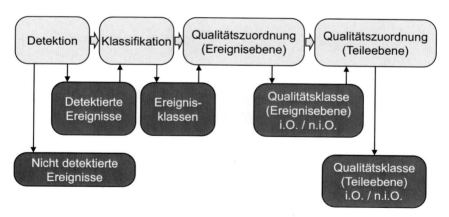

Abbildung 12:    Schematischer Ablauf eines Prüfprozesses mit Bildverarbeitungssystem auf Basis von [VDI17]

Für die Definitionen und Beschreibungen der Teilschritte im Prüfprozess sei auf [VDI17] verwiesen. Ergänzende Anmerkungen finden sich in [Neu14a; Neu14b].

Ausschlaggebend für ein korrektes Prüfergebnis des Systems ist die Qualitätsbewertung auf Teileebene. Die Ergebnisdarstellung erfolgt (auf Ereignis- und
Teileebene) üblicherweise in sogenannten Konfusionstabellen, wie in Abbildung
13 dargestellt. Die Werte werden üblicherweise spaltenweise zu 100 % normiert. [VDI17]

| | | Real | |
| --- | --- | --- | --- |
| | | i.O. | n.i.O. |
| Prüfergebnis | i.O.' | Korrekt bewertete Gutteile $Q_{i.O.\rightarrow i.O.}$ | Durchschlupf $Q_{n.i.O.\rightarrow i.O.}$ |
| | n.i.O.' | Fehlausschuss $Q_{i.O.\rightarrow n.i.O.}$ | Korrekt bewertete Schlechtteile $Q_{n.i.O.\rightarrow n.i.O.}$ |

Abbildung 13:   Aufbau einer Konfusionstabelle mit realem Bauteilzustand und
Prüfergebnis nach [VDI17]

Diese Art der Normierung bezieht sich somit auf die Zuordnung des realen Er-
gebnisses zum Prüfergebnis. Eine zeilenweise Normierung repräsentiert, welche realen Ereignisse einer bestimmten Prüfklasse zugeordnet werden. Sie ist
zur Optimierung des Klassifikators geeignet. [Neu14a] Die Darstellung entspricht im Übrigen den Hypothesentests mit der Nullhypothese $H_0$, dass es sich
bei dem Prüfteil um ein Gutteil handelt (vgl. Abbildung 11 in Kapitel 2.3.1).

Kenngrößen für die Bewertung der Eignung des Bildverarbeitungssystems für
die Qualitätsprüfung sind die Fehlausschussrate und die Durchschlupfrate. Mit
der Fehlausschussrate wird der Anteil von i.o.-Teilen definiert, die fälschlicherweise als n.i.O. erkannt wurden. Die Durchschlupfrate ist der Anteil an n.i.O.-
Teilen, die vom System als i.O. erkannt wurden. Die Zusammenfassung der
Konfusionstabellen zu Kenngrößen wie z. B. der Cohens Kappa (vgl. [DS14]),
ist im Rahmen der Bewertung von Bildverarbeitungssystemen nicht sinnvoll.
Hierbei werden die Information zu stark weiter kondensiert und eine Differenzierung der Leistungsfähigkeit des Systems wird erschwert. [Neu14b]

## 2.4 Digitale Bildverarbeitung

In der Wissenschaft und Industrie spielen die visuelle Beobachtung und Dokumentation seit den Anfängen eine wichtige Rolle. Die Fotografie und manuelle Auswerteverfahren wurden mit den Fortschritten in der Sensorik und Computertechnologie zunehmend durch digitale Bildaufnahme und -verarbeitung ersetzt. Typische Anwendungsgebiete im Maschinen- und Automobilbau sind unter anderem die Erkennung oder Vermessung von Werkstücken, Zähl- und Sortieraufgaben oder die Oberflächeninspektion. [Jäh12; Neu05]

### 2.4.1 Statistische Beschreibung von Bildinformationen

Für jedes Bild lassen sich der Mittelwert und die mittlere quadratische Abweichung über alle Pixel des Grauwert- oder eines Farbkanals berechnen. Der Mittelwert ist ein Maß für die Helligkeit des Bildes; die mittlere quadratische Abweichung liefert Informationen über den Kontrast. [Neu05]

Mittels eines Histogramms können die Anzahl der Pixel für jeden Grau- oder Farbkanalwert eines Bildes dargestellt werden. Das Histogramm ist ein wichtiges Hilfsmittel für Punktoperationen und viele andere Bildverarbeitungsoperationen. Es enthält keine Informationen über die örtliche Verteilung der Grauwerte. [Neu05]

Um Texturen statistisch zu beschreiben wird daher oftmals die sogenannte Co-Occurrence Matrix verwendet. Die Co-Occurrence Matrix enthält die Wahrscheinlichkeiten, mit der eine Pixelkombination in benachbarten Pixeln eines Bildes auftritt. [Neu05; GWE09]

### 2.4.2 Punkt- und Nachbarschaftsoperationen

Der Informationsgehalt eines Bildes ist im Allgemeinen begrenzt auf Farb- oder Grauwerte in dessen Bildpunkten. Globale Punktoperationen verändern jeden einzelnen Pixelwert auf Basis einer für das gesamte Bild gültigen Regel. Nachbarschaftsoperationen manipulieren einen Pixel abhängig von Pixeln in seiner Umgebung. [Jäh12]

*Grauwertspreizung*

Bei der Grauwertspreizung wird die Grauwertverteilung im Ursprungsbild punkt-
weise auf eine breitere Verteilung im Zielbild abgebildet. Der Effekt der Sprei-
zung wird in Abbildung 14 deutlich. Im linken Foto wird nur die Hälfte des verfügbaren Grauwertebereichs ausgenutzt, wie das dazugehörige Histogramm
zeigt. Im rechten Foto wurden die Grauwerte auf den gesamten Grauwertebereich gestreckt. Durch den erhöhten Kontrast werden kleine Grauwertdifferen-
zen verstärkt und das Bild für einen menschlichen Betrachter besser erkennbar.
[Neu05]

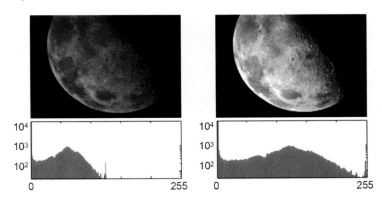

Abbildung 14:   Foto und Histogramm vor (links) und nach (rechts) der Grau-
                wertspreizung [GWE09]

*Binarisierung*

Eine weitere Punktoperation ist die Binarisierung eines Bildes. Dabei wird jedem
Grauwert über einen globalen Grenzwert schwarz oder weiß bzw. der binäre
Wert 0 oder 1 zugeordnet. Das Histogramm kann beispielsweise zur Schwell-
wertfindung genutzt werden. Da bei der Binarisierung im Allgemeinen Bereiche
unterschiedlicher Grauwerte unterschieden werden sollen, bieten sich die Mi-
nima zwischen Intensitätsbereichen als Grenzwert an. Neben diesem grundlegenden Ansatz zur Grenzwertbildung werden in der Literatur auch andere Möglichkeiten wie die Methode von OTSU [Ots79] beschrieben, mit der sich oft bessere Ergebnisse erzielen lassen. Grauwertmanipulationen und Binarisierung
können anstatt auf das gesamte Bild auch in Teilbereichen des Bildes durchge-

führt werden. Beispielsweise kann ein Bild zur Binarisierung in Teilbereiche unterteilt und für jeden Bereich ein eigener Grenzwert bestimmt werden. Ein sol-
ches Vorgehen ist vor allem dann sinnvoll, wenn lokale Grauwertunterschiede
im Bild von globalen Grauwertschwankungen überlagert sind. Aufgrund des lokalen Charakters solcher Operationen ist der Übergang zu Nachbarschaftsope-
ration fließend. [Neu05; GWE09]

*Nachbarschaftsoperationen*

Im klassischen Sinne bezeichnen Nachbarschaftsoperationen Bildmanipulatio-
nen mit einem lokalen Fenster. Während bei Punktoperationen nur das Histogramm verändert wird, verändern Nachbarschaftsoperationen auch Schärfe
und Form des Bildes. Da die Operationen den Informationsgehalt des Bildes
dabei grundlegend verändern, werden sie auch als Filter bezeichnet. Zu den
wichtigsten Filtern zählen Glättungsfilter und Schärfungsfilter. Die detaillierte
Beschreibung findet sich in der Fachliteratur. [Neu05; Jäh12; BB15; GWE09]

## 2.4.3 Morphologische Operationen

Der Begriff Morphologie beschreibt in der Biologie die Lehre von der Form und
Struktur von Pflanzen und Tieren [GWE09]. Morphologische Operatoren im Bereich der Bildverarbeitung bezeichnen Nachbarschaftsoperatoren, mit denen
die Form von Objekten modifiziert wird [Jäh12].

Werden Bilder über eine Grauwertschwelle binarisiert, ist im Allgemeinen nicht
mit einer idealen Segmentierung der verschiedenen Objekte im Bild zu rechnen.
Stattdessen sind die Formen der Objekte von sogenannten Artefakten gestört.
Die Störungen sind Löcher in den Objekten, unregelmäßige Kantenkonturen,
oder Brücken, die eigentlich getrennte Teilchen miteinander verbinden. Die mor-
phologischen Operatoren werden zum Entfernen dieser Artefakte eingesetzt
und dienen damit zumeist als Vorverarbeitungsschritt der Bildverarbeitung.
[Neu05]

## 2.4.4 Segmentierung und Lageerkennung

Mit Segmentierung wird in der Bildverarbeitung die Klassifizierung der Bildinhalte entsprechend einheitlicher Merkmale verstanden. Nach der Segmentierung der Objekte werden diese mit sogenannten Labels versehen. Über diese

Label lassen sich die unterschiedlichen Bildinhalte zur Weiterverarbeitung separat hervorheben. [Neu05] Im Anschluss an die Segmentierung der Objekte kann mittels der Segmentierung eines Referenzobjektes eine Lageerkennung durchgeführt werden. Diese ist für viele Anwendungen der industriellen Bildverarbeitung von zentraler Bedeutung. [DSS11]

Die Segmentierung kann mit folgenden Methoden erfolgen, die in der jeweils genannten Literatur detailliert beschrieben sind:

- Schwellwertsegmentierung [GWE09]
- Hough Transformation [Jäh12; BB15]
- Regionenorientierte Verfahren [JMN+96]
- Wasserscheidentransformation [GWE09]
- Komponentenmarkierung [BB15]

Die Lageerkennung von Objekten ist Bestandteil der meisten Bildverarbeitungsanwendungen, da die Position und Orientierung der Prüfobjekte in der Regel variiert. Sofern die Lageerkennung nicht die Prüfaufgabe ist, wird sie mitunter als Hilfsverfahren für Korrekturen der Translation oder Rotation der Prüfobjekte benötigt. Hierauf baut oftmals die weitere Prüfaufgabe bzw. Merkmalsextraktion auf, wie z. B. bei Vermessungsaufgaben. [DSS11]

2.4.5 Frequenzraumfilterung mittels Fouriertransformation

Für jedes Ursprungsbild f(u,v) existiert eine äquivalente Darstellung im Frequenzraum F(m,n), das sogenannte Amplitudenspektrum bzw. Fourierbild. Zwischen dem Fourierbild und den Eigenschaften des Ursprungsbildes bestehen feste Zusammenhänge. Da das Ursprungsbild durch das Spektrum eindeutig definiert ist, können diese Zusammenhänge genutzt werden, um hieraus Eigenschaften des Ursprungsbildes abzuleiten. [Neu05]

Die klassische Anwendung der Fouriertransformation in der Bildverarbeitung ist der Entwurf von Filtern. Darüber hinaus kann sie zur Kantendetektion, Texturanalyse und Orientierungsbestimmung verwendet werden. Detaillierte Beschreibungen zur Frequenzraumfilterung mittels Fouriertransformation finden sich in der Literatur. [BB15; Neu05]

# 3   Faserverbundkunststoffe

In Kapitel 3.1 werden die in der vorliegenden Arbeit eingesetzten Werkstoffe, textilen Halbzeuge und Bauteile beschrieben. In Kapitel 3.2 wird der Stand der Technik zur Prozessanalyse im Untersuchungsraum dargelegt.

## 3.1   Verwendete Werkstoffe und Herstellungsprozesse

Zunächst erfolgt eine Einteilung der genutzten Materialien (Kapitel 3.1.1). Darauf aufbauend werden je Zwischenprodukt in der Wertschöpfungskette die spezifischen Herstellungsprozesse zusammengefasst (Kapitel 3.1.2 ff.).

### 3.1.1  Einteilung der textilen Halbzeuge

Textile Flächengebilde aus Carbonfasern sind das Ausgangsprodukt der betrachteten Prozesskette. Ihre grundlegende Einteilung ist in Abbildung 15 dargestellt. Die im Rahmen dieser Arbeit verwendeten UD-Gelege sind den sonstigen Gelegen zuzuordnen; die Vlieskomplexe zählen zu den Sonderformen der Vliesstoffe.

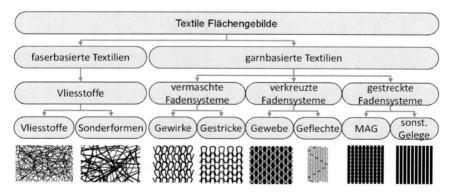

Abbildung 15:    Einteilung textiler Flächengebilde nach [GVW19]

Die weitergehende Unterscheidung der Halbzeuge bzw. Bauteile erfolgt anhand ihrer Geometrie. Zudem wird die Ausrichtung der Fadensysteme zur Verstärkung, die sogenannte Verstärkungsstruktur, betrachtet. In dieser Arbeit werden die Definitionen nach [Che11] genutzt. Sie sind in Tabelle 2 den verwendeten Halbzeugen, Bauteilen und Prozessen zugeordnet.

Tabelle 2:          Einteilung der verwendeten Halbzeuge und Bauteile sowie
                    Übersicht der Verarbeitungsprozesse dieser Arbeit

| Halbzeuge, Bauteile | Geometrie nach [Che11] | Verstär-kungsstruktur nach [Che11] | Verarbeitungs-prozesse | Weiterverar-beitung zu |
|---|---|---|---|---|
| UD-Gelege | 2D | UD | Stackfertigung | Stacks |
| Vlieskomplex | 2D | MD | | |
| Stacks | 2D | MD | Preforming, ggf. Konfektionieren, HD-RTM | RTM-Bauteile |
| RTM-Bauteile | 2D, 2½D | MD | (Fügen, nicht im Untersuchungs-raum) | Fahrzeug-Karosserie |

## 3.1.2 Carbonfasern

Bei der Herstellung von Carbonfasern kommen hauptsächlich zwei verschiedene Verfahren zum Einsatz. Diese unterscheiden sich grundlegend in der eingesetzten Vorstufe, dem sogenannten Precursor. Die Produktion von Carbonfasern im industriellen Maßstab aus Polyacrylnitril (PAN) ist deutlich weiterver-
breitet als die Herstellung aus Pechfasern. [EK14]

Carbonfasern werden zumeist als Filamente mit einem Durchmesser von
5 – 10 µm hergestellt. Die Filamentanzahl in den Faserbündeln, sogenannten
Tows, wird entsprechend der Anwendung und Aufmachung gewählt. Üblich sind
**Multifilamentgarne** mit 1.000 (1k) bis 50.000 (50k) Filamenten. 50k Multifilamentgarne werden als **Heavy Tows** bezeichnet. [Che11]

Der spezifische elektrische Widerstand von Carbonfasern beträgt je nach Fa-
sertyp $10^{-3} – 10^{-5}$ $\Omega \cdot$cm. Somit sind Carbonfasern elektrisch leitfähig, was bei
ihrer Verarbeitung und Anwendung berücksichtigt werden muss. [Che11]

*Herstellungsprozess Carbon-Multifilamentgarn aus PAN*

Ziel der Herstellung von Kohlenstofffasern ist die Ausrichtung von Graphitschichten in Faserlängsrichtung, wodurch die Fasern ihre hohe Festigkeit erhalten. In Abbildung 16 ist der Prozess schematisch dargestellt. Zunächst wird das
weiße PAN Precursor-Multifilamentgarn (1) nach Streckung (2) in Oxidations-
öfen bei Temperaturen von 200 – 300 °C stabilisiert (3) und dadurch schwarz,
unbrennbar und nicht schmelzend. Der Kohlenstoffgehalt beträgt ca. 60 %. Anschließend erfolgt die Carbonisierung durch weitere thermische Behandlung in
inerter Stickstoff-Atmosphäre bei bis zu 1700 °C (4). Der Kohlenstoffgehalt
wächst auf bis zu 92 % an. Wird die Thermobehandlung bei Temperaturen von
2000 – 3000 °C fortgesetzt, tritt Graphitierung (5) ein. In diesem Fall erhöht sich
der Orientierungsgrad der Graphitschichten und der E-Modul steigt (bei sinken-
der Festigkeit) stark an. Dies ist nur für die Herstellung von Hochmodulfasern
erforderlich. [Gri10b]

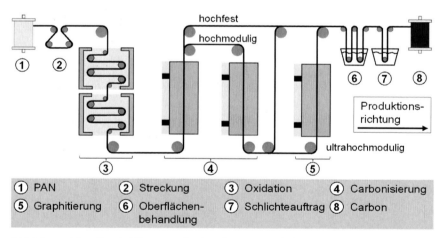

Abbildung 16:    Produktion von Carbonfasern aus PAN nach [Che11]

Im weiteren Verlauf werden die Fasern einer Oberflächenbehandlung (6) und
dem Schlichteauftrag (7) unterzogen. Hierdurch wird eine gute Anbindung der
Fasern an den Matrixwerkstoff ermöglicht [Mor05]. Dies geschieht durch die Erzeugung von Oberflächenoxiden, wobei die Menge an absorbiertem Sauerstoff
direkt die Dichte der stabilisierten Faser beeinflusst [Gri10b]. Abschließend wird
das Carbon-Multifilamentgarn auf Spulen gewickelt (8).

### 3.1.3 UD-Gelege

Die textile Konstruktion von Gelegen wird durch ihre spezifische Anzahl an Verstärkungs-Faserbündeln pro Breite und deren Orientierung charakterisiert. UD-Gelege bestehen aus einer oder mehreren Faserlagen in einer Richtung (vgl. Tabelle 2). [Che11] Gelege werden mittels Hilfsfäden verwirkt. Ein weiterer Konstruktionsparameter von Gelegen ist die Bindungsart der Wirkfäden, die in der DIN EN ISO 4921 [DIN02b] verzeichnet sind. Als weiteres Bindungselement können Teilschüsse, Vollschüsse oder Stehfäden eingebracht werden [Gri10a].

Die Textilstruktur wird zudem vom Flächengewicht beeinflusst; die Bestimmung ist in der DIN EN 12127 [DIN97b] und der ISO 3374 [ISO00] beschrieben. Zusätzlich können Bindermaterialen auf die Gelege aufgetragen werden, um automatisiertes Preforming zu ermöglichen [KGL+11].

Der Zwischenraum zwischen zwei parallel verlaufenden Faserbündeln, sogenannten **Rovings**, wird in Teilen der Literatur [SEB+02; LVP+03; NLF+06] als Fließkanal bezeichnet. Die Fließkanalgeometrie hängt grundlegend von der Bindungsart und Faserrichtung ab. Im Produktionsprozess kann sie über die Wirkfadenspannung eingestellt werden [Koc21].

*Herstellungsprozess 0° UD-Gelege*

Abbildung 17: Prozessschritte zur Herstellung der verwendeten 0° Gelege

Der Herstellungsprozess für 0° UD-Gelege ist in Abbildung 17 zusammengefasst. Die 50k Heavy Tows werden vom Gatter kontinuierlich in die Maschine geführt. Anschließend werden sie aufgespreizt. Nach dem Einzug in die Wirkmaschine werden an der Ober- und Unterseite der Gelege die Glasfasern in regelmäßigem Abstand abgelegt. Danach werden die Carbon- und Glasfasern verwirkt. Durch die eingebrachten Wirkfäden werden die aufgespreizten 50k Faserbündel in Rovings aufgeteilt. Im letzten Prozessschritt wird auf der Oberseite der Gelege ein Binder in Pulverform aufgebracht und thermisch fixiert. Alle beschriebenen Prozessschritte sind Online-Prozesse. [SSH+11]

*Herstellungsprozess ±45° und 90° UD-Gelege*

Im Gegensatz zur Herstellung der 0° Gelege werden die Heavy Tows für Gelege mit ±45° und 90° Orientierung zunächst offline zu sogenannten Tapes mit einer Breite von 10 bis 14 Zoll gespreizt und auf Taperollen aufgewickelt. Die Taperollen werden anschließend in einer Wirkmaschine weiterverarbeitet. [SSH+11] Die Prozessschritte sind in Abbildung 18 zusammengefasst.

| 50k CF Heavy Tows | Offline spreizen | Tape-rollen | Ablage GF und CF-Taperollen | Verwirken, Bebindern | ±45°/90° Gelege |

Abbildung 18:   Prozessschritte zur Herstellung der verwendeten ±45° und 90° Gelege

Die Weiterverarbeitung der gespreizten Tapes in der Wirkmaschine ist schematisch in Abbildung 19 dargestellt. Die Taperollen (1) werden von beweglichen Greifern (2) nebeneinander abgelegt und abgeschnitten. Vor und nach dem Ablegen der Tapes werden Glasfasern auf der Ablagefläche positioniert (3). Danach werden die Carbon- und Glasfasern verwirkt (4). Auf das verwirkte Gelege wird ein pulverförmiger Binder gestreut und in einem Heizfeld (5) thermisch fixiert. Abschließend wird das Gelege auf eine Rolle gewickelt (6). [SSH+11]

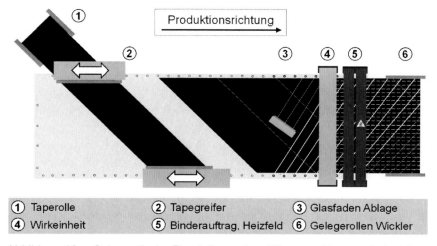

① Taperolle                  ② Tapegreifer              ③ Glasfaden Ablage
④ Wirkeinheit                ⑤ Binderauftrag, Heizfeld  ⑥ Gelegerollen Wickler

Abbildung 19:   Schematische Darstellung einer Wirkmaschine am Beispiel von -45° UD-Gelege auf Basis von [SSH+11]

### 3.1.4 Vliesstoffe

Entsprechend der ISO 9092 wird unter Vliesstoff (nonwoven) ein „vorrangig flächiges Gebilde aus Fasern, dem durch physikalische und/oder chemische Mittel ein festgelegter Grad an Festigkeit verliehen wurde; mit Ausnahme von Weben, Stricken oder Papierherstellung" [DIN19a] verstanden. Vliesstoffe weisen ein breit gefächertes Eigenschaftsprofil auf Basis ihrer jeweiligen Herstellungsprozesse auf. [Che11]

*Vlieskomplexe (verwirkte Mehrschicht-Vliesstoffe)*

Der Begriff Vlieskomplex wird für mehrere aufeinander geschichtete und verwirkte Vliesstoffe verwendet. Hierbei können Vliesstofflagen mit unterschiedlichen Vorzugsrichtungen kombiniert werden. Zudem kann, wie im zuvor beschriebenen UD-Gelege Herstellungsprozess, eine Bebinderung vor dem Aufwickeln auf Rollen erfolgen. Vlieskomplexe werden beispielweise in Außenhautteilen der Fahrzeugkarosserie eingesetzt. [Kno14; Wül15]

*Herstellungsprozess Vlieskomplexe*

Abbildung 20:    Prozessschritte zur Herstellung des verwendeten Vlieskomplex-Materials auf Basis von [Kno14]

Die Einzelschritte zur Herstellung von Vlieskomplexen sind in Abbildung 20 zusammengefasst. Das Ausgangsmaterial sind Verschnittreste aus der Gelege-, Stack- und Preformproduktion. Diese sind trocken, d. h. sie wurden noch nicht mit einem Matrixwerkstoff imprägniert. Das Material wird zunächst in möglichst quadratische Stücke geschnitten (vgl. [FB15]) und anschließend geöffnet. Danach folgen die Ausrichtung und mechanische Fixierung der einzelnen Vliesstofflagen. Abschließend werden mehrere einzelne Vliesstofflagen zu Vlieskomplexen verwirkt. [Kno14]

### 3.1.5 Stacks

Als Stacks werden mehrschichtige Lagenaufbauten der textilen Einzellagen bezeichnet. Der bauteilspezifische Lagenaufbau wird auch als Laminat bezeichnet und kann abhängig von Orientierung und Grammatur der Einzellagen den jeweils geforderten mechanischen Anforderungen angepasst werden. In der Regel kommen bei zweidimensionalen Verstärkungsstrukturen symmetrische Lagenaufbauten zum Einsatz, d. h. die Orientierungen und Grammaturen der Einzellagen sind an der Mittelebene des Lagenstapels gespiegelt. Hierdurch lassen sich mechanische Koppeleffekte minimieren, die z. B. zu Durchbiegung oder Verwölbung der Bauteile führen können. [NMB14]

*Herstellungsprozess*

Abbildung 21:    Prozessschritte zur Herstellung der verwendeten Stacks

Der Stack-Herstellungsprozess unterteilt sich in die Teilprozesse Legen, Schneiden, Labeling und Fügen, wie in Abbildung 21 dargestellt. Abbildung 22 zeigt das zugehörige Layout der Fertigungshalle.

Das Legen und Labeling können in drei verketteten Anlagen (A) automatisiert oder in einer Manufaktur (M) erfolgen. Die Textilrollen werden von einem Greifer aus dem Rollenlager (1) entnommen. Nach Bedarf können vor dem Legen fehlerhafte Abschnitte der Rollen herausgeschnitten werden. Anschließend werden die Rollen in der gewünschten Orientierung und Reihenfolge auf einem Förderband auf bis zu 15 m Legelänge abgerollt (2). Nach dem Schichten der Lagen werden diese in den Zuschnittbereich gefördert (3). Im Anschluss an den Endkonturbeschnitt erfolgt das Labeling. Durch die Pufferbereiche des Förderbandes können das Legen, Schneiden und Labeling parallel durchgeführt werden. Nach Entnahme der Lagenaufbauten (4) werden diese auf Transportplatten abgelegt. In den Fügeanlagen werden die Einzellagen der Stacks mittels Ultraschallschweißen (5) punktuell gefügt. Hierbei wird durch hochfrequente, mechanische Schwingungen der Binder auf den textilen Einzellagen lokal aufgeschmolzen. Durch das anschließende Abkühlen und Erstarren sorgt er für den

Zusammenhalt der Einzellagen. Abschließend werden die Stacks durch die Werker geprüft und in Transportbehälter abgestapelt (6). [BMW14]

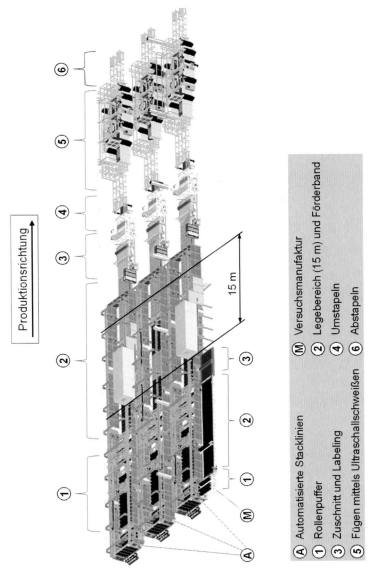

Abbildung 22:   Layout der CFK-Stackfertigung [BMW14]

3.1.6 Binderpreforms

Der Begriff Preform bezeichnet ein- oder mehrlagige trockene Textilien, welche eine endkonturnahe Abbildung der späteren Bauteilgeometrie darstellen [AVK13]. Es gibt eine Vielzahl unterschiedlicher Verfahren für die Preformherstellung und Fixierung. Grundsätzlich wird zwischen direktem bzw. einstufigem Preforming und sequentiellem bzw. mehrstufigen Preforming unterschieden [Che11]. Es können unterschiedliche Verfahren zur Fixierung der Preforms zur Anwendung kommen, wie z. B. die Binder-Umformtechnik oder die textile Konfektionstechnik [NMB14].

*Herstellungsprozess*

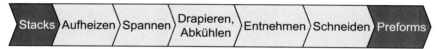

Abbildung 23:    Prozessschritte zur Herstellung der verwendeten Preforms

Die im Rahmen dieser Arbeit genutzten Binderpreforms zählen zu den sequentiell hergestellten Preforms. Die Preformfixierung wird durch Aufschmelzen und Abkühlen des Binders auf den textilen Einzellagen der Stacks erreicht. [SSH+11] Die Einzelschritte sind in Abbildung 23 dargestellt.

3.1.7 Schalenförmige Strukturbauteile

Als Matrixwerkstoffe für technische Anwendungen werden zumeist duroplastische Kunststoffe, wie z. B. Epoxid-, Polyester- oder Phenolharze, verwendet. Duroplaste entstehen durch chemische Vernetzung ihrer Einzelkomponenten und sind daher weder schmelzbar noch löslich. Zudem sind sie nach der Vernetzungsreaktion grundsätzlich sehr hart und spröde. Alternativ können thermoplastische Matrices verwendet werden, die eine bessere Schlagzähigkeit und höhere Bruchdehnung besitzen. Thermoplaste sind schmelzbar und erlauben daher das Verschweißen von Bauteilen und einfaches Recycling. Allerdings ist die Einsatztemperatur beschränkt und die Verarbeitung gestaltet sich aufgrund ihrer größeren Viskosität aufwendiger. [Mic06]

*Herstellungsprozess Hochdruck Resin Transfer Moulding (HD-RTM)*

Ein mögliches Fertigungsverfahren zur Herstellung von faserverstärkten Kunststoffen ist das Resin Transfer Moulding (RTM). Im deutschsprachigen Raum wird das RTM-Verfahren auch als Harzinjektionsverfahren bezeichnet. Das Verfahren beruht auf der Nutzung von trockenen Faserhalbzeugen (Preforms), die über ein im Werkzeug anliegendes Druckgefälle mit einem duroplastischen Harz-Härter-Gemisch imprägniert werden [AVK13].

Das Hochdruck Resin Transfer Moulding (HD-RTM) ist eine Variante des RTM-Verfahrens. Harz, Härter und ggf. internes Trennmittel werden hierbei in einer Mischkammer unter Hochdruck vermischt und direkt ins Werkzeug injiziert. Die Injektionsdrücke können bis zu 200 bar betragen. Der konstante Volumenstrom bedingt die hohen Prozessdrücke im Werkzeug, denen mit ausreichenden Pressenkräften begegnet werden muss. Die Imprägnierung der Preforms erfolgt durch die hohen Prozessdrücke sehr schnell, so dass hochreaktive Harzsysteme eingesetzt werden können. Hierdurch können die Zykluszeiten deutlich verkürzt werden. [NMB14]

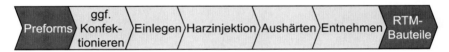

Abbildung 24:   Prozessschritte zur Herstellung der verwendeten RTM-Bauteile

Die Prozessschritte zur Herstellung der RTM-Bauteile sind in Abbildung 24 dargestellt. Große Teile der Fahrzeugkarosserie, wie z. B. ein Seitenrahmen, bestehen aus mehreren Preforms, die zunächst auf einer Konfektionierstation positioniert und mittels spezieller Tackernadeln in den Überlappbereichen fixiert werden. Der RTM-Prozess beginnt mit dem Einlegen des Preforms in das RTM-Werkzeug. Nach der Harzinjektion härtet das Bauteil unter Druck und Temperatur aus; es wird nach vollständiger Vernetzung entnommen. [SSH+11]

## 3.2 Stand der Technik zur Prozessanalyse

Im Rahmen der Prozessanalyse sollen textile Stacks zerstörungsfrei charakterisiert und die Auswirkungen von lokalen Merkmalen in den nachfolgenden Prozessen untersucht werden. Auf Basis der zugrunde gelegten Begriffsdefinitionen eines Merkmals in Kapitel 3.2.1 folgt in Kapitel 3.2.2 ein Überblick der entsprechenden Charakterisierung von textilen Halbzeugen in der Literatur. In Kapitel 3.2.3 werden Prozessanalysen aus der Literatur zusammengefasst und in den Kontext der betrachteten Prozesskette eingeordnet.

### 3.2.1 Definitionen von Merkmalen und Variabilität

*Merkmale*

Der Begriff Merkmal bzw. Qualitätsmerkmal ist grundlegend in der DIN EN 9000 definiert (vgl. Kapitel 2.1). Entsprechend der DIN 55350-12 ist ein Merkmal eine „Eigenschaft zum Erkennen oder zum Unterscheiden von Einheiten", welche „der Abgrenzung als auch der Untersuchung einer Grundgesamtheit" [DIN89] dient. Eine ergänzende Anwendung des Merkmalsbegriffs wird im Folgenden beschrieben.

Die DIN EN ISO 8785 beinhaltet Normvorgaben für unterschiedliche Oberflächenunvollkommenheiten hinsichtlich ihrer Begrifflichkeit und Definitionen. Diese können anhand ihrer Länge, Breite, Fläche, Höhe, Tiefe und Anzahl einzeln oder gesamthaft charakterisiert werden. Auf Basis der Norm können weitergehende Spezifikationen erstellt werden. [DIN99a]

In der Automobilindustrie wird der Begriff Merkmal gemäß des VDA Bandes 16 für lokale Inhomogenitäten von dekorativen Oberflächen verwendet. Im VDA Band sind eine Vielzahl an Merkmalen von dekorativen Oberflächen von Anbau- und Funktionsteilen im Außen- und Innenbereich von Automobilen definiert und möglichen verursachenden Prozessen zugeordnet. Zudem wird eine Zoneneinteilung in Bezug auf die Sichtbarkeit der Merkmale im verbauten Zustand vorgeschlagen. Abhängig von z. B. der Lokalität und der Fläche eines Merkmals resultiert die Anmutung der Bauteiloberfläche. Oberflächenprüfungen können häufig nur als human-visuelle Prüfungen realisiert werden, die zu physiologisch bedingten Durchschlupfraten führen. An der Oberfläche sichtbare Merkmale können auch ein Hinweis auf eine beeinträchtigte Bauteilfunktionalität (z. B. mechanische Festigkeit) sein. [VDA16a; VDA16b]

Außerhalb des Toleranzbereichs werden Merkmale zu Fehlern. In der Literatur erfolgt diese Unterscheidung nicht durchgängig. Auch bei Überschreiten einer gewissen Fehleranzahl je Produktmenge, wie z. B. je Laufmeter einer Textilrolle, können zu viele Merkmale zu einer fehlerhaften Rolle führen. Hierbei wird teilweise in Haupt- und Nebenfehler unterschieden, wobei die Anzahl an zulässigen Nebenfehlern größer bemessen ist. [DIN87; DIN01]

Der Begriff Merkmal wird zusammenfassend im Rahmen dieser Arbeit wie folgt verwendet:

- Kennzeichnende inhärente Eigenschaften eines Halbzeugs oder Bauteils werden als **Merkmale** bezeichnet, anhand derer zum Beispiel unterschiedliche Typen eins Halbzeugs unterschieden werden können.

- Lokale Abweichungen in der Halbzeug-/Bauteiloberfläche oder im Volumen werden als **lokale Merkmale** bezeichnet. Diese können sowohl Auswirkungen auf die Anmutung und/oder Funktionalität haben.

- **Mess- und Prüfmerkmale** eines Bauteils oder Halbzeugs werden entsprechend der Definitionen der Statistik sowie der Mess- und Prüftechnik als solche benannt.

- **Zielmerkmale** werden wie folgt definiert: Im Rahmen der Anforderungsermittlung (vgl. Kapitel 5.2) werden Zielmerkmale für die Untersuchungen im Rahmen dieser Arbeit ausgewählt. Dementsprechend werden z. B. mitunter die lokalen Merkmale der Halbzeuge zu Mess- oder Prüfmerkmalen des Untersuchungsraumes.

*Variabilität*

Der Begriff Variabilität ist eng mit lokalen Merkmalen von Halbzeugen oder Bauteilen verwandt. So werden von MORGAN die Schwankungen der textilen Eigenschaften ausgehend vom Eingangsmaterial oder Herstellungsprozess als Variabilität bezeichnet. Um nachfolgende Prozesse unter Kontrolle zu halten, müssen für das jeweilige Rohmaterial Toleranzen eingehalten werden. [Mor05]

## 3.2.2 Merkmale und Variabilität von textilen Halbzeugen

*1 D Textilien: Carbonfaser-Multifilamentgarne*

Ausgehend von der Herstellung von Kohlenstofffasern können deren Eigenschaften variieren, wie z. B. der Faserdurchmesser bzw. die Feinheit (Masse pro Längeneinheit). Zudem können Unterschiede bei Tows des gleichen Produktionszeitpunktes, z. B. hinsichtlich Festigkeit auftreten. Darüber hinaus tritt temperatur- oder feuchtigkeitsabhängige Variabilität auf, z. B. in Bezug auf die Schlichte. [Mor05]

*2D-Textilien: Gewebe, Gelege und Stacks*

In der DIN 65147-2 mit technischen Lieferbedingungen für Gewebe aus Kohlenstofffilamentgarn sind lokale Merkmale für Gewebe enthalten und mit Zulässigkeitsangaben in Haupt- und Nebenfehler klassifiziert. Enthaltene lokale Merkmale sind beispielsweise aufgewölbtes, welliges Gewebe, sowie zu dichte oder lichte Stellen. Eine Vielzahl weitere Definitionen von Gewebefehlern sind in der DIN 65673 enthalten. [DIN87; DIN99b]

Merkmale für Multiaxialgelege sind in der DIN EN 13473-2 beschrieben und in Haupt- und Nebenfehler klassifiziert. Zudem werden die Zulässigkeiten je Merkmal angegeben. Zu den beschriebenen Merkmalen zählen fehlende oder gebrochene Fäden, Gassen, zerstörte Wirkfäden, Falten, Verschmutzungen, Schnitte und Risse sowie Abweichungen in der Warenbreite. [DIN01]

Wenn mehrere Gelege-Einzellagen zu einem Lagenaufbau gestapelt werden, kommt es je nach Orientierung der Fasern zu unterschiedlichen Formen des sogenannten Nesting, wie in Abbildung 25 anhand von zwei Lagenaufbauten beispielhaft dargestellt. Es kann sowohl durch die Bindungsart als auch durch Bindungselemente der textilen Einzellagen vermindert werden. Dazu sind z. B. die Trikot- oder Tuch-Bindung sowie eingebrachte Teil- oder Vollschüsse aufgrund ihrer Orientierung quer bzw. diagonal zur CF-Richtung gut geeignet. [LVP+03] Zudem kann die Reihenfolge der Lagen im Laminataufbau so verändert werden, dass unter Beachtung der Randbedingungen der mechanischen Auslegung möglichst wenige Lagen mit der gleichen Orientierung aufeinandergestapelt werden. [Koc21]

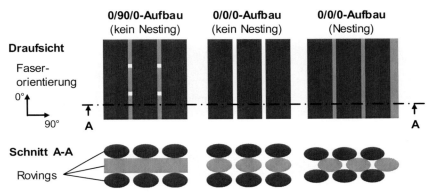

Abbildung 25: Schematische Darstellung von Nesting in Lagenaufbauten aus UD-Gelegen

*2 ½ D textile Halbzeuge: Preforms*

Beim Drapiervorgang können bedingt durch die Umformung Merkmale entstehen, da die Formgebung aufgrund der Nicht-Fließfähigkeit der textilen Halbzeuge erschwert ist [Sie14]. In der DIN SPEC 8100 sind unter anderem Gaps (Gassen), Welligkeiten oder Schlaufen als resultierende Preform-Merkmale mit Begriffsdefinitionen enthalten [DIN15c].

Untersuchungen zum Drapierverhalten und der Merkmalsbildung der verwendeten UD-Gelege zeigen Unterschiede im Vergleich zu Geweben und biaxialen Gelegen. Diese werden durch die Verwirkung und durch die als Vollschuss eingebundenen Glasfäden verursacht, welche die Formbarkeit erschweren. Die Glasfäden verlaufen auf der Rückseite des Materials quer zur Richtung der Kohlenstofffasern. [SWK+16]

Im Falle von Binderpreforms haben der Materialtyp des Binders, die Menge und die Prozessparameter der Binderaktivierung einen Einfluss auf die Biegesteifigkeit und Lagenhaftung von Binderpreforms. So erhöht sich die Biegesteifigkeit mit steigender Aktivierungstemperatur und Aktivierungszeit. Die Haftung zwischen den einzelnen Lagen nimmt jedoch gleichzeitig ab, da der Binder unter Temperatur- und Zeitfluss weiter in die Rovings eindringt. Im Rahmen von Handhabungsversuchen wurde zudem gezeigt, dass bei vollflächigem Binderauftrag die Durchbiegung und Faserverschiebung am geringsten sind. [Kli14]

## 3.2.3 Einfluss von Merkmalen und Variabilität textiler Halbzeuge in den Verarbeitungsprozessen zu Bauteilen

*Eigenschaftsprofil von Carbonfasergelegen und Geweben*

In Untersuchungen von KOCH haben sich mehrere Merkmale der verwendeten UD-Carbonfasergelege als signifikante Einflussfaktoren auf die Harzinjektion im HD-RTM-Prozess erwiesen. Mitunter führt eine höhere Fließkanalbreite zu höheren Permeabilitäten in der Ebene und in Dickenrichtung. Zudem ist die Kompaktierungskraft höher, was zu einer besseren Fixierung der Halbzeuge im RTM-Werkzeug beiträgt. Durch den Wechsel der Bindungsart von Franse zu einer Franse-/Trikot-Kombination und eine erhöhte Teilung konnte insbesondere die Permeabilität in Dickenrichtung erhöht werden, ohne die Kompaktierung zu beeinflussen. Die im Technikums-Maßstab ermittelten Wirkzusammenhänge konnten im HD-RTM-Prozess anhand eines repräsentativen Versuchsbauteils bestätigt werden. [KNM+16; Koc21]

RIEBER untersucht verschiedene Parameter von Geweben hinsichtlich ihres Einflusses auf die Permeabilität. Er stellt mitunter fest, dass die Lagenanzahl keinen nachweißbaren Einfluss auf die Permeabilität in der Ebene hat. Vor allem die Bindungsart und das Produkt aus Titer und Fadendichte sind für die Permeabilität maßgeblich. [Rie17]

*Binderpreforming*

Die Arbeiten von BRODY UND GILLESPIE zeigen ebenso wie Untersuchungen von KLINGELE, dass der Materialtyp, die Menge und die Prozessparameter der Binderaktivierung die Laminatqualität und die Laminatfestigkeit beeinflussen können. [Kli14; BG05] DICKERT zeigt, dass die Binder-Aktivierung die Permeabilität der Halbzeuge beeinflusst. Hierbei stellt er Unterschiede zwischen verschiedenen Bindermaterialien und der Textilarchitektur fest. [DBZ12]

In Untersuchungen von KOCH sind insbesondere der Wärmeeintrag bei der Binderaktivierung und der Werkzeugspalt bei der Drapierung von großem Einfluss auf die Permeabilität und das Kompaktierungsverhalten der textilen Halbzeuge. Die Erhöhung beider Prozessparameter sind auch im HD-RTM-Verfahren zielführend zur Verbesserung des Injektionsverhaltens. [Koc21]

*Lokaler Faservolumengehalt und Porosität*

Für alle Verarbeitungsverfahren zu Bauteilen ist der lokale Faservolumengehalt von Bedeutung. Das textile Flächengewicht ist direkt proportional zum Faservolumengehalt [Erm07]. Lokale Abweichungen des Flächengewichts, der Dichte, der textilen Konstruktion oder lokale Merkmale in den Halbzeugen (z. B. Gassen) führen zu lokaler Variabilität des Faservolumengehalts. Hierbei ist zusätzlich der Spalt in der Werkzeugkavität zu beachten, der die spätere Bauteildicke bestimmt. Dieser ist üblicherweise über die Bauteilfläche konstant. Während der Herstellung können lokale Faservolumengehaltsschwankungen durch ungenauen Zuschnitt oder Ausrichtung der Halbzeuge sowie ungleichmäßige Preform-Verpressung entstehen. [AVK13] Zudem wird der Faservolumengehalt aufgrund der unterschiedlichen resultierenden Packungsdichten durch das Nesting der Lagen im Halbzeugaufbau beeinflusst [Erm07].

Die Porosität wird ausgehend vom Faservolumengehalt eines Bauteils berechnet. Sie ist definiert als der Anteil der Kavität, der während der Imprägnierung mit Harz gefüllt wird. Hierbei wird vorausgesetzt, dass sich keine Luftporen im Laminat befinden. Lokale Bereiche mit hoher Porosität haben einen geringen Fließwiederstand. Das kann zum sogenannten "Race Tracking" Effekt führen, d. h. der Verlauf der Fließfront des Harzes wird verändert. Dies tritt besonders in den Randbereichen des Bauteils auf, wenn die textilen Halbzeuge die Werkzeugkavität nicht vollständig ausfüllen und somit nicht beabsichtigte Fließkanäle um das Bauteil entstehen. [FZR99; BA99; AL09] Im Ergebnis kann Luft im Bauteil eingeschlossen werden, was gleichbedeutend mit nicht imprägnierten Bereichen (sogenannten Trockenstellen) ist [FZR99].

BICKERTON UND ADVANI beobachten bei ihren Experimenten einen starken Einfluss der lokalen Variabilität des Faservolumengehalts zwischen unterschiedlichen Preforms mit gleichem Lagenaufbau [BA99]. In weiteren Untersuchungen von BICKERTON ET AL zeigte sich an drapierten Carbonfaser-Halbzeugen kein großer Einfluss von Werkzeugradien auf das Injektionsverhalten. Dies liegt möglicherweise an beobachten lokalen Abweichungen der Dicken in den verwendeten Werkzeugkavitäten. [BSG+00]

In einer Reihe von experimentellen Versuchen und darauf gestützten Simulationen beschreibt ENDRUWEIT den Einfluss von lokal variabler Porosität auf den Harzinjektionsprozess. Er untersucht sowohl nicht umgeformte als auch drapierte Halbzeuge. Zur Verifizierung der erarbeiteten Simulationsmodelle nutzt er Permeabilitätsmessungen. Die Effekte durch die Prozessführung besitzen hierbei die gleiche Größenordnung wie die Variabilität der textilen Halbzeuge. Die Variabilität lässt sich in den verwendeten Simulationsmodellen nicht abbilden. [End03]

DAVILA ET AL untersuchen die Variabilität der Dicke von einem 16-lagigen, plattenförmigen quasiisotropen Laminat aus Carbonfaser-UD-Prepreg Halbzeugen. Die mittels Schliffbildern gemessene Variabilität der Plattendicke von ± 2 % (Variationskoeffizient) nutzen sie als Eingangsgröße für ein FE-Modell zur Simulation von mechanischen Belastungen der Platte. In den Einzellagen wurde ein Variationskoeffizient der Dicke von ± 7 % ermittelt bei maximalen Abweichungen von ± 29 % innerhalb einer Lage. [DCD+17]

MESOGITIS, SKORDOS UND LONG geben einen umfassenden Überblick über Variabilität in den Halbzeugen und Prozessen zur Herstellung von duroplastischen Faserverbund-Bauteilen. Hierbei kommen sie zu dem Schluss, dass der lokale Faservolumengehalt bzw. die Porosität die dominante Einflussgröße bei der Bauteilherstellung ist. [MSL14] Variabilität und lokale Merkmale in textilen Halbzeugen und daraus hergestellten Bauteilen wurden zudem von POTTER zusammengefasst und einer Systematik zugeordnet. Er kommt zu dem Schluss, dass Merkmale in Bauteilen einerseits durch das geometrische Design und die Fertigungsprozesse verursacht werden. Hinzu kommt die Variabilität des Materials. Hierbei ist es entscheidend die jeweiligen Grenzen zwischen i.O. und n.i.O. zu ermitteln, z. B. mittels zerstörungsfreier Prüfung. [PKW+08; Pot09]

In experimentellen Untersuchungen der Variabilität der Fließkanalbreite und Dicke von UD-Gelege-Stacks kann eine direkte Korrelation mit der Fließfrontgeometrie im RTM-Prozess gezeigt werden. In Bereichen von lokal großer Fließkanalbreite eilt die Harzfront vor. In Bereichen mit erhöhten Dicken und somit mit lokal erhöhtem Faservolumengehalt, findet die Harzfüllung langsamer statt. [NKM+16] Dies ist beispielhaft in Abbildung 26 gezeigt.

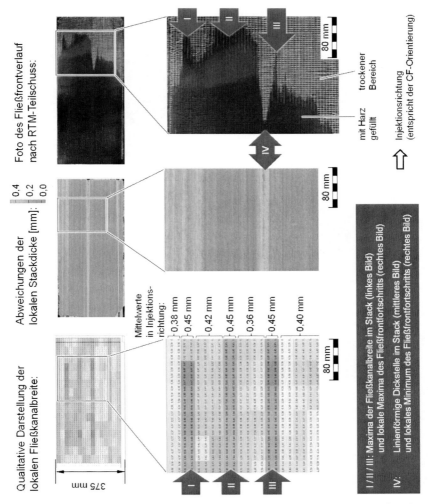

Abbildung 26:   Lokale Fließkanalbreite sowie Dicke eines UD-Gelege-Stacks
und seine Fließfrontform nach RTM-Teilschuss auf Basis von
[NKM+16]

Die lokal erhöhte Fließkanalbreite im Stack kann z. B. in Bereichen der Maxima
auf Gassen in den Gelege-Einzellagen zurückzuführen sein. Die linienförmigen
Dickstellen entstammen unterschiedlichen dicken oder dünnen Rovings, wie in

Abbildung 27 anhand von Schliffbildern gezeigt. Die Ursache für die unterschiedlich dicken Rovings ist im Spreizprozess der 50k Heavy Tows der Gelege-Herstellung zu suchen. [NKM+16]

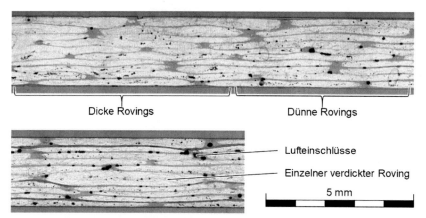

Abbildung 27:    Schliffbilder von linienförmigen Dickstellen in UD-Gelege-Stacks [NKM+16]

### 3.2.4 Zusammenfassung und Fazit

Die vorliegenden Untersuchungen werden abschließend in Abbildung 28 in den Untersuchungsraum eingeordnet. Es erfolgt eine erste Zuordnung in grundlegende Einflussgrößen, die als „Konstruktion/Eigenschaftsprofil" bezeichnet werden (vgl. [Koc21]). Diese werden im Rahmen dieser Arbeit ebenso wie die Prozessparameter nicht variiert und wurden zuvor untersucht, siehe Tabelle 3 (1). Auf Basis der Definitionen und Inhalte aus Kapitel 3.2.1 und 3.2.2 erfolgt die weitere Einteilung der Literatur in „Variabilität" sowie „lokale Merkmale".

Es wird ersichtlich, dass zu den lokal variablen Eigenschaften/Merkmalen lediglich eine Analyse mit Materialien des Untersuchungsraums entsprechend Tabelle 3 (2) vorliegt. Die verfügbaren Vergleichsuntersuchungen nach Tabelle 3 (3) lassen Einflüsse auf die Eigenschaften und lokalen Merkmale der Bauteile erwarten. Ansatzpunkte für die Prozessanalyse bilden somit die Variabilität der lokalen Eigenschaften und die lokalen Merkmale der textilen Einzellagen und Stacks. Sie werden bei der Ermittlung der technologischen Anforderungen zur Gestaltung des Prüfkonzepts in Kapitel 5.2.1 berücksichtigt.

| (Prozessparameter[1]) | | | |
|---|---|---|---|
| **Konstruktion/Eigenschaftsprofil** | | | |
| • Flächengewicht[1]<br>• Faserwinkel[1]<br>• Bindungsart[1] | • Nesting durch<br>  Lagenaufbau[1] | • Bindersystem und<br>  -menge[1] | • Faservolumen-<br>  gehalt (FVG)[1] |
| **Variabilität** | | | |
| • Fließkanalbreite[2]<br>• Fadendichte[3]<br>• Rovingdicke[3] | • Lokale Dicke[2] | • Lagenhaftung[1]<br>• Preform-Steifigkeit[1] | • Injektions-<br>  verhalten[1] |
| **Lokale Merkmale** | | | |
| • Dickstellen<br>• Lokale Faser-<br>  anhäufungen<br>• Gassen | • siehe lokale<br>  Merkmale der<br>  Einzellagen | | • Trockenstellen[1]<br>• Faserverschie-<br>  bungen[1]<br>• Anmutung der<br>  Oberfläche |

**Legende: Vorliegende Untersuchungen im Stand der Technik**

[1]: Analysen im gleichen Untersuchungsraum (Prozesskette und Halbzeuge)

[2]: Analysen an Halbzeugen des Untersuchungsraumes

[3]: Vergleichsuntersuchungen

Abbildung 28:  Stand der Technik zur Prozessanalyse im Untersuchungsraum; Literaturverweise in Tabelle 3

Tabelle 3:  Literaturverweise zum Stand der Technik der Prozessanalyse

| Legende<br>Abbildung 28 | Vorliegende Untersuchungen |
|---|---|
| 1 | [KNM+16], [Koc21] |
| 2 | [NKM+16] |
| 3 | [FZR99], [BA99], [BSG+00], [AL09], [MSL14], [DCD+17] |

# 4   Mess- und Prüfverfahren für Faserverbundkunststoffe

Zahlreiche Mess- und Prüfverfahren können grundsätzlich für Faserverbund-
kunststoffe angewendet werden. Jedoch gibt es viele werkstoffspezifische Be-
sonderheiten, die berücksichtigt werden müssen und Entwicklung erfordern.
[GS15] Zur Prozessanalyse mittels Mess- und Prüfverfahren lässt sich eine
Gliederung nach Tabelle 4 vornehmen. Die Vor- und Nachteile sind zusammenfassend ergänzt. [Kes06]

Tabelle 4:          Definitionen und Prozessnähe sowie Vor- und Nachteile von
                    Mess- und Prüfverfahren auf Basis von [Kes06]

| Begriff | Prozess-nähe | Definition | Vor- und Nachteile |
|---|---|---|---|
| Offline | Distan-ziert | Manuelle Probennahme am Prozess und Transport zu Gerät in z. B. zentralem Labor mit Spezialisten; dis-kontinuierliche Messung | + Expertenwissen<br>+ Geeignete Umgebung<br>- Langsam<br>- Keine direkte Prozess-lenkung möglich |
| Atline (auch: Exline) | Nah | Manuelle oder (halb)-auto-matisierte Probennahme am Prozess; diskontinuierli-che Messung | + Schnell<br>+ Nach Notwendigkeit<br>- Robustheitsanforderung<br>- Niedrige Auslastung |
| Online | Sehr nah | Sensorik für Prozessmerk-male oder automatische Probennahme; Möglichkeit zur kontinuierlichen Korre-lation zu Produkt- und Pro-zesseigenschaften | + Schnell<br>+ Zeitnahe Prozess-lenkung möglich<br>- Kostenintensiv<br>- Aufwendige Kalibrierung |
| Inline | In den Produkti-onsfluss integriert | Sensorik für Prozessmerk-male oder automatische Probennahme; Direkte In-formation über die Produkt- und Prozesseigenschaften | + Sehr schnell<br>+ Direkte Prozesslenkung<br>- Störfaktoren im Prozess zu berücksichtigen<br>- entsprechend „Online" |

## 4.1    Zerstörungsfreie Prüfverfahren (ZfP)

Eine Einteilung der unterschiedlichen ZfP kann nach verschiedenen Kriterien erfolgen. Vielfach wird das physikalische Wirkprinzip hierfür herangezogen (vgl. [MNR04]). Diese Einteilung ist in Abbildung 29 dargestellt. Die für diese Arbeit relevanten Verfahren werden nachfolgend beschrieben.

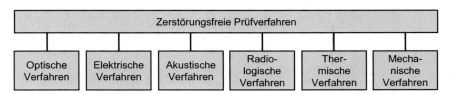

Abbildung 29:    Einteilung zerstörungsfreier Prüfverfahren auf Basis der physikalischen Wirkprinzipien [MNR04; Hel01]

### 4.1.1 Optische Verfahren

Optische Prüfverfahren sind den berührungslosen Verfahren zugeordnet. Die elektromagnetischen Wellen im Frequenzbereich zwischen 380 nm und 750 nm sind für das menschliche Auge sichtbar. Bei dem Einsatz optischer Sensoren wird im Idealfall jeder Punkt der Prüfoberfläche auf genau einem Punkt des Sensors abgebildet. Zu den optischen Verfahren gehören die Sichtprüfung, Kamerasysteme und Laser-Triangulation bzw. -Lichtschnitt, welche im Folgenden näher erläutert werden. Kamerasysteme oder auch Lasermesstechniksysteme spiegeln den aktuellen Stand der optischen Messtechnik wider und kommen auch für 3D Prüfobjekte zur Anwendung. [BPF12]

*Sichtprüfung*

Die Sichtprüfung ist ein ZfP zur Detektion von oberflächigen Merkmalen mithilfe des menschlichen Auges. Die visuelle Kontrolle wird in der DIN EN 13018 definiert und gliedert sich in direkte und indirekte Kontrolle. Der Unterschied der beiden Verfahren ist der Einsatz von Hilfsmitteln wie z. B. der Einsatz von Endoskopen und mit Kameras verbundene Geräte bei der indirekten visuellen Kontrolle. Die Sichtprüfung basiert auf subjektiver Wahrnehmung des Personals. Voraussetzungen für die korrekte Durchführung der Sichtprüfung sind eine exakte Prüfanweisung und zugehörige Schulungen für das Prüfpersonal sowie der Nachweis der ausreichenden Sehfähigkeit. [DIN16]

*Kamerasysteme*

Kamerasysteme stellen eine weitere Möglichkeit zur optischen, zerstörungs-freien Prüfung von CFK-Strukturen und anderen Werkstoffen dar. Durch hohe Aufnahmefrequenzen (bis zu 50 Bilder pro Sekunde), kleine Bauformen und ge-ringe Pixelgrößen im Mikrometerbereich kann verbunden mit leistungsstarken Rechnern eine zeitaktuelle, flexible und hochauflösende Inline-Detektion von Merkmalen durchgeführt werden. Eine geeignete Beleuchtung mit diffusem Licht beugt Lichtreflektion an der Oberfläche des Prüfkörpers vor. Dazu kann beispielsweise eine Ringbeleuchtung eingesetzt werden. [Mie11]

Ein modulares Prüfsystem für die Integration in den Fertigungsprozess ist das Apodius Vision System (AVS) der Fa. Apodius GmbH, Aachen. Das AVS ist ein kamerabasiertes, bildanalytisches Verfahren, welches zur Erfassung von 3D-Geometrien optional von einem zusätzlichen Laser-Lichtschnittsensor ergänzt wird. Theoretische Grundlagen für das AVS bilden die Bildverarbeitung und die optische Messtechnik (Triangulation) mit angepassten Algorithmen für 3D-Mes-sungen. Neben der Faserorientierung erlaubt das Verfahren die Detektion von Merkmalen wie Flusen, Nahtfehlern, Gassen, Falten, fehlerhaften Schnittkanten oder Fremdmaterialen an der Oberfläche. [Rob14]

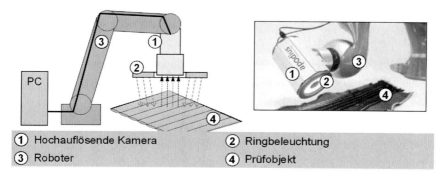

① Hochauflösende Kamera        ② Ringbeleuchtung
③ Roboter                       ④ Prüfobjekt

Abbildung 30:   Prinzipdarstellung eines Kamerasystems (links) und Kame-rasystem der Fa. Apodius (rechts, [Rob14])

Das System ist in Abbildung 30 dargestellt. Es setzt sich aus einer Kamera mit Objektiv (1), einer diffusen Lichtquelle (passiv) (2) und optional einem laserba-sierten Triangulationsmessgerät (nicht dargestellt) zusammen. Das System lässt sich wahlweise per Hand oder z. B. robotergeführt (3) über dem Prüfobjekt (4) anwenden. [Rob14] Der Entwicklung des kommerziell verfügbaren Systems der Fa. Apodius sind mitunter das Verbundforschungsprojekt FALCON (Fiber Automatic Live Control) und Arbeiten von ORTH und MERSMANN vorangegangen [SGH08; Ort08; Mer12].

*Laser-Triangulation/-Lichtschnittverfahren*

Die Laser-Triangulation bzw. das Laser-Lichtschnittverfahren sind berührungslose und optische Messverfahren. Auf Basis einer Laserdiode wird sichtbares Licht (je nach Verfahrensvariante als Punkt oder Linie) auf die zu prüfende Oberfläche projiziert. Das von dem Prüfkörper reflektierte Licht wird abhängig von der Entfernung unter einem bestimmten Winkel über eine Optik auf ein positionsempfindliches Element (Detektor) abgebildet. Vorhandene Höhenunterschiede auf der Oberfläche des Prüfobjektes werden vom aufnehmenden Element wahrgenommen und in ein Höhenprofil umgerechnet. Gängige Sensoren für die Laser-Triangulation bieten bei einem Arbeitsabstand von 10 mm bis 100 mm je nach Oberfläche eine maximale Auflösung von 0,5 µm bis 50 µm. Das Verfahren kann für die Online-/Inline-Messung eingesetzt werden. [PS10]

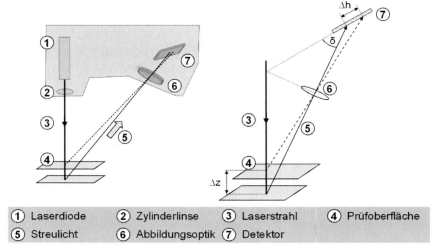

① Laserdiode      ② Zylinderlinse      ③ Laserstrahl      ④ Prüfoberfläche
⑤ Streulicht      ⑥ Abbildungsoptik    ⑦ Detektor

Abbildung 31:   Aufbau eines Laser-Triangulationssensors (links) und Triangulationsprinzip (rechts) nach [PS10]

Der Aufbau eines Laser-Triangulationssensors und das Triangulationsprinzip sind in Abbildung 31 dargestellt. Das Licht einer Laserdiode (1) wird mittels einer Linse (2) auf die Prüfoberfläche (4) fokussiert. Das reflektierte Streulicht (5) wird über eine Abbildungsoptik (6) auf dem Detektor (7) abgebildet. Bei einem Laserpunkt handelt es sich um einen Zeilendetektor; bei einer Laserlinie um einen Matrixdetektor. Das Triangulationsprinzip beruht auf der Bestimmung der Länge einer Dreieckseite durch die Kenntnis bzw. Messung zweier Winkel und der von den beiden Winkeln eingeschlossenen Dreieckseite. Somit kann die Verschiebung der Prüfoberfläche um $\Delta z$ aus der Verschiebung $\Delta h$ auf dem Detektor bestimmt werden. Für eine scharfe Abbildung ist der Detektor um den Winkel $\delta$ so geneigt, dass sich die Strahlachse der Laserquelle, die Ebene der Abbildungsoptik und die Detektorebene in einem Punkt schneiden. [PS10]

Das Laser-Triangulations- und Laser-Lichtschnittverfahren basieren auf diffus von der Oberfläche reflektiertem Licht. Das Licht der Streukeule bildet beim Auftreffen auf den Detektor eine Intensitätsverteilung, deren Schwerpunkt für die Berechnung der Höhenverschiebung verwendet wird. Aus diesem Grund ist die Genauigkeit der Messung entscheidend von der Beschaffenheit der Oberfläche abhängig. Die physikalische Obergrenze der Messgenauigkeit für raue Oberflächen resultiert aus dem sogenannten Speckle-Effekt. Das kohärente Laserlicht wird an einer rauen Oberfläche zeitversetzt reflektiert, wodurch im reflektierten Licht Interferenzen auftreten. Durch die zufällige Kombination von konstruktiver und destruktiver Interferenz erscheint die Reflektion des Lasers als fleckiges Muster heller und dunkler Stellen. [Koc98]

Sind die Streueigenschaften über eine Oberfläche nicht gleichmäßig, ergibt sich eine ungleichmäßige Streukeule. Dies trifft z. B. für transparente Folien zu, bei denen der Laserstrahl über die gesamte Eindringtiefe gestreut und reflektiert wird. Besonders direkte Reflektionen des Laserlichtes auf den Detektor verschieben den Schwerpunkt der Intensität und damit die gemessene Höhe. Aber auch unterschiedliche Farben der Oberfläche erhöhen die Messunsicherheit. Die Intensität des Laserstrahls ist im Allgemeinen gaußverteilt und nimmt zu den Rändern hin ab. Wird der Strahl an stark inkohärenten Oberflächen in unterschiedliche Richtungen reflektiert, verschiebt sich der Schwerpunkt der Intensität auf dem Detektor. [Koc98] Die Verschiebung des Schwerpunktes an inkohärenten Oberflächen ist schematisch in Abbildung 32 dargestellt.

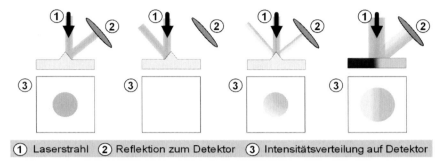

Abbildung 32:    Reflektion des Laserlichts an inkohärenten Oberflächen nach
[Koc98]

Von ORTH wird die Eignung der Laser-Triangulation für die Messung von Car-
bonfaser-Oberflächen untersucht. Durch den hohe Reflexionsgrad und die in-
homogene Oberfläche ist die Messung besonders anspruchsvoll. Es treten stö-
rende Ausreißer in den Messwerten auf, die gefiltert werden müssen. Zudem
führen ausgefranste Faserenden an den Kanten zu einer stark diffusen Streuung, die das Bestimmen der Geometrie erschwert. Bei falscher Anordnung des
Prüfobjekts zum Laser können Schatten entstehen. Die Laserlinie sollte daher
senkrecht zu Kanten im Bild orientiert sein. [Ort08]

### 4.1.2 Elektrisches Verfahren: Wirbelstromprüfung

Die Wirbelstromprüfung zählt zu den elektrischen und magnetischen Prüfverfahren. Die allgemeinen Grundlagen sind in der DIN EN ISO 15549 beschrieben. Das Verfahren kann für elektrisch leitfähige Werkstoffe mitunter für die folgenden Prüfaufgaben eingesetzt werden: [DIN19b]

- Auffinden von Inhomogenitäten im Prüfobjekt, welche seine An-
  wendungseigenschaften beeinträchtigen können
- Bewerten der Dicke von Beschichtungen und Schichten
- Bewerten anderer geometrischer Eigenschaften

Aufgrund der im Vergleich zu metallischen Werkstoffen geringen elektrischen
Leitfähigkeit von CFK wird die Wirbelstromprüfung berührend, d. h. mit Kontakt
des Sensors zur Oberfläche angewandt. HEUER ET AL geben zur Anwendung bei
CFK-Werkstoffen einen allgemeinen Überblick. [HSP+15]

*Bildgebendes Wirbelstromverfahren*

Das Wirbelstromverfahren kann bei Aufzeichnung aller Messpositionen, z. B. mittels Wegaufnehmern, mit dem zugehörigen Messergebnis bildgebend genutzt werden. Über eine Graustufen- oder Farbcodierung des Wertebereichs des Messergebnisses kann eine bildhafte Darstellung der Messung des Prüfobjektes realisiert werden. Alternativ können alle Messwerte der Impedanz als Punktwolke in der komplexen Ebene dargestellt werden (vgl. Abbildung 34). [HSP+15]

Das Prinzip der Wirbelstrommessung lässt sich auf das physikalische Phänomen der Induktion nach Faraday zurückführen; es ist in Abbildung 33 dargestellt. In der Senderspule (1) wird durch Wechselstrom ein primäres Magnetfeld (2) erzeugt. Das primäre Magnetfeld induziert in einem homogen leitfähigen Prüfkörper tangential verlaufende, kreisförmige, symmetrische Ströme, sogenannte Wirbelströme (3). Aufgrund der Wirbelströme wird ein sekundäres Magnetfeld (4) aufgebaut, welches nach der Lenzschen Regel dem Primärfeld entgegenwirkt. In der Empfängerspule (5) werden das primäre und das sekundäre Magnetfeld superpositioniert. [Hel01; Fra12]

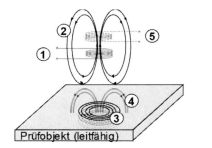

① Primärspule (Sender)
② Primäres Magnetfeld
③ Wirbelströme
④ Sekundäres Magnetfeld
⑤ Sekundärspule (Empfänger)

Abbildung 33:    Allgemeine Prinzipdarstellung des Wirbelstromverfahrens
nach [Fra12]

Das erzeugte Gesamtmagnetfeld ändert die Impedanz in der Empfängerspule. Die Impedanz setzt sich aus einem ohmschen Wirkwiderstand sowie einem Blindwiderstand zusammen. Der Blindwiderstand kann sowohl induktive als auch kapazitive Anteile enthalten, wobei induktive Widerstände z. B. in stromdurchflossenen Spulen vorkommen, während kapazitive Widerstände für Kondensatoren typisch sind. Impedanzen lassen sich mathematisch als Zeiger in der komplexen Ebene interpretieren, sodass sich bei bekanntem Betrag Z und Phasenwinkel φ auf die ohmschen Anteile R sowie die kapazitiven und induktiven Anteile X schließen lässt. Abbildung 34 zeigt einen solchen Zeiger in der komplexen Ebene und dessen Änderung mit der Zeit. Der Betrag des Real- und Imaginärteils sowie der Phasenwinkel jedes Messpunktes bilden somit die Basis für die weitere Auswertung. [Hel01; Fra12]

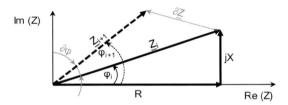

Abbildung 34:   Darstellung der Impedanz Z und ihrer Änderung zu den Zeitpunkten i und i+1 in der komplexen Ebene nach [Fra12]

Bei den induzierten Wirbelströmen in anisotropen Werkstoffen wie CFK unterscheidet man Leitungs- und Verschiebeströme, die in Abbildung 35 dargestellt sind. Die Leitungsströme sind an die Carbonfasern und an die Kontaktpunkte der einzelnen Filamente untereinander gebunden. Sie entsprechen der ohmschen bzw. der realen Komponente des Messsignals. Verschiebeströme dagegen hängen mitunter von der Frequenz, dem Faserdurchmesser und dem Faserabstand ab. Sie entsprechen der kapazitiven bzw. imaginären Komponente des Messsignals. [Moo11; Moo15]

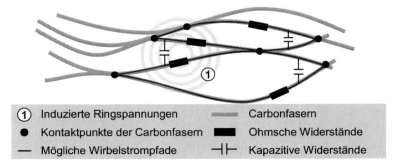

Abbildung 35:   Ohmsche und kapazitiv/induktive Komponenten der induzierten Wirbelströme nach [Moo15]

Die beste Nutzung der anisotropen elektrischen Eigenschaften von CFK bei der Wirbelstromprüfung erlauben Sensoren, die ebenfalls über richtungsempfindliche Eigenschaften verfügen. Bei klassischen Absolutsensoren, wie in Abbildung 36 a dargestellt, ist dies aufgrund der koaxialen Anordnung der Sender- und Empfängerspule nicht gegeben. Azentrisch koplanare Sender-Empfängersysteme, auch Halbtransmissionssensoren genannt (vgl. Abbildung 36 b, c), erfüllen diese Bedingung. Halbtransmissionssensoren werden auch als Differenz-, Fernfeld- oder Pitch-Catch-Sensoren bezeichnet. [MMS08; MS10; MPS11]

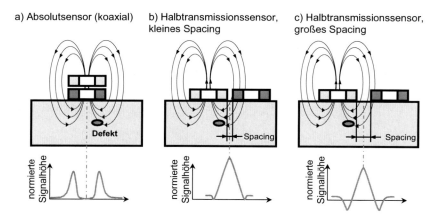

Abbildung 36:   Wirbelstrom-Sensoranordnungen   (oben)   und   zugehörige Punktspreizfunktion (unten) nach [MMS08]

Halbtransmissionssensoren weisen eine Punktspreizfunktion auf, die denen von optischen Systemen ähnelt. Die Punktspreizfunktion ist ein Maß für die Empfindlichkeitsverteilung. Der koaxiale Sensor (vgl. Abbildung 36 a) verfügt über eine kraterförmige Punktspreizfunktion und weist im Zentrum des Sensors eine Empfindlichkeit von Null auf. Diese führt zu unscharfen Bildern und wirkt sich stark negativ auf die Bilderzeugung aus. Im Gegensatz dazu verfügt der Halbtransmissionssensor (vgl. Abbildung 36 b) auch bei großem Spacing (vgl. Abbildung 36 c) über ein scharf ausgeprägtes Maximum, was eine Voraussetzung für gute Abbildungseigenschaften ist. Je größer das Spacing ist, desto geringer ist jedoch die Empfindlichkeit des Sensors. [MMS08; MS10]

Die Empfindlichkeit bzw. mögliche Eindringtiefe des Wirbelstromverfahrens hängt neben dem Spacing und dem Spulendurchmesser im Sensor von weiteren Einflussgrößen ab. Die Frequenz f, mit der sich das Wechselfeld dynamisch aufbaut und kollabiert, entspricht der Frequenz der an die Senderspule angelegten Wechselspannung. Die Frequenz wirkt sich antiproportional auf die Tiefe aus, in welcher noch Wirbelströme induziert werden. Diese entspricht der Tiefe, in der lokale Impedanzen im Prüfobjekt gemessen werden können. Insgesamt ist die Frequenz zu niedrigen Frequenzen hin dadurch begrenzt, dass eine Mindestwirbelstromdichte im Probekörper erzeugt werden muss, um ein auswertbares Messsignal zu erhalten. Die Mindestfrequenz liegt für CFK-Werkstoffe bei 0,5 MHz. Nach oben hin ist die Frequenz durch den gegenwärtigen Stand der Technik begrenzt; die Maximalfrequenz liegt bei 100 MHz. [HSP+15; Fra12; HSK12] Das Wirbelstromverfahren erlaubt bei CFK-Bauteilen eine Detektion von Merkmalen in einer Tiefe von maximal 7 mm unter der Oberfläche [Fra11].

**4.2   Stand der Technik zur Charakterisierung und Qualitätsbewertung von Carbonfaser-Halbzeugen**

In Kapitel 4.2.1 wird der Stand der Technik zur Anwendung von zerstörungsfreien Prüfverfahren bei der Charakterisierung von Carbonfaser-Halbzeugen zusammengefasst. In Kapitel 4.2.2 folgen weitere halbzeugspezifische Merkmale und Verfahren. Kapitel 4.2.3 enthält einen zusammenfassenden Überblick mit einem Fazit zur grundsätzlichen Eignung der verfügbaren Verfahren für das Prüfkonzept dieser Arbeit.

### 4.2.1 Anwendung von zerstörungsfreien Prüfverfahren

Einige Übersichtsarbeiten beinhalten die Anwendungsbereiche von zerstörungsfreien Prüfverfahren bei CFK-Bauteilen. Aufgrund des fehlenden Bezugs zur Anwendbarkeit bei Halbzeugen sei für Details auf die Literatur verwiesen. [Gho16; GGG+16; Jah16; RM16]

*Optische Verfahren*

Die Sichtprüfung ist in vielen industriellen Prozessschritten zur CFK-Bauteilherstellung der etablierte Stand der Technik [RS11]. GRAF nutzt ein Kamerasystem zur Lageerkennung von textilen Halbzeugen für ein Greifersystem in der prototypischen Anwendung [Gra18]. Eine industrialisierte Anwendung von Kamerasystemen ist die Bestimmung des Faserwinkels von Gelegematerialien; für die Erkennung von lokalen Merkmalen in Gelegen und Geweben gibt es weitere prototypische Umsetzungen. [Rob14; ZPS+15; Str10; Hän05]

Industrialisierte Kameratechnik kommt bei der Herstellung der Gelege von SGL ACF zur Inline-100%-Prüfung auf Wirkfehler in Gelegen und weiterer lokaler Merkmale zum Einsatz, die das Eingangsmaterial in die Prozesskette dieser Arbeit sind. Das System der FA. PIXARGUS entscheidet über die Freigabe von Rollen und übermittelt eine digitale Landkarte an die Stackfertigung, so dass fehlerhafte Bereiche der Rollen vor dem Legen automatisiert herausgeschnitten werden können. [Pix15]

In Versuchsaufbauten werden verschiedene Verfahren zur Aufnahme von Dickenunterschieden eingesetzt. So nutzen BICKERTON ET AL Stereofotogrammetrie zur Messung kleiner Dickenunterschiede während der Vakuuminfusion. Hierfür wird ein optisches Muster auf die Vakuumfolie aufgebracht. [BWG07] SU UND XU beschreiben einen Aufbau mit Laser-Triangulation, um Welligkeiten in Geweben zu erfassen und zu klassifizieren. [SX99] In [Wul96] sind die Dickenmessung von Vliesstoffen mit einem laseroptischen Triangulationssensor und die nahezu vollständige lineare Korrelation zu den Messergebnissen eines Dickenprüfgeräts beschrieben.

Im Rahmen der Oberflächenprüfung von Preforms kommt häufig Lasermesstechnik ergänzend zu Kamerasystemen zum Einsatz. Die Laser-Messdaten werden hauptsächlich für die Geometrieerfassung der gekrümmten Oberflächen und Kanten verwendet. [SGH08; Rob14; DIN15c; BHL15]

*Elektrische Verfahren*

Das bildgebende Wirbelstromverfahren wird in verschiedenen Studien zur Detektion von lokalen Merkmalen in Carbonfaser-Textilien genutzt. Nach Untersuchungen von MOOK sind beispielsweise Falten in Gelege-Einzellagen auffindbar. [Moo15] HENNING ET AL beschreiben mitunter die Anwendung zum Auffinden von Gassen in triaxialen Gelegen. [HSK12] BARDL ET AL nutzen einen robotergeführten Wirbelstromsensor zur Preform-Prüfung und anschließender Faserwinkelbestimmung des mehrlagigen schalenförmigen Aufbaus. [BNC+16]

*Thermische Verfahren*

Anwendungsgebiete für den Einsatz von Thermografie für CFK-Bauteile finden sich in [Rie07; Per12; MMR+14]. Die Lockin-Thermografie kann entsprechend [Spi14] zur Identifikation von Gassen und Flusen in Preforms genutzt werden.

*Akustische und radiologische Verfahren*

Für die akustischen und radiologischen Verfahren finden sich eine Vielzahl an Anwendungsfällen für CFK-Bauteile, die erst durch die Matrix eine entsprechende Struktur bzw. Steifigkeit erhalten. Die Nutzung der Verfahren zur Prüfung von Halbzeugen wie Stacks oder Preforms ist dementsprechend im Stand der Technik nicht beschrieben; für Details sei auf die Literatur verwiesen. [GS15; Koc11]

## 4.2.2 Halbzeugspezifische Merkmale und Verfahren

Zu den halbzeugspezifischen Merkmalen zählen das Kompaktierungsverhalten und die Permeabilität. Die meisten Verfahren erfordern den Zuschnitt von Proben und/oder den Einsatz von flüssigen Prüfmedien. Zwei zerstörungsfreie Verfahrensvarianten sind die Luft-Permeabilität und -Injizierbarkeit. Spezielle Verfahren für Einzellagen sind abschließend zusammengefasst.

*Kompaktierungsverhalten*

Textile Halbzeuge aus Carbonfasern werden in den Verarbeitungsprozessen zu Bauteilen, wie etwas Preforming und RTM, wiederholt auf Druck beansprucht. Die Druckbeanspruchung transversal zur Ebene der Verstärkungsstruktur wird als Kompaktierung bezeichnet. Während des Preforming- und RTM-Prozesses wird die textile Struktur bis in die Mikroebene kompaktiert. [Erm07]

Der Kraftanstieg bei der Kompaktierung flächiger textiler Strukturen (wie z. B. beim Schließen eines Preform- oder RTM-Werkzeugs) ist hochgradig nichtlinear. Hierbei verformt sich das Faserhalbzeug elastisch mit plastischem Anteil. Zusätzlich ist die Verformung zeit- bzw. geschwindigkeitsabhängig. Wenn die Zieldicke erreicht ist, kann ein Kraftabfall beobachtet werden, da die Fasern auf Mikroebene reibungsbehaftet aneinander abgleiten. Das Kompaktierungsverhalten von Faserhalbzeugen kann somit insgesamt als viskoelastisch charakterisiert werden. In der Literatur wird das Kompaktierungsverhalten daher z. B. durch das Feder-Dämpfer-Modell nach Maxwell beschrieben. Für eine detaillierte Beschreibung sei auf die Literatur verwiesen. [BBS03; LHK+10; KBC11]

Aus den beschriebenen Zusammenhängen geht hervor, dass die Angabe der Dicke einer textilen Struktur nur bei gleichzeitiger Angabe der Kompaktierungskraft bzw. des Drucks und der Belastungszeit sinnvoll ist. Entsprechende genormte Verfahren zur Dickenbestimmung von Textilien und Vliesstoffen finden sich in den DIN EN ISO 5084 [DIN96b] und DIN EN ISO 9073-2 [DIN97a].

KOCH nutzt in seinen Untersuchungen ein Verfahren zur Kompaktierungsprüfung in Anlehnung an DIN 53885 [DIN98], das für die untersuchten textilen Halbzeuge dieser Arbeit entwickelt und qualifiziert wurde [Koc21].

BANCORA ET AL nutzen eine Druckmessfolie während des Preformings zur zerstörungsfreien Ermittlung der Lagenorientierung und Roving-Verteilung. Mittels spektraler Moiré-Analyse können sie bis zu vier Lagen bewerten. [BBA+21]

*Permeabilität*

Die Permeabilität ist ein Maß für die Durchlässigkeit von Fluiden (flüssig oder gasförmig) durch poröse Medien, zu denen textile Halbzeuge zählen. Je geringer der Faservolumengehalt, desto höher ist die Permeabilität und desto besser kann ein Fluid strömen. [Che11]

Die theoretische Grundlage, um das Imprägnierverhalten von textilen Halbzeugen zu beschreiben, ist das Fließgesetz von Darcy. Es ist eine Vereinfachung der allgemeinen vektoriellen Form der Navier-Stokes-Gleichungen. Das Gesetz beschreibt die Geschwindigkeit eines Fluides in einem porösen gesättigten Medium in Abhängigkeit vom anliegenden Druckgefälle, der Viskosität des Fluides sowie der Permeabilität des textilen Halbzeugs. [AVK13; FZR99]

In der Literatur ist eine Vielzahl an Methoden zur Bestimmung der Permeabilität beschrieben. Eine detaillierte Zusammenfassung ist in einer Arbeit von SHARMA AND SIGINER enthalten. [SS10]. Bei niedrigen Injektionsdrücken wird die Permeabilität von Kapillarkräften in den Rovings dominiert. Aufgrund der hohen Drücke im HD-RTM-Verfahren kann nachweislich davon ausgegangen werden, dass in diesem Fall der Harzfluss in den Fließkanälen der Gelegematerialien dominant ist (vgl. auch Kapitel 3.2.3). [Loe06; NKM+16]

Im Rahmen der Arbeit von KOCH wurde ein Wasser-Permeabilitätsprüfstand entwickelt und mit den im Rahmen dieser Arbeit genutzten Materialien qualifiziert. Das Verfahren zeichnet sich durch kurze Prüfzeiten aus. Es erlaubt sowohl die Bestimmung der Permeabilität in der Ebene als auch in Dickenrichtung mit verschiedenen Werkzeugeinsätzen. [Koc21]

*Luft-Permeabilität und -Injizierbarkeit*

In Verfahrensvarianten der Permeabilitätsmessung von IMBERT wird Luft statt einer Flüssigkeit als strömendes Medium genutzt. Hierbei spielen die Art und Weise der Abdichtung sowie der Druckverlauf und weitere Parameter der Versuchsdurchführung eine große Rolle. [Imb13]

HERMANN ET AL nutzen einen mobilen Prüfaufbau, um punktuell die so bezeichnete Injizierbarkeit von Preforms zu bestimmen. Hierbei wird eine kombinierte Messung des Widerstands gegen Kompaktierung und Durchströmung mit Luft genutzt. Sie kommen zu dem Ergebnis, dass Gassen und Falten in Preforms über die ermittelten Kennwerte an den Prüfpositionen identifiziert werden können. Zur Festlegung von Toleranzen sind noch weitere Untersuchungen im Serienumfeld erforderlich. [HSH+20]

*Spezielle Verfahren für Gewebe- und Gelege-Einzellagen*

GAN, BICKERTON UND BATTLEY beschreiben die Messung von Variabilität von textilen Glasfaser-Einzellagen durch Licht-Transmission durch die Lagen hindurch. Aufnahmen einer Kamera können nach Bildverarbeitung in quantifizierte Kennwerte für die Flächengewichtsverteilung überführt werden. [GBB12]

KOCH nutzt ebenfalls Licht-Transmission durch UD-Gelege-Einzellagen aus Carbonfasern. Zur Bildaufnahme kommt ein Flachbettscanner zum Einsatz. Durch die Bildverarbeitung lassen sich Kennwerte wie z. B. die Fließkanalbreite ermitteln. [Koc21]

SWERY ET AL verwenden einen Flachbettscanner mit Auflicht für die Bestimmung von geometrischen Merkmalen von Geweben. Mit der entwickelten Toolbox lassen sich beispielsweise die Breite der Kett- und Schussfäden im Prüfbereich vermessen. [SAK16]

In einem Patent von KUNTZ ET AL wird ein Verfahren beschrieben, um die Welligkeit von textilen Einzellagen, wie z. B. Multiaxialgelegen, zu bestimmen. Die Textillage wird nach Vakuumieren zwischen einer Platte unter einer Vakuumfolie, z. B. mit einem Dickenmesstaster, von der Folienseite vermessen. [KWL13] In einer Studie zur Charakterisierung von UD-Stacks hinsichtlich lokaler Dickenunterschiede und deren Auswirkung auf den Fließfrontverlauf im RTM-Prozess (vgl. Kapitel 3.2.3) wurde das Verfahren für die Anwendung an Stacks erprobt. Zur Dickenmessung wird die Streifenlichtprojektion genutzt. Für eine qualitative Bewertung der Dicke erweist sich die Streifenlichtprojektion als geeignet; für quantitative Messungen ist die Auflösung zu gering. [NKM+16]

### 4.2.3 Zusammenfassung und Fazit

Die Sichtprüfung ist in der industriellen Fertigung von CFK-Bauteilen als Stand der Technik etabliert. Das Prüfverfahren ist jedoch für große Stückzahlen, wie die mehr als 9000 produzierten Stacks pro Tag [BMW20b], mit hohem Prüfaufwand verbunden. Hinzu kommt, dass eine Prozessanalyse in den nachfolgenden Prozessschritten mit den Ergebnissen einer Sichtprüfung nur sehr eingeschränkt möglich ist.

Die Substitution der Sichtprüfung durch geeignete automatisierbare Verfahren ist hinsichtlich einer Aufwands- bzw. Kosteneinsparung zur Qualitätssicherung zu bewerten. Zusätzlich sind Potentiale aus der Prozessanalyse entlang der betrachteten Prozesskette zu berücksichtigen. Eine detaillierte Bewertung der zur Auswahl stehenden Verfahren stellt einen wichtigen Schritt zur Entwicklung des Prüfkonzepts dar.

Als Ausgangsbasis sind die Mess- und Prüfverfahren sowie die zuvor beschriebenen Vergleichs-/Hilfs-/Spezialverfahren in Abbildung 37 zusammengefasst. Die Zuordnung der Verfahren zu ihren Reifegraden erfolgt auf Basis der Informationen aus der Literatur (vgl. Übersicht in Tabelle 5).

| Versuchs-aufbau | MR0 | Prototypisch umgesetzt | MR1 | Industriell eingesetzt | MR2 |
|---|---|---|---|---|---|

### Zerstörungsfreie Mess-/Prüfverfahren

**Optisch:**
- Stereofotogrammetrie[3]
- Streifenlichtprojektion[3]

**Elektrisch:**

**Akustisch:**

**Radiologisch:**

**Thermisch:**

**Mechanisch:**
- Luft-Permeabilität[2]
- Druckmessfolie[3]

- Laser-Lichtschnitt/ Triangulation[2]: Geometrie- bzw. Konturvermessung

- Wirbelstrom[2]: bildgebendes und Rotationsverfahren

- Luft-Injizierbarkeit[2]

- Sichtprüfung[1]
- Kamerasysteme[1]: Faserwinkel, Lage, lokale Merkmale an der Oberfläche

- Ultraschall[3]

- Röntgen, CT[3]

- Thermografie[3]

### Vergleichsverfahren

- Kompaktierungs-verhalten[1,*]
- Permeabilität[1,*]

### Hilfs-/Spezialverfahren

- Vakuumieren textiler Einzellagen[1]

- Auflichtscanner[3]
- Durchlichtscanner[3]

**Legende: Anwendungsbereich im Stand der Technik | * = kein ZfP**

[1]: Erwiesene Eignung für mehrlagige flache Carbonfaser-Halbzeuge

[2]: Voraussichtliche Eignung für mehrlagige flache Carbonfaser-Halbzeuge

[3]: Voraussichtlich nicht für mehrlagige flache Carbonfaser-Halbzeuge geeignet

Abbildung 37:     Verfahrensübersicht mit Zuordnung der Reifegrade und Eignungsbewertung; Literaturverweise in Tabelle 5

Tabelle 5:          Literaturverweise zur Verfahrensübersicht

| Mess- und Prüfverfahren | Legende Abbildung 37 | | |
|---|---|---|---|
| | **1**: Erwiesene Eignung | **2**: Voraussichtliche Eignung | **3**: Voraussichtlich nicht geeignet |
| Optisch | [RS11], [Gra18], [Rob14], [ZPS+15], [Pix15], [SGH08] | [BHL15], [SX99] | [BWG07], [NKM+16], [SAK16] |
| Elektrisch | | [Moo15], [HSK12], [BNC+16], [GW92], [MLK01] | |
| Akustisch, Radiologisch | | | [GS15], [Koc11] |
| Thermisch | | | [Rie07], [Per12], [MMR+14] |
| Mechanisch | | [Imb13], [HSH+20] | [BBA+21] |
| Vergleichs-verfahren | [Koc21] | | |
| Hilfs-/Spezial-verfahren | [KWL13], [NKM+16] | | [Koc21], [SAK16] |

Die Prüfung flacher textiler Halbzeuge nach Vakuumieren [KWL13] wird als Hilfsverfahren für das Prüfkonzept zugrunde gelegt. Es ist nachweislich für die reproduzierbare Fixierung zur geometrischen Vermessung der Stacks geeignet [NKM+16]. Unter den halbzeugspezifischen Verfahren können die etablierten und für die Materialien dieser Arbeit qualifizierten Methoden zur Bestimmung des Kompaktierungsverhaltens und der Permeabilität aus [Koc21] als Vergleichsverfahren genutzt werden.

Es stehen eine Reihe von automatisierbaren zerstörungsfreien Verfahren mit erwiesener oder voraussichtlicher Eignung für die Charakterisierung und Qualitätsbewertung der Carbonfaser-Stacks zur Verfügung. Die detaillierte Bewertung der Mess- und Prüfverfahren für das Anforderungsprofil erfolgt im Rahmen der Konzepterarbeitung in Kapitel 5.4.

## 5  Prüfkonzept zur zerstörungsfreien Halbzeugprüfung

In diesem Kapitel ist das Vorgehen von der Erarbeitung des Prüfkonzepts bis zur prototypischen Umsetzung zusammengefasst. Die Entwicklung und Validierung des Prüfkonzepts basiert auf einem Reifegradmodell, das in Kapitel 5.1 beschrieben wird. Die Anforderungen an das Prüfkonzept werden in Kapitel 5.2 gesammelt und priorisiert. In Kapitel 5.3 werden die Zielmerkmale und das Vorgehen zur Herstellung der Referenz-Stacks beschrieben. Darauf aufbauend erfolgt die Auswahl der Prüfverfahren in Kapitel 5.4. Die Szenarien und Zielbauteile zur Bewertung des Konzepts sind Inhalt von Kapitel 5.5. Die prototypische Umsetzung des erarbeiteten Prüfkonzepts wird in Kapitel 5.6 beschrieben.

### 5.1  Reifegradmodell für das Prüfkonzept

Das Reifegradmodell der Methodenreife (vgl. Kapitel 2.1.3) wird für das zu entwickelnde Prüfkonzepte in Bezug auf einige Kriterien angepasst und erweitert. Dies dient der Berücksichtigung von Beschaffungsvorgängen und der Synchronisation mit der zugrunde liegenden Reifegradabsicherung für Neuteile gemäß [VDA09]. Im Falle der Nutzung für bestehende Teile und Prozessketten, wie bei der vorliegenden Arbeit, nutzt die erweiterte zeitliche Staffelung der Reifegradkriterien bei der Projektplanung und -durchführung. Das resultierende Reifegradmodell für das Prüfkonzept ist in Abbildung 38 dargestellt. Die Ergänzungen der Kontrollpunkte nach Siemer [Sie10] befinden sich im Anhang A in Kapitel 16.1.

Die Kriterien der Methodenreife 0 entsprechen den VDA-RG 0-2. Das Anforderungsmanagement des Neuteileumfangs des RG 1 wird um die Anforderungen an das Prüfkonzept ergänzt. Ziel ist ein Prototypen-Prüfsystem, das optional komplett oder in Form von Komponenten in das Serien-Prüfsystem überführt werden kann. Bis Abschluss des RG 2 muss das Prototypen-Prüfsystem betriebsbereit übergeben sein, damit erste prototypische Teile geprüft werden können. Die Kriterien der Methodenreife 1 umfassen im Rahmen des RG 3 die Schritte bis zum Nachweis der Prüfprozesseignung für die Zielmaterialien. Die Beauftragung für die Serie nach Bewertung der Wirtschaftlichkeit ist dem RG 4 zuzuordnen. Die Abnahme des Prüfsystems für die Serie erfolgt nach Eignungsnachweis im Rahmen des RG 5; die weiteren Inhalte der Methodenreife 2 sind im RG 6 abzuschließen.

| Reifegradkriterien → Zuordnung zu [VDA09]-RG | 0 | 1 | 2 | 3 | 4 | 5 | 6 | 7 |
|---|---|---|---|---|---|---|---|---|
| **Methodenreife 0 → *VDA-RG 0-2 (< 2 Jahre)*** | | | | | | | | |
| 0.1) Stand der Technik recherchiert | | | | | | | | |
| 0.2) Marktscreening durchgeführt | | | | | | | | |
| 0.3) Anforderungen *für Prototypen-Prüfsystem* definiert | | | | | | | | |
| 1.1) Erste technologische Ergebnisse zur Messbarkeit *der Prüfmerkmale* liegen vor | | | | | | | | |
| 1.2) *Bewertungsszenarien* Wirtschaftlichkeit *erarbeitet* | | | | | | | | |
| 1.3) Potential-/Risikoanalyse durchgeführt | | | | | | | | |
| 1.4) *Prototypen-Prüfsystem beauftragt* | | | | | | | | |
| 2.1) *Inbetriebnahme und Betriebsbereite Übergabe (BBÜ) des Prototypen-Prüfsystems* | | BBÜ Prototyp | | | | | | |
| 2.2) Planung für MR1 liegt vor | | | | | | | | |
| **Methodenreife 1 → *VDA-RG 3-4 (< 2 Jahre)*** | | | | | | | | |
| 3.1) Prototypen-Prüfsystem robust und einfach zu bedienen | | | | | | | | |
| 3.2) Standzeit und Wartung definiert | | | | | | | | |
| 3.3) Messdatenoutput definiert | | | | | | | | |
| 3.4) Prüfanweisung erstellt | | | | | | | | |
| 3.5) Versuche mit Zielmaterialien durchgeführt | | | | | | | | |
| 3.6) *Prüfprozesseignung* für Prototyp ermittelt | | | | | | | | |
| 4.1) *Anforderungen für Serien-Prüfsystem definiert* | | | | | | | | |
| 4.2) Wirtschaftlichkeit *auf Basis Prototyp für Serie* bewertet | | | | | | | | |
| 4.3) Planung für MR2 liegt vor | | | | | | | | |
| 4.4) *Serien-Prüfsystem beauftragt* | | | | | | | | |
| **Methodenreife 2 → *VDA-RG 5-6 (< 2 Jahre)*** | | | | | | | | |
| 5.1) *Inbetriebnahme und BBÜ des Serien-Prüfsystems* | | | | | | BBÜ Serie | | |
| 5.2) Serien-Prüfsystem robust und einfach zu bedienen | | | | | | | | |
| 5.3) Einbindung in Produktionsdatenerfassung erfolgt | | | | | | | | |
| 5.4) *Prüfprozesseignung* für Serie nachgewiesen | | | | | | | | |
| 6.1) Statistik über Zielmaterialien in Serie vorhanden | | | | | | | | |
| 6.2) *Endabnahme Serien-Prüfsystem erfolgt und in Prüfmittelmanagement aufgenommen* | | | | | | | | SOP |
| **Hinweis:** *Kursive Inhalte* sind eine Anpassung bzw. Erweiterung von [Koc13], vgl. Abbildung 7 | | | | | | | | |

Abbildung 38:    Adaptiertes Reifegradmodell für das Prüfkonzept

Der Bearbeitungsumfang für das Prüfkonzept der vorliegenden Arbeit beinhaltet die Inhalte der Methodenreife 0 und 1 bis einschließlich des RG 4.2. Dies bildet die Entscheidungsgrundlage für die Konzeptanpassungen und die Beauftragung des Serien-Prüfsystems.

## 5.2 Anforderungen an das Prüfkonzept

Die Ermittlung der Anforderungen gliedert sich in technologische und wirtschaftliche Anforderungen. Die technologischen Anforderungen leiten sich aus den Prüfaufgaben und der Prüfumgebung ab; den wirtschaftlichen Anforderungen liegen Unternehmensvorgaben zugrunde.

### 5.2.1 Technologische Anforderungen

Entsprechend der Definition in Kapitel 3.2.2 werden Zielmerkmale für die zerstörungsfreie Prüfung gesammelt. Hierbei wird unterschieden in den Zweck der Prozessanalyse und der Qualitätsbewertung. Auf Basis des Kano-Modells (vgl. Kapitel 2.1.2) wird folgende Kategorisierung der Zielmerkmale vorgenommen:

- Basismerkmale (geringer Nutzen)
- Leistungsmerkmale (großer Nutzen)
- Begeisterungsmerkmale (sehr großer Nutzen)

Der Nutzen durch das Prüfkonzept ist bei Anforderungserfüllung der Begeisterungsmerkmale am größten. Dementsprechend ist die Priorität der Anforderungen für sie hoch und für die Basismerkmale niedrig.

*Zielmerkmale*

Ausgangspunkt ist der recherchierte Stand der Technik (vgl. Kapitel 3.2.4). Für die lokalen Merkmale Dickstellen und Gassen der textilen Einzellagen und Stacks liegen aufgrund fehlender zerstörungsfreier Prüfmethode noch keine Erkenntnisse über die i.O./n.i.O. Toleranzen für die verarbeitenden Prozesse vor. Die Zielmerkmale für die Prozessanalyse werden als Begeisterungsmerkmale kategorisiert, da im Falle der erfolgreichen Prüfbarkeit ein erheblich höherer Nutzen als im Stand der Technik entsteht. Dieser ist durch die potentiell geringeren Fehlerkosten in der gesamten betrachteten Prozesskette begründet.

Die Leistungsmerkmale Fügepunktanzahl und -position sowie Falten sind von der Stackfertigung als Kunde des Prüfkonzepts gewünscht, da sie durch die geschulten Werker nur mit hohem Aufwand prüfbar sind und einem Fehlerschlupf unterliegen, der zu Fehlerkosten in den Folgeprozessen führt.

Darüber hinaus gibt es die Basismerkmale, die bei automatisierter Prüfung eine Reduktion der Prüfzeit und somit eine Kostenersparnis bei der Stackfertigung ermöglichen. In Tabelle 6 ist eine Übersicht aller Zielmerkmale mit ihrer Lage (Auftreten an der Oberfläche oder im Volumen) und Kategorie enthalten.

Tabelle 6:       Übersicht der Zielmerkmale für das Prüfkonzept

| Merkmals-bezeichnung | Merkmalslage | | Kategorie | | |
|---|---|---|---|---|---|
| | Ober-fläche | Volu-men | Basis-merkmal | Leistungs-merkmal | Begeisterungs-merkmal |
| Dickstellen | X | X | | | X |
| Falten | X | X | | X | |
| Gassen | X | X | | | X |
| Lagenaufbau | X | X | X | | |
| Faserwinkel | X | | X | | |
| Welligkeiten | X | X | X | | |
| Verschmutzungen | X | | X | | |
| Fügepunktanzahl/-position | X | | | X | |
| Lagenversatz | X | | X | | |
| Geometrie | X | | X | | |
| Hilfsfadenfehler | X | | X | | |
| Labelposition | X | | X | | |

Die Zielmerkmale werden in Kapitel 5.3 näher beschrieben. Eine ergänzende Übersicht mit Zulässigkeiten bzw. Toleranzen findet sich im Anhang A in Tabelle 51. Hier ist zudem das Ergebnis einer Expertenbewertung (Prozess-, Prüftechnologie und Qualität) enthalten, durch welche die Zielmerkmale mittels Präferenzmatrizen je Merkmalskategorie zusätzlich quantitativ gewichtet sind. Dies dient der besseren Differenzierbarkeit als Grundlage für die Auswahl der Prüfverfahren in Kapitel 5.4.

*Prüfumgebung*

Die Anforderungen aus der Prüfumgebung sind ebenso wie die Zielmerkmale zu gewichten bzw. zu priorisieren. Hierfür eignet sich die Einteilung nach Verbindlichkeit bzw. Härte der Anforderung (vgl. [PBF+07]):

- Forderung (muss zwingend erfüllt werden)
- Wunsch (soll nach Möglichkeit erfüllt werden)

Die Anforderungen aus der Prüfumgebung an das Prüfkonzept sind in Tabelle 7 zusammengefasst. Grundlegende weitere allgemeine und verpflichtende Anforderungen, wie z. B. die eindeutige Zuordnung der Prüfergebnisse zu den Identnummern der geprüften Stacks oder die Erfüllung der Arbeitssicherheitsnormen und -vorgaben werden nicht extra aufgeführt. Sie werden nicht spezifisch für die Prüftechnologien bewertet und sind für alle zur Verfügung stehenden Verfahren umsetzbar.

Tabelle 7:          Anforderungen aus der Prüfumgebung an das Prüfkonzept

| Kriterium | Forderung | Wunsch |
|---|---|---|
| Robustheit/Unempfindlichkeit (Hallenklima etc.) | X | |
| Maximale Stackgeometrie prüfbar | X | |
| Bildgebendes Verfahren | | X |
| Inline-Messung möglich | | X |
| Doppelt gekrümmte Oberflächen (3D) messbar | | X |
| Möglichkeit der Verfahrenskombination | | X |

## 5.2.2 Wirtschaftliche Anforderungen

Das Prüfkonzept wird während der laufenden Serienproduktion entwickelt; es stellt für die Erledigung der Prüfaufgaben je nach Szenario eine Erweiterung bzw. Alternative zum Stand der Technik dar. Es wird zugrunde gelegt, dass im Umsetzungsfall eine Mindestrendite von 12 % über eine Gesamtlaufzeit von 6 Jahren erwirtschaftet werden muss. Das ist möglich, wenn Prüfkosten in der Stackfertigung und Fehlerkosten in der betrachteten Prozesskette durch das

Prüfkonzept in höherem Maße reduziert werden können, als Fehlerverhütungskosten durch die Investition und den Betrieb entstehen. Die zur Bewertung stehenden Prüfverfahren werden im Rahmen der Auswahl hinsichtlich der wirtschaftlichen Anforderungen in Tabelle 8 bewertet.

Tabelle 8:　　　Wirtschaftliche Anforderungen zur Auswahl der Prüfverfahren

| Kriterium | Forderung | Wunsch |
|---|---|---|
| Kurze Taktzeit der Prüfung | X | |
| Kurze Prüfnebenzeiten | | X |
| Kein Zeitaufwand für Auswertung der Ergebnisse | | X |
| Integrationskosten gering | | X |
| Beschaffungskosten gering | | X |
| Schulungskosten gering | | X |

## 5.3　Beschreibung der Zielmerkmale

Bei der Anwendung von zerstörungsfreien Prüfverfahren ist es üblich, Inhomogenitäten bei Bedarf künstlich einzubringen [DIN05b]. Die so erzeugten Referenzteile können dann zur Qualifizierung der Verfahren mit bekannten Ausprägungen bzw. Abmessungen der lokalen Merkmale verwendet werden. Im Rahmen dieser Arbeit werden Referenz-Stacks für einige Zielmerkmale künstlich erzeugt (vgl. Tabelle 51 im Anhang A). Das Vorgehen ist für betreffende Merkmale ergänzend beschrieben.

*Falten*

Falten sind sehr seltene Materialanhäufungen durch lokales Knicken bzw. Übereinanderschrieben einer Einzellage im Stack. Im Gegensatz zum Preform-Prozess haben für Stacks lediglich Längsfalten in UD-Gelege-Einzellagen Relevanz. Die Falte verläuft entlang der Carbon-Faserrichtung. Quer zur Carbon-Faserrichtung tritt ein Umknicken im Stack-Prozess nicht auf, da der Knickwiderstand in diese Richtung sehr groß ist. Sollte es prozessbedingt zu einer Falte in der Fläche kommen, sind sie dort dreifach ausgeprägt, nahe der Außenkontur doppelt. Die beschriebene Differenzierung ist in Abbildung 39 dargestellt.

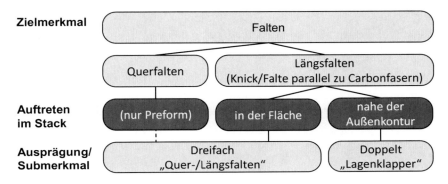

Abbildung 39: Zielmerkmal Falten und Submerkmale im Stack

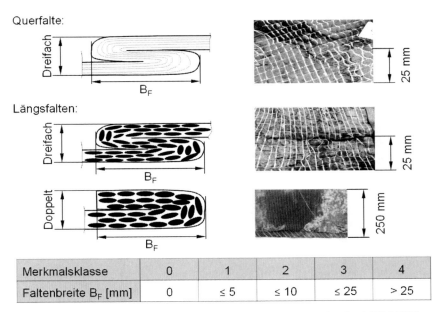

| Merkmalsklasse | 0 | 1 | 2 | 3 | 4 |
|---|---|---|---|---|---|
| Faltenbreite $B_F$ [mm] | 0 | ≤ 5 | ≤ 10 | ≤ 25 | > 25 |

Abbildung 40: Schematische Darstellungen (links), Fotos (rechts) [BMW13] und Merkmalsklassen (unten) von Falten

Die Ausprägungen der Falten und ihre Klassifizierung sind in Abbildung 40 dargestellt. Dreifach-Längsfalten werden im Rahmen dieser Arbeit durch Einlegen und thermisches Fixieren des Binders von zugeschnittenen Gelege-Streifen in

der Grammatur der Einzellage künstlich erzeugt. Doppelte Längsfalten, sogenannte „Lagenklapper", können durch definiertes Einklappen und thermisches
Fixieren der Lagen nahe der Außenkontur simuliert werden.

*Dickstellen*

Dickstellen in Stacks zählen zu den lokalen Merkmalen. Sie entstammen stets
Merkmalen der textilen Einzellagen und überlagern sich zu einer linienförmigen
und/oder punktförmigen Ausprägung im Stack, wie in Abbildung 41 dargestellt.

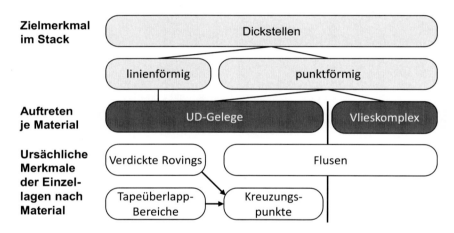

Abbildung 41:    Zielmerkmal Dickstellen im Stack und ursächliche Merkmale
                 der Einzellagen nach Material

In UD-Gelegen treten sowohl linienförmige als auch punktförmige Ausprägungen von Dickstellen auf. Linienförmige Dickstellen entstammen verdickten Rovings oder Tapeüberlapp-Bereichen. Punktförmige Dickstellen können neben
Flusen auch an Kreuzungspunkten von verdickten Rovings und/oder Tapeüberlapp-Bereichen in den Stacks auftreten.

Im Vlieskomplex sind lediglich punktförmige Dickstellen relevant, die durch ver-
dichtete Faserkügelchen, sogenannte Flusen, verursacht werden. Sie treten
sehr selten auf. Daher werden sie künstlich durch Einlegen von Flusen unter
der Vlieskomplex-Decklage im Stackaufbau CFL-1 (vgl. Abbildung 154 im Anhang A) hergestellt.

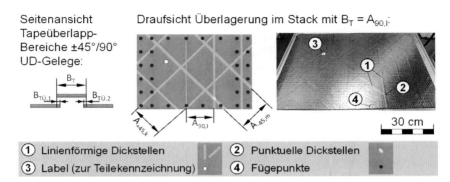

Abbildung 42:    Schematische Darstellung von Tapeüberlapp-Bereichen (links) sowie resultierenden Stack-Dickstellen (Mitte, Foto rechts)

Verschiedene Formen von Dickstellen in einem UD-Gelege-Stack sind in Abbildung 42 exemplarisch anhand eines vakuumierten Stacks dargestellt. Der Abstand der linienförmigen Dickstellen (1) weist ein regelmäßiges Muster auf. Es ist gekennzeichnet durch die Abstände der linienförmigen Dickstellen (vgl. $A_{+45,k}$, $A_{-45,m}$, $A_{90,l}$ in Abbildung 42) zueinander.

Die Abstände entsprechen den eingesetzten Breiten der Taperollen $B_T$ bei der Gelegeherstellung der ±45° und 90° UD-Gelege (vgl. Kapitel 3.1.3, Abbildung 19). Die Tapeüberlapp-Bereiche haben eine Breite $B_{TÜ,i}$ von bis zu 25 mm. Eine Toleranz für die Dicke der Tapeüberlapp-Bereiche in UD-Gelege gibt es im Stand der Technik nicht.

Die Überlagerung in den Stacks erfolgt zufällig und ist im Fertigungsprozess nicht beeinflussbar. Sie kann zu punktuellen Dickstellen (2) führen, wenn sich Tapeüberlapp-Bereiche oder verdickte Rovings unterschiedlicher Einzellagen mit großer Einzeldicke kreuzen. Linienförmigen Dickstellen können durch Einlegen und thermisches Fixieren des Binders von zugeschnittenen Gelege-Streifen im Gewicht der jeweiligen Einzellage künstlich erzeugt werden.

*Fügepunktanzahl/-position, Labelposition*

Der Lagenaufbau eines Stacks wird bis zum Preforming durch Fügepunkte zusammengehalten. Die Anzahl und Position der Fügepunkte zählen zu den geometrischen Merkmalen. Die Fügepunkte müssen vollständig vorhanden sein, um Prozessstörungen in den Folgeprozessen zu vermeiden. Zudem müssen sie mit einer Toleranz von ± 15 mm positioniert sein. Die Anordnung von Fügepunkten eines Stacks ist beispielhaft schematisch in Abbildung 42 ergänzt.

*Gassen*

Gassen zählen zu den lokalen Merkmalen von UD-Gelegen und sind als Abstand zweier benachbarter Rovings definiert. Bei Überschreitung einer Fließkanalbreite von 2,5 mm werden diese zu Gassen. Sie sind in Abbildung 43 mit ihrer Klassifizierung dargestellt.

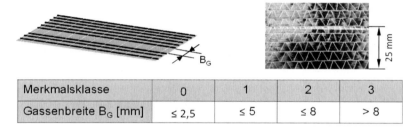

| Merkmalsklasse | 0 | 1 | 2 | 3 |
|---|---|---|---|---|
| Gassenbreite $B_G$ [mm] | ≤ 2,5 | ≤ 5 | ≤ 8 | > 8 |

Abbildung 43:    Schematische Darstellung (links oben), Foto (rechts oben) und Merkmalsklassen (unten) von Gassen

Zur Herstellung von Referenz-Stacks mit Gassen werden die Carbonfaser-Bündel in den gewünschten Gassenbreiten aus den Einzellagen entfernt. Die Grenzen der Merkmalsklassen werden hierbei als Referenzausprägungen gewählt. Hilfsmittel für die Erzeugung der Gassen sind ein Skalpell, Pinzetten, Messer und Scheren. Die Wirkfäden aus Polyester und Glasfasern der Einzellagen werden nicht zerstört, so dass die Gassengeometrie auch beim Handling der Einzellagen und den hieraus hergestellten Referenz-Stacks erhalten bleibt.

*Faserwinkel*

Der Faserwinkel zählt zu den geometrischen und funktionalen Merkmalen, da ein abweichender Faserwinkel die Bauteilfestigkeit maßgeblich beeinflusst. Für jeden Schritt der Prozesskette zur Bauteilherstellung liegen umfangreiche Untersuchungen über die Einflussgrößen auf den Faserwinkel vor. In der Stackfertigung ist die Orientierung des Zuschnitts in Bezug auf die Produktionsrichtung der Einzellagen die relevante Einflussgröße. Für die Überprüfung der Zuschnittorientierung δ dienen die Wirkfäden der obersten Stacklage als Referenz für die Produktionsrichtung, wie in Abbildung 44 dargestellt.

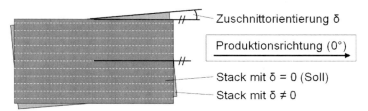

Abbildung 44:   Schematische Darstellung der Zuschnittorientierung von Stacks

*Welligkeiten*

Welligkeiten zählen zu den lokalen Merkmalen und können je nach Ausprägung die Funktion bzw. Bauteilfestigkeit beeinflussen. Welligkeiten im Faserverlauf können prozessbedingt beim Preforming auftreten. Sie werden für Stacks in der betrachteten Prozesskette nicht beobachtet. Relevant für Stacks sind Welligkeiten in Dickenrichtungen. Abbildung 45 zeigt die Einteilung der Welligkeiten.

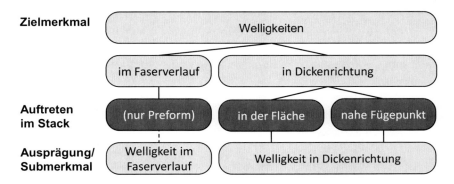

Abbildung 45:   Zielmerkmal Welligkeiten und Ausprägungen/Submerkmale im Stack

Die Ausprägungen der Welligkeiten sind in Abbildung 46 dargestellt. Merkmals-klassen sind lediglich für Preforms definiert, die auf Stacks nicht übertragbar sind. Welligkeiten in Dickenrichtung sind bis zu einer Höhe von 5 mm über eine

Bezugslänge von 40 mm zulässig. Welligkeiten in gefügten Stacks werden lediglich sehr selten in der Nähe von Fügepunkten, d. h. nahe der Außenkontur beobachtet. Sie sind mit der etablierten Sichtprüfung gut auffindbar

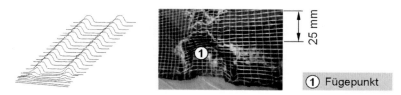

Abbildung 46:   Schematische Darstellung (links) und Foto (rechts) von Welligkeiten in Dickenrichtung [BMW13]

*Lagenversatz und Geometrie*

Das Zielmerkmal Lagenversatz zählt zu den geometrischen Merkmalen. Die Geometrie als übergeordnetes Merkmal beschreibt Abweichungen von Länge und Breite des gesamten Stacks, wie z. B. durch ungenauen Zuschnitt. Der Lagenversatz beschreibt die geometrische Abweichung von einzelnen Lagen gegenüber der Außenkontur des gesamten Stacks nach innen. Für den Fall, dass Einzellagen verschoben sind, resultiert eine größere Länge und/oder Breite, jedoch nicht von allen Lagen. In der Auslegung der Verarbeitungsprozesse wird daher der maximal erlaubte Lagenversatz berücksichtigt (Verkleinerung der nutzbaren Geometrie). Die Zusammenhänge sind in Abbildung 47 schematisch visualisiert.

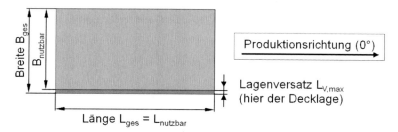

Abbildung 47:   Schematische Darstellung der Geometrie und des Lageversatzes von Stacks

## 5.4 Auswahl der Prüfverfahren

Zur Auswahl der Prüfverfahren werden die zuvor ermittelten und gewichteten technologischen und wirtschaftlichen Anforderungen als Bewertungskriterien in drei Nutzwertanalysen aufgenommen. Die zerstörungsfreien Prüfverfahren des Stands der Technik werden hierbei durch Experten der Prozess-, Prüf- und Labortechnik in Bezug auf die Erfüllung der Kriterien bewertet.

Die Ergebnisse der Nutzwertanalysen mit den ranghöchsten Verfahren hinsichtlich der Prüfbarkeit der Zielmerkmale sind in Tabelle 9 zusammengefasst. Alle Verfahren, die hierbei schlechter als die Sichtprüfung (Stand der Technik) sind, werden nicht ausgewählt. Die zugrunde liegenden Ergebnisse der Nutzwertanalysen finden sich im Anhang A in Kapitel 16.3.

Tabelle 9:     Zusammenfassung der Nutzwertanalysen

| Zerstörungsfreie Prüfverfahren | Rang der Nutzwertanalysen | | | Auswahl |
| | Zielmerkmale | Prüfumgebung | Wirtschaftlichkeit | |
|---|---|---|---|---|
| Computertomografie | 1 | 9 | 12 | |
| Wirbelstromprüfung | 2 | 5 | 9 | X |
| Röntgenprüfung | 3 | 10 | 11 | |
| Kamerasysteme | 4 | 2 | 2 | X |
| Lasermesstechnik | 5 | 4 | 5 | X |
| Sichtprüfung | 6 | 1 | 1 | |
| Legende: | Rang 1-5 | Zwingende Forderung nicht erfüllt | | |

Auf Basis der Expertenbewertung ist die Computertomografie am besten zur Prüfung der Zielmerkmale geeignet; die Röntgenprüfung liegt auf Rang 3. Jedoch können die beiden radiologischen Verfahren zwingende Anforderungen der Prüfumgebung nicht vollständig erfüllen und belegen auch in den wirtschaftlichen Kriterien die letzten Ränge. Als weiteres Verfahren zur Volumenprüfung belegt die Wirbelstromprüfung Rang 2. Für das Prüfkonzept werden folglich die Wirbelstromprüfung, Kamerasysteme und die Lasermesstechnik ausgewählt.

## 5.5 Bewertungsszenarien und Zielbauteile

Das Prüfkonzept soll gemäß Unternehmensvorgaben für verschiedene Integrationsszenarien bewertet werden. Diese werden in Kapitel 5.5.1 beschrieben. Zudem sollen mehrere Zielbauteile und -materialien untersucht werden, um das Konzept repräsentativ für das gesamte Bauteilspektrum zu validieren und wirtschaftlich zu bewerten. In Kapitel 5.5.2 ist hierzu ein Überblick enthalten. Die Ergebnisse der Potential-/Risikoanalyse sind in Kapitel 5.5.3 zusammengefasst.

### 5.5.1 Bewertungsszenarien

Die Szenarien zur Integration in die Stackfertigung unterscheiden sich im Stichprobenumfang der Prüfung, die sich reziprok zur Verfügung stehenden Taktzeit für die Prüfung verhält. Die Szenarien sind in Tabelle 10 dargestellt.

Tabelle 10:     Bewertungsszenarien mit Prüfumfang und zu prüfenden Zielmerkmalen

| Bewertungsszenario | Prüfumfang [%] | Max. Prüfzeit je Stack | Zu prüfende Zielmerkmale | | | | | | | | | | | |
|---|---|---|---|---|---|---|---|---|---|---|---|---|---|---|
| | | | Dickstellen (O. + V.) | Falten (O. + V.) | Gassen (O. + V.) | Lagenaufbau (O. + V.) | Faserwinkel (O.) | Welligkeiten (O. + V.) | Verschmutzungen (O.) | Fügepunktaz./-pos. | Lagenversatz (O.) | Geometrie (O.) | Hilfsfadenfehler (O.) | Labelposition (O.) |
| Inline-100% | 100 | 8 s | o | X | o | - | - | - | - | X | - | - | - | - |
| Inline-Stichprobe | ~10 | ~80 s | X | X | X | X | o | o | o | X | o | o | o | o |
| Atline | ~0,5 | ~26 min | X | X | X | X | X | X | X | X | X | X | X | X |

**Legende:**

Forderung: X | Wunsch: o | optional: - | O. = Oberfläche | V. = Volumen

Das Inline-100%-Szenario sieht die direkte Inline-Integration in die Fertigungslinie mit Prüfmöglichkeit für jeden Stack innerhalb von 8 s Taktzeit vor. Im Szenario „Inline-Stichprobe" wird die Ausleitung von Stacks aus dem Teilefluss für die Prüfung mit einer Dauer von max. 80 s je Stack angenommen, so dass ca. 10 % der Halbzeuge geprüft werden können. Das dritte Integrationskonzept zur Bewertung ist die Atline-Prüfung mit einer Prüfzeit von max. 26 Minuten pro Stack. Hierbei entfällt die Automatisierung des Stack-Handlings.

Entsprechend der maximalen Taktzeit für die Prüfung wird eine Priorisierung in die zwingend, nach Möglichkeit und optional zu prüfenden Zielmerkmale je nach Szenario vorgenommen. Die Leistungsmerkmale (vgl. Tabelle 6) werden als Forderung für alle Szenarien übernommen, da sie die größte Einsparung an Prüfzeit bedeuten. Die Begeisterungsmerkmale sollen zwingend im Inline-Stichproben- und Atline-Szenario geprüft werden und nach Möglichkeit Inline zu 100 %. Die Prüfung des Lagenaufbaus ist eine Forderung für die Inline-Stichprobenprüfung. Die weiteren Basismerkmale sind für die 100%-Prüfung optional, Wunsch für die Inline-Stichprobenprüfung und zwingend gefordert für die Atline-Prüfung.

### 5.5.2 Zielbauteile und -materialien

Die Zielbauteile und- materialen sollen repräsentativ für das komplette Bauteilspektrum sein. Aus mehr als 50 verschiedenen Stack-Lagenaufbauten werden mehr als 15 Bauteile in der Preforming-/RTM-Prozesskette hergestellt. Eingangsmaterialien sind UD-Gelege und Vlieskomplex-Einzellagen. Zur repräsentativen technologischen und wirtschaftlichen Bewertung wird nachfolgend die Auswahl der geeigneten Lagenaufbauten bzw. Zielbauteile beschrieben.

*Technologische Bewertung*

Die technologische Validierung des Prüfkonzepts wird je Zielmerkmal durchgeführt. Im Anhang A in Abbildung 154 sind die Lagenaufbauten dieser Arbeit zusammenfassend dargestellt. Es werden fünf Materialaufbauten ausgewählt, die repräsentativ für das Halbzeugspektrum sind. Hinzu kommen zwei Materialaufbauten mit der maximalen Lagenanzahl aller Stacks, die den schwierigsten Fall in Bezug auf die Prüfbarkeit von Falten in der untersten Lage darstellen.

*Wirtschaftliche Bewertung*

Die wirtschaftliche Bewertung des Bauteilspektrums soll insbesondere die möglichen Fehlerkosten für alle Bauteilvarianten abbilden. Die Bauteilkosten in der Preforming-/RTM-Prozesskette hängen vorrangig von folgenden Kriterien ab:

- Anzahl und jeweiliger Anteil der Stacks, die nach Preforming zu einem RTM-Bauteil konfektioniert werden
- Kosten der Stacks je nach Größe und textilen Einzellagen
- Kosten der Preforms, je nachdem ob aus einem Stack mehrere (z. B. links/rechts symmetrische) Preforms gefertigt werden

Im einfachsten Fall wird aus einem Stack ein Preform hergestellt, der zu einem RTM-Bauteil weiterverarbeitet wird. Für komplexe Bauteile werden mehrere Preforms zu einem Bauteil konfektioniert, wobei der Preform aus einem Stack in mehrere Bauteile einfließen kann. Die drei repräsentativ für diese Arbeit ausgewählten Zielbauteile sind in Abbildung 48 dargestellt:

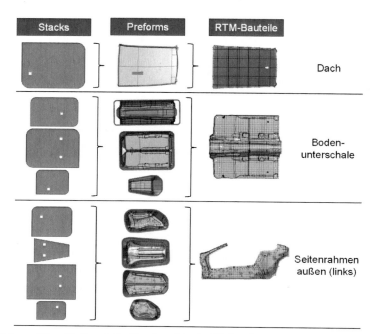

Abbildung 48:    Zielbauteile für die wirtschaftliche Bewertung

## 5.5.3 Potential-/Risikoanalyse der Szenarien

Zur Bewertung der Potentiale und Risiken werden Experten der Technologie, Planung, Produktion und Qualität befragt. Hierbei wird die erfolgreiche Umsetzung der Szenarien mit Erfüllung der Forderungen zur Prüfbarkeit der Zielmerkmale (vgl. Tabelle 10) angenommen.

*Potentiale der Inline-100%-Prüfung*

Primäres Potential der Inline-100%-Prüfung ist die taktzeitneutrale Prüfung der Stacks auf die Zielmerkmale mit hohem Prüfaufwand im Stand der Technik und die Nutzung der Prüfergebnisse zwecks Data-Mining. Je nach produziertem Stack können Taktzeitverbesserungen realisiert werden, was zu einer höheren Wirtschaftlichkeit führt. Die Erhöhung der Stackqualität ist ein weiteres Potential, welches zur Reduzierung von Fehlerkosten und Reklamationen führt. Eine Nutzung der Inline-100%-Prüfung für Bemusterungsanwendungen bei geringfügigen Stackänderungen ist denkbar. Dadurch ließen sich Leerlaufzeiten in der Produktion nutzen. Die Möglichkeit zur Nachrüstung von Wirbelstromsensorik zur Überprüfung des Lagenaufbaus je Legung wird ebenfalls als Potential gewertet. Die Einordung der genannten Potentiale im Portfolio kann Abbildung 49 entnommen werden.

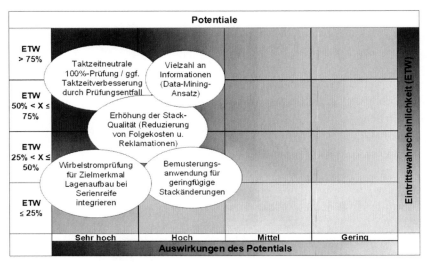

Abbildung 49:    Potentiale der Inline-100%-Prüfung

*Risiken der Inline-100%-Prüfung*

Die Risiken der Inline-100%-Prüfung sind die in Abbildung 50 dargestellt. Größtes Risiko stellt dabei die Vakuumtechnik im Prozess dar. Diese lässt sich nicht nur schwer integrieren, sondern weist durch die Anwendung einer Vakuumfolie einen externen Störfaktor auf. Daher gilt es eine geeignete Vakuumfolie vor dem Hintergrund der Haupteigenschaften Festigkeit, Dichtigkeit und günstiges Verschleiß- und Kriechverhalten auszuwählen.

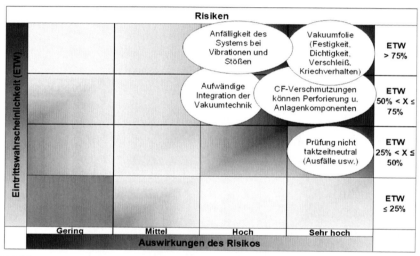

Abbildung 50:    Risiken der Inline-100%-Prüfung

Weiterhin ist zu berücksichtigen, dass das Serien-Prüfsystem robust gegenüber Vibrationen und Stößen sein muss. Ein schwingungsentkoppelter Aufbau ist somit vorzusehen. Aufgrund der Verschmutzung von Anlagenkomponenten mit Carbonfasern kann der Prozess beeinträchtigt werden. Diesem Risiko kann durch entsprechende Auslegung des Prüfsystems und Reinigungsmaßnahmen entgegengewirkt werden. Durch den Einsatz in allen drei Produktionslinien steigt das Risiko von Ausfällen und Nichterreichen der Taktzeit. Die Prüf-Taktzeiten müssen demnach für das Gesamtsystem sichergestellt werden.

Die Bewertungsergebnisse für die Inline-Stichprobenprüfung und die Atline-Prüfung finden sich im Anhang A in Kapitel 16.4. Für die beiden Szenarien werden dort ebenfalls die Portfoliodarstellungen genutzt.

*Zusammenfassung der Potential-/Risikoanalyse der Szenarien*

Die gesammelten Risiken und Potentiale können in Form einer Potential-/Risikokennzahl nach (5.1) zusammengefasst werden. Diese Kennzahl dient der Zusammenfassung der Analyse in einem Gesamtpotential bzw. -risiko.

$$ GPR = \frac{1}{n_{PR}} \cdot \sum (\frac{PR_W}{n_N}) \qquad (5.1) $$

mit:

GPR: Gesamtpotential bzw. –risikokennzahl
PRw: Potential-/Risikowert des einzelnen Potentials/Risikos
$n_N$: Anzahl unabhängiger Nennungen des Potentials/Risikos
$n_{PR}$: Anzahl aufgeführter Potentiale/Risiken

Die Gewichtung anhand der Anzahl an unabhängigen Nennungen eines Potentials oder Risikos beruht auf der Annahme, dass die wichtigsten Potentiale und Risiken von mehreren Experten unabhängig voneinander erkannt und benannt werden. Die errechneten Kennzahlen für die bewerteten Szenarien sind in Tabelle 11 zusammengefasst.

Tabelle 11:     Potential-/Risikovergleich für Integrationsszenarien

| Integrationsszenario | Potential (gering ist vorteilhaft) | Risiko (hoch ist vorteilhaft) |
|---|---|---|
| Inline-100% | (3,5) | (1,6) |
| Inline-Stichprobe | (4,7) | (4,9) |
| Atline | (2,1) | (8,5) |

Insgesamt sind die Potentiale für die Atline-Prüfung am höchsten bei vergleichsweise geringen Risiken. Das Szenario der Inline-100%-Prüfung weist das vergleichsweise höchste Risiko auf. Das Potential der Inline-Stichprobenprüfung ist im Vergleich am schlechtesten bewertet bei gleichzeitig weniger Risiko als bei der Inline-100%-Prüfung durch die weitestgehende Entkopplung von der Produktionstaktzeit (10 % Stichprobenumfang).

## 5.6   Prototypische Umsetzung des Prüfkonzepts

Die prototypische Umsetzung des Prüfkonzepts beginnt mit der Spezifikation der Anforderungen an die Einzelkomponenten, wie in Kapitel 5.6.1 beschrieben. Das Gesamtkonzept zur Integration der Komponenten in eine modulare Prototypen-Prüfzelle wird in Kapitel 5.6.2 zusammengefasst und um die Beschreibung der resultierenden Prüfumgebung für die zerstörungsfreie Stack-Charakterisierung im Rahmen dieser Arbeit ergänzt.

### 5.6.1  Anforderungen an die Einzelkomponenten

Auf Basis der technologischen Anforderungen (vgl. Kapitel 5.2) und der ausgewählten Prüfverfahren (vgl. Kapitel 5.4) werden Anforderungen an die Einzelkomponenten abgeleitet und konkretisiert. Hierzu werden zunächst die Einzelkomponenten des Prototypen-Prüfsystems mit den zugeordneten Hauptfunktionen (vgl. [PBF+07]) aufgelistet:

- Prüftisch mit Vakuumtechnik
  - o Stacks zur Messung unter Vakuumfolie fixieren
  - o Fläche bzw. Volumen für Messung vorgeben
  - o Handhabung durch eine Person ermöglichen
- Portalroboter mit Steuerungs- und Sicherheitstechnik
  - o Sensoren automatisiert über Messfläche bewegen
  - o Messwerte der Sensoren bildgebend aufzeichnen
  - o Gefährdungen bei der Messung minimieren
- Laser-Lichtschnittsensor
  - o Höhenmessung der Stacks unter Vakuumfolie mit ausreichender Auflösung durchführen
- Wirbelstromsensorik
  - o Prüfung auf innenliegende Zielmerkmale der Stacks
- Industriekamera
  - o Bild der Stacks aufnehmen für Teileidentifikation und Prüfung auf oberflächige Zielmerkmale
- PC
  - o Messungen parametrieren
  - o Messergebnisse auswerten und speichern
  - o Mess- bzw. Prüfergebnisse anzeigen

Aus den Hauptfunktionen lassen sich spezifische Anforderungen für jede Komponente ableiten. Die resultierenden Anforderungen an die Einzelkomponenten des Prototypen-Prüfsystems werden im Folgenden beschrieben.

*Prüftisch mit Vakuumtechnik*

Die nutzbare Mindest-Messfläche des Prototypen-Prüfsystems muss 85 x 85 cm$^2$ betragen, um kleinere Serienstacks prüfen zu können. Es sollen Teile bis zu einer Höhe von 10 cm eingelegt werden können. Der Prüftisch muss über eine ausreichende Stabilität verfügen, so dass die Stacks reproduzierbar auf ihm fixiert werden können. An die Ebenheit oder Wärmedehnung der Prüftischplatte werden keine erhöhten Genauigkeitsanforderungen gestellt, da diese mit Blick auf den möglichen Serieneinsatz zu voraussichtlich hohen Kosten führen würden. Stattdessen werden regelmäßige Referenzmessungen der Grundplatte vorgesehen, um die Ungenauigkeiten auszugleichen. Die Grundplatte soll aus einem verschleißarmen Material gefertigt sein und an mehreren Stellen über vorgegebene Lochmuster für die Vakuumtechnik verfügen. Das Vakuum soll mit einem extern angeschlossenen Apparat (z. B. Vakuumpumpe oder Venturi-Düse) erzeugt werden und am Prüftisch einstellbar und messbar sein. Die Handhabung muss durch eine Person ergonomisch erfolgen können. Vorversuche zeigen, dass hierfür eine Vorrichtung zum Offenhalten des Deckels während des Probenwechsels vorzusehen ist (z. B. Gasdruckfeder).

*Portalroboter*

Der Portalroboter muss mit verschiedenen Geschwindigkeits- und Genauigkeitsprofilen parametrierbar sein, so dass geeignete Parameter für den Serieneinsatz ermittelt werden können. Im genauesten Modus muss eine Auflösung und Positioniergenauigkeit von 0,1 mm über die Messfläche (x, y-Koordinaten) realisiert werden können, so dass die Voraussetzungen nach [VDA11] in Bezug auf die Toleranzen aller Zielmerkmale (vgl. Tabelle 51 im Anhang A) erfüllt werden. Die Messachse (x) muss für eine Geschwindigkeit von bis zu 500 mm/s ausgelegt werden; die Zustellachsen (y, z) sollen mit bis zu 200 mm/s verfahren können. Nach händischem Einlegen und Vakuumieren der Stacks muss die Messung bis zur Ergebnisdarstellung automatisch ablaufen. Gefährdungen durch den Portalroboter und die Sensorik müssen durch geeignete Schutzmaßnahmen auf ein minimales Restrisiko reduziert werden.

*Laser-Lichtschnittsensor*

Der Laser-Lichtschnittsensor muss die Stacks unter einer Vakuumfolie vermessen können. Durch die spiegelnde Oberfläche sind hierzu Vorversuche erforderlich (vgl. Anhang A, Tabelle 55). Dementsprechend muss der Laser-Lichtschnittsensor vom Typ LJ-V7200 der Fa. Keyence, Neu-Isenburg, verwendet werden. Dieser erlaubt zudem die Umsetzung der geforderten Auflösung von 100 µm entlang der Laser-Profillinie (vgl. „Portalroboter"). Die Wiederholgenauigkeit des Sensors von 1 µm in z-Richtung wird als ausreichend für die Toleranzermittlung der Zielmerkmale Dickstellen erachtet.

*Wirbelstromsensorik*

Aufgrund der mangelnden Vorerfahrung der Wirbelstromprüfung an Carbonfaser-Stacks werden umfangreiche Vorversuche durchgeführt (vgl. Tabelle 56 im Anhang A). Die für Carbonfaser-Bauteile bewährte Sensorik des Fraunhofer IKTS MD, Dresden, soll auf Basis der Vorversuche hinsichtlich der Eindringtiefe und reproduzierbaren Einstellmöglichkeit des Sensorwinkels weiterentwickelt werden.

*Industriekamera*

Von einer industriell in der Stackfertigung eingesetzten Zeilenkamera ist bekannt, dass diese für die Teileidentifikation anhand der Stack-Label mit Data Matrix Code geeignet ist. Die Überprüfung der Eignung für weitere Prüfaufgaben soll im Rahmen der Prototypen-Entwicklung auf Basis der Kamera in der Stackfertigung erfolgen. Die Möglichkeit zur Nachrüstung einer Industriekamera soll für das Prototypen-Prüfsystem vorgehalten werden.

*Gesamtkonzept*

Im Gesamtkonzept muss die Möglichkeit bestehen, mit den integrierten Prüfverfahren gleichzeitig oder einzeln zu messen. Die Messdaten müssen in Tabellenform mit Dokumentation der Einstellparameter zur Verfügung gestellt werden, so dass eine weitergehende Auswertung erfolgen kann. Alle Module der Anlage müssen mit Überdruck beaufschlagt werden können und die Schutzklasse IP65 erfüllen, so dass die elektrisch leitfähigen Carbonfasern nicht in die Komponenten gelangen können.

*Besondere Randbedingungen*

Zum Zeitpunkt der prototypischen Umsetzung des Prüfkonzepts ist die verfügbare Anlagenfläche begrenzt. Dementsprechend wird die Messfläche auf die Minimalanforderung (vgl. Kapitel 5.6.1) festgelegt. Es wird eine Prototypen-Prüfzelle zur Atline-Prüfung realisiert, da diese unabhängig von Produktionsanlagen, d. h. mit größtmöglicher Flexibilität für die Entwicklung und Validierung, betrieben werden kann.

## 5.6.2 Umsetzung der modularen Prototypen-Prüfzelle

Die Umsetzung des Gesamtkonzepts der Prototypen-Prüfzelle erfolgt in Zusammenarbeit mit der SURAGUS GmbH, Dresden. Der zuvor hergestellte Prüftisch mit Vakuumtechnik bildet für die Auslegung und Konstruktion des Messportals die Ausgangsbasis. Modular in das Messportal integriert sind die Steuerungs-, Sicherheits- und Lasermesstechnik sowie die Wirbelstromsensorik. Für die Nachrüstung einer Industriekamera steht eine Datenschnittstelle zur Verfügung.

Die Prototypen-Prüfzelle des Prüfkonzepts ist in Abbildung 51 dargestellt. Über das Bedienpanel (1) lassen sich alle Komponenten der Prüfzelle steuern. Der Portalroboter (2) besteht aus zwei parallelen Linearachsen in y-Richtung (Zustellachsen) und einer Linearachse in x-Richtung (Messachse). Der Laser-Lichtschnittsensor (3) wird in einem einstellbaren Abstand von 200 – 300 mm von der Messachse über den Prüftisch (4) bewegt; der Wirbelstromsensor (5) ist über eine weitere Linearachse in z-Richtung beweglich. Höhenunterschiede von bis zu 20 mm können über die federnde Lagerung des Wirbelstromsensors ausgeglichen werden. Die Sensororientierung ist mittels Schrittmotor einstellbar.

Der Druck für die Prüfung kann über einen Vakuumregler (6) eingestellt und kontrolliert werden. Die Messelektroniken des Wirbelstrom- und Laser-Lichtschnittsensors sind in separaten Einhausungen (7) untergebracht. Diese sind mit der Steuereinheit des Portalroboters (8) verbunden. Der Schutzzaun (9) und die Signalampel (10) sind Bestandteile der Schutzeinrichtungen der Prüfzelle. Zum Probenwechsel können die vorderen Türen geöffnet werden; zwei seitliche Türen erlauben eine erweiterte Zugänglichkeit in die Prüfzelle.

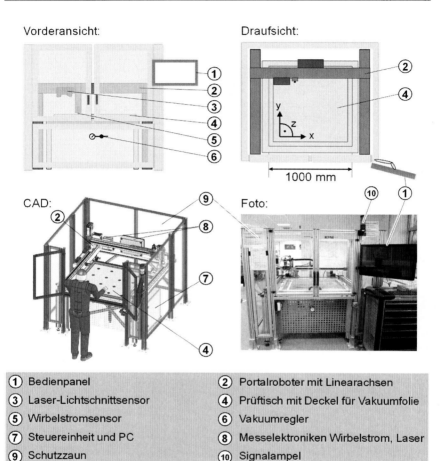

| (1) Bedienpanel | (2) Portalroboter mit Linearachsen |
| (3) Laser-Lichtschnittsensor | (4) Prüftisch mit Deckel für Vakuumfolie |
| (5) Wirbelstromsensor | (6) Vakuumregler |
| (7) Steuereinheit und PC | (8) Messelektroniken Wirbelstrom, Laser |
| (9) Schutzzaun | (10) Signalampel |

Abbildung 51:     Schemazeichnungen (oben), CAD-Modell (unten links) und
Foto (unten rechts) der Prototypen-Prüfzelle zur Atline-Prüfung

Die detaillierte Beschreibung der Anwendung und Entwicklung der Mess- und
Auswerteverfahren in der Prüfzelle finden sich für den Laser-Lichtschnittsensor
in Kapitel 6.1 und für den integrierten Wirbelstromsensor in Kapitel 6.5. Für die
mögliche Nachrüstung eines Kamerasystems in die Prüfzelle wird in Kapitel 6.1
ergänzend die Zeilenkamera der Fügeanlagen der Serienfertigung untersucht.

# 6 Technologie- und Prototypen-Entwicklung

Für jedes ausgewählte Mess- bzw. Prüfverfahren werden entsprechend des Reifegradmodells Einflussgrößenanalysen durchgeführt. Auf Basis der verfahrensspezifisch abgeleiteten Versuche und Ergebnisse werden die Technologien abschließend verglichen. Ein Überblick über die Entwicklungsumfänge ist in Tabelle 12 enthalten. Die genutzte Software zur Verfahrensentwicklung der Messdatenauswertung findet sich im Anhang B in Kapitel 17.7 (Tabelle 75).

Tabelle 12:     Übersicht der Entwicklungsumfänge

| Entwicklungsinhalte | Kapitelverweise je Verfahren | | |
|---|---|---|---|
| | Industrie-kamera | Laser-Lichtschnitt | Wirbelstrom bildgebend |
| Einflussgrößenanalysen | 6.1.1 | 6.3.1 | 6.5.1 |
| Ableitung und Durchführung von Versuchen zur Parametrierung der Prüfzelle | - | 6.3.2 ff. | 6.5.2 |
| Machbarkeitsstudie zur Geometriemessung mit Zeilenkamera | 6.1.2 | - | - |
| Messdaten-/Bildverarbeitung für Zielmerkmale mit Entwicklung eigener Software-Toolbox | 6.2 | 6.4 | - |
| Technologievergleich | 6.6 | | |

## 6.1   Industriekamera

Die Einflussgrößenanalyse und Entwicklungen zur Messdatenauswertung werden anhand eines Kamerasystems im Prozessschritt Fügen der Stackfertigung (vgl. Kapitel 3.1.5) durchgeführt. In Abbildung 52 sind die Teilprozessschritte des Fügens von Stacks dargestellt.

Abbildung 52: Teilprozessschritte zum Fügen von Stacks

In Abbildung 53 ist das Kamerasystem schematisch dargestellt. Die Fügeplatten (1) mit den Stacks (2) werden mit kontinuierlicher Geschwindigkeit durch das Kameraportal (3) mit Zeilenkamera (4) und integrierter Beleuchtung (5) gefördert. Start und Ende der zeilenweisen Bildaufnahme werden mittels Triggern (6) am Verfahrweg der Fügeplatten an die SPS übermittelt. Im Ergebnis liegen Bilddateien der Fügeplatten in Draufsicht mit einer Auflösung von 90 Megapixeln vor.

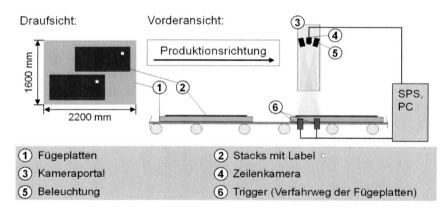

Abbildung 53: Prinzipdarstellung des Kamerasystems der Stackfertigung

6.1.1 Einflussgrößenanalyse

Die Einflussgrößen auf die Bildaufnahme von Stacks sind in Abbildung 54 zusammengefasst. Die als wichtig identifizierten Steuergrößen sind bei den Konzeptanpassungen zur Serienintegration zu berücksichtigen.

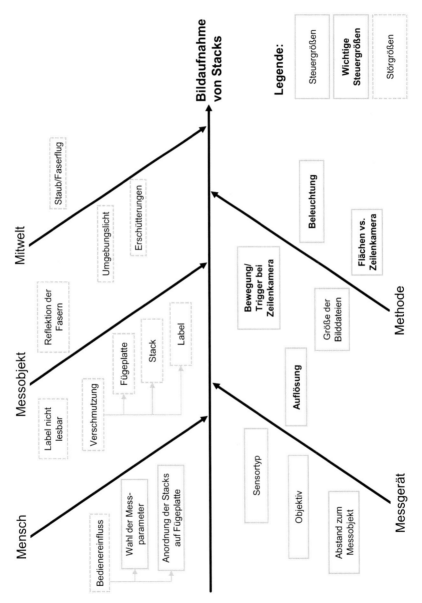

Abbildung 54: Einflussgrößen auf die Bildaufnahme von Stacks mit einer Industriekamera

6.1.2 Geometriemessung

Die vorhandene Zeilenkamera der Stackfertigung soll mit Geometriemessungen der Stacks mittels Stahllinealen verglichen werden. Hierzu wird die entwickelte Toolbox zur Bildverarbeitung (vgl. Kapitel 6.2) genutzt. Die Anwendungsmöglichkeiten der bestehenden Kameratechnik sollen mit Blick auf die Serienumsetzung des Prüfkonzepts bewertet werden.

*Versuchsplan*

Zielgrößen des Versuchs sind die Merkmale Stacklänge, Stackbreite und Labelposition. Stacklänge und Stackbreite von 30 Stacks werden an je 3 zuvor festgelegten Messstellen in Länge $l_1$ bis $l_3$ und Breite $b_1$ bis $b_3$ gemessen. Für die Labelpositionen werden die kürzesten Distanzen zu den Stackrändern als Messlängen $L_l$ und $L_b$ festgelegt. Die Zielgrößen sind in Abbildung 55 für den untersuchten Stack CFL-5 dargestellt.

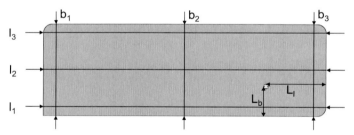

Abbildung 55:    Messpositionen für die Geometriemessung des Stacks CFL-5

*Versuchsaufbau und –durchführung*

Der Versuch wird in folgender Abfolge durchgeführt:

1. Bildaufnahme der Stacks mit Kameraportal (vgl. Abbildung 53)
2. Automatisiertes Fügen der Stacks
3. Vermessen der gefügten Stacks mittels Stahllinealen durch zwei geschulte Mitarbeiter
4. Offline-Auswertung der Messdaten des Kameraportals anhand der entwickelten Toolbox (siehe Kapitel 6.2.3)
5. Auswertung der Messabweichungen

*Versuchsergebnisse und Bewertung*

Die Auswertung der Messabweichungen der geometrischen Merkmale ist in Abbildung 56 zusammengefasst. In Produktionsrichtung bzw. Förderrichtung der Fügeplatten durch das Kameraportal ist die gemessene Stacklänge im Mittel um 1,3 mm zu kurz. In gleicher Richtung beträgt der Mittelwert der Abweichung der Labelposition 0,3 mm. In Breitenrichtung der Stacks beträgt die Abweichung 2,6 mm, so dass die Stacks auf Basis der Aufnahmen der Zeilenkamera zu breit gemessen werden. Die gemessene Labelposition weicht in Breitenrichtung im Mittel um 0,2 mm ab. Über die Messwerte aller geometrischen Merkmale lässt sich eine hohe Streubreite feststellen, die keiner erkennbaren Systematik folgt.

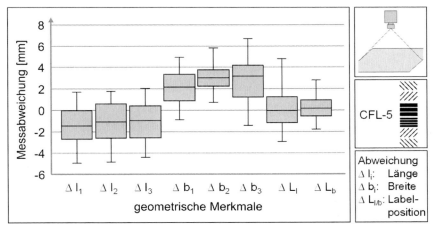

Abbildung 56:   Auswertung der Zeilenkamera-Messabweichungen der geometrischen Merkmale

Bei Analyse der aufgenommenen Bilder der Zeilenkamera zeigen sich Verzerrungen, wie in Abbildung 57 beispielhaft an einem vergrößerten Ausschnitt der Aufnahme eines untersuchten Stacks dargestellt. Durch die Verzerrungen kommt es jeweils zu einer lokalen Stauchung $\Delta l$ des Bildes von 0,05 mm bis 0,1 mm; es addieren sich mehrere Verzerrungen zu den beobachteten Gesamtabweichungen. Die Streckung der Bilder der Zeilenkamera in Breitenrichtung $\Delta b$ lässt sich anhand der welligen Textur der Wirkfäden erkennen, die nicht der Realität entspricht. Bei etwa der Hälfte der Aufnahmen liegt bei $b_2$ ein virtuelles Maximum, im abgebildeten Beispiel steigt die Breite virtuell von $b_1$ bis $b_3$.

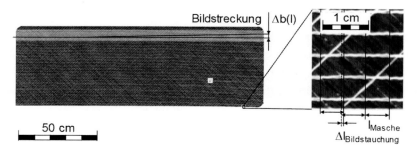

**Abbildung 57:** Beispielhafte Darstellung der Bildverzerrung in Breitenrichtung (links) und Längenrichtung (rechts) durch die Zeilenkamera

*Fazit*

Die Aufnahmen der vorhandene Zeilenkamera sind nur eingeschränkt für eine präzise Messung der geometrischen Zielmerkmale geeignet. Bezogen auf die gesamte Messfläche liegt der Messfehler nur bei ca. 0,2 % bis 0,3 %. Bei absoluter Betrachtung entspricht dies allerdings der Größenordnung der geometrischen Toleranzen (vgl. Tabelle 51 im Anhang A). Für das Prüfkonzept ist dementsprechend eine Flächenkamera zu empfehlen. Alternativ kann die Verbesserung des Triggers und/oder die Bilderzeugung durch die Zeilenkamera geprüft werden.

## 6.2 Messdatenauswertung Industriekamera

Die Verarbeitungsverfahren für Bilddateien einer Industriekamera werden entwickelt, um oberflächige lokale Merkmale automatisiert auszuwerten. Die Entwicklung gliedert sich in die grundlegenden Anforderungen (Kapitel 6.2.1) und darauf aufbauende Bildauswertung (Kapitel 6.2.2). Schließlich folgt die Implementierung der Verfahren in eine Toolbox zur Auswertung (Kapitel 6.2.3).

### 6.2.1 Datenimport und Vorverarbeitung

Die nachfolgenden beschriebenen Funktionen werden anhand der Bilddateien des Kameraportals der Stackfertigung entwickelt. Sie sind jedoch auch für andere stationäre Kamerasysteme anwendbar, die senkrecht von oben Bilder einer Prüffläche mit Stacks erzeugen.

*Datenimport, Skalierung*

Die hohe Auflösung der Bilder von 90 Megapixeln führt zu einer Dateigröße von ca. 36 Megabytes. Dementsprechend ist der Datenimport speicher- und zeitintensiv. Zur Reduzierung der weiteren Verarbeitungszeit kann direkt im Anschluss an den Import eine Skalierung der Bilder anhand eines Skalierungsfaktors vorgenommen werden.

*Justierung*

Im Rahmen der Justierung wird für die gewählte Kamera anhand des Bildes eines Normals den Pixelwerten ihre metrische Länge zugewiesen. Dies erfolgt separat für die Längen- und Breitenrichtung.

*Lageerkennung, Referenzierung*

Auf der Prüffläche kann die Anzahl und Anordnung der Stacks variieren. Es sollen alle Stacks der Prüffläche charakterisiert werden, so dass deren Lagen zunächst zu bestimmen ist. Von den Ecken der Stacks sind drei abgerundet; eine Ecke ist eckig zugeschnitten. Die eckige Ecke definiert die angrenzenden Referenzkanten für die Bestimmung der Merkmalspositionen, so dass diese vor der weiteren Bildverarbeitung erkannt werden muss. Der Ablauf zur Lageerkennung und Referenzierung jedes Stacks im Kontext der nachfolgend beschriebenen Skripte und des fortlaufenden Dateiexports sind im Anhang B in Abbildung 160 zusammengefasst.

*Teileidentifikation*

Auf jedem Stack sind bis zu vier Etiketten mit Datamatrix-Code (DMC) aufgeklebt. Diese dienen der eindeutigen Teileidentifikation in der kompletten betrachteten Prozesskette. Abbildung 58 zeigt die Ergebnisse der Teileidentifikation beispielhaft.

Abbildung 58:    Segmentiertes Stack-Label mit Datamatrix-Code (Screenshot)

Nachfolgende Schritte der Bildverarbeitung werden hierzu durchlaufen:

1. Label segmentieren und ihre Anzahl bestimmen.

2. Jeder gefundene Labelbereich wird in maximal 10 Iterationen geschärft, bis der DMC gelesen werden kann.

3. Zum Auslesen des DMC wird die Open Source Software libdmtx in Verbindung mit ImageMagick in der Version 6.7.3.6 genutzt.

4. Die ausgelesene 17-stellige Serialnummer wird komplett als Stack ID und in Form der Sachnummer (Ziffer 1 bis 7) sowie Änderungsindex (Ziffer 8 und 9) in der Datenstruktur gespeichert.

Die Sollvorgaben der Zielmerkmale können anhand der so ermittelten Sachnummer und Änderungsindex einer Datenbank entnommen werden. Eine Texterkennung des weiteren Labelinhaltes ist nicht erforderlich, da die weiteren aufgedruckten Daten über die Systeme zur Produktionsdatenerfassung abrufbar sind.

## 6.2.2 Zielmerkmale

Für die nachfolgend angeführten Zielmerkmale werden jeweils eigenständige Algorithmen entwickelt. Hiermit werden Versuche zur Bewertung der Umsetzbarkeit im Serienkonzept durchgeführt (vgl. Kapitel 6.1.2).

*Geometrie und Labelposition*

Auf Basis der Justierung werden die Länge und Breite der Stacks an jeweils drei Positionen (vgl. Abbildung 55) aus der Anzahl der Pixel zwischen den Außenkanten berechnet. Die Messgrößen können zudem kontinuierlich als Längen- bzw. Breitenverlauf entlang der Stackkanten dargestellt werden.

Die Labelposition wird in Bezug zu den definierten Referenzkanten für bis zu vier Label pro Stack gemessen. In Abbildung 59 sind die geometrischen Messergebnisse mit Ausnahme des Breitenverlaufs (analog Längenverlauf umgesetzt) in grafischer Ausgabe beispielhaft dargestellt.

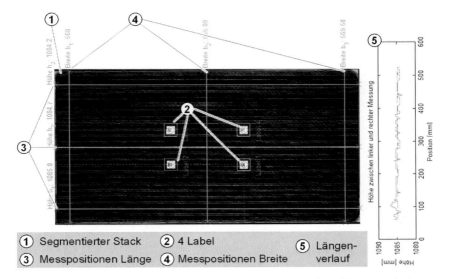

Abbildung 59: Beispielhafte Darstellung der geometrischen Messergebnisse (Screenshot, Höhe entspricht der Länge)

*Lagenversatz*

Die Kameraaufnahme von oben erlaubt das Auffinden des Lagenversatzes an den Längsseiten des Stacks, da hier die Wirkfäden bis zur Kante jeder Lage verlaufen. Folgende Schritte werden zur Ermittlung des Versatzes durchlaufen:

1. Bereinigung des Randes um helle Pixel am Übergang der Prüffläche zur Stackkante.

2. Berechnung der Breite des Operatorfenster $B_{Cl}$ für nachfolgendes Closing aus mittlerem Abstand der Wirkfäden mittels Fourieranalyse.

3. Closing des Stackrandes mit Operatorfenster der Größe $(2 \cdot B_{Cl}) \cdot 3 \, [\text{px}^2]$.

4. Ermittle entlang der Stackbreite den Anfang der obersten Lage über Binarisierung der hellen Pixel der Wirkfäden.

5. Berechne den kontinuierlichen Lagenversatz oben und unten aus der Differenz der Pixel der obersten Lage und dem Stackrand.

6. Ermittle den mittleren und maximalen Lagenversatz als Kennzahlen

7. Stelle Lagenversatz grafisch dar, wenn keine Batch-Verarbeitung erfolgt

*Zuschnittorientierung*

Der Ablauf zur Bestimmung der Zuschnittorientierung ist im Ablaufdiagramm in Abbildung 60 dargestellt. Zur Bestimmung des Winkels der Wirkfäden wird die Radon-Transformation genutzt, die mit der Hough-Transformation verwandt ist. Über die Auswertung der Darstellung im θ-r-Modellraum lassen sich die Winkel der Wirkfäden ermitteln.

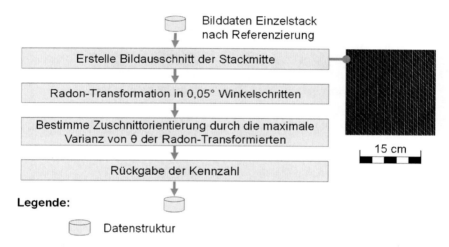

Abbildung 60:   Ablaufdiagramm zur Ermittlung der Zuschnittorientierung

## 6.2.3 Industriekamera Software-Toolbox

Die Algorithmen werden in eine Software-Toolbox mit grafischer Benutzeroberfläche (GUI, graphical user interface) implementiert, wie in Abbildung 61 dargestellt. Zur Erstellung des GUI wird die GUIDE-Funktionalität von Matlab genutzt.

Den Import-/Exportfunktionen (1) wird u. a. die Eingabe des Skalierungsfaktors zugeordnet. Die Funktionen zur Justierung (2) nutzen entweder automatisiert die Größe der Prüffläche oder erlauben die Bemaßung eines Normals mit bekannten Längen. Die Hilfsfunktionen (3) sind ergänzt um die Auswahl der Fenster für Detailansichten der Einzelstacks und Merkmale. Für den aktuell gewählten Stack werden grundlegende Daten angezeigt (4). Der Bildvorschau der Prüffläche (5) ist die Markierung der zuvor segmentierten Stacks (6) überlagert.

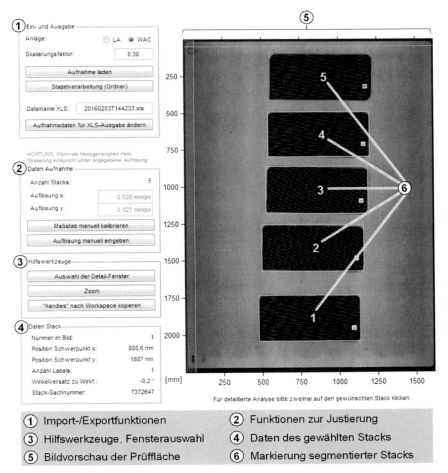

① Import-/Exportfunktionen        ② Funktionen zur Justierung
③ Hilfswerkzeuge, Fensterauswahl  ④ Daten des gewählten Stacks
⑤ Bildvorschau der Prüffläche     ⑥ Markierung segmentierter Stacks

Abbildung 61:  Aufbau der grafischen Benutzeroberfläche zur Auswertung der Bildaufnahmen von Industriekameras

## 6.3 Laser-Lichtschnittverfahren

Die Anwendung des Laser-Lichtschnittverfahrens in der Prototypen-Prüfzelle ist in Abbildung 62 schematisch dargestellt. Zudem ist beispielhaft die bildhafte Darstellung der Messergebnisse ergänzt.

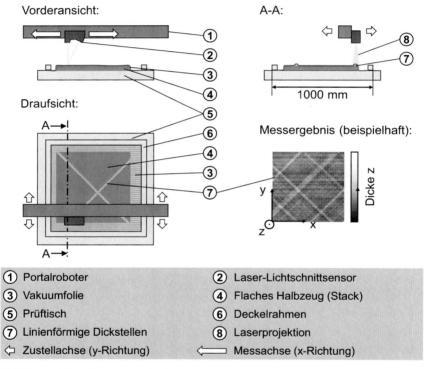

Abbildung 62: Schematische Darstellung der Anwendung des Laser-Licht-schnittverfahrens für vakuumierte Stacks

Mit der schnellen Messachse des Portalroboters (1) wird der Laser-Licht-schnittsensor (2) in x-Richtung über dem Stack bewegt (4). Dieser wird zwischen der im Deckelrahmen (6) gespannten Folie (3) und Prüftisch (5) durch Vakuumieren fixiert. Nach Messung des ersten Stack-Streifens in Breite des Laserprofils (8) wird über die Bewegung der Zustellachse die folgende Messbahn in y-Richtung angefahren. Als Messergebnis wird die Topografie der Stackdicke (z-Richtung) ausgegeben. In der bildhaften Darstellung werden Höhenunterschiede, wie z. B. durch linienförmige Dickstellen (7), durch Helligkeitsunterschiede in der Grauwertdarstellung sichtbar.

## 6.3.1 Einflussgrößenanalyse

Bei der Protototypen-Prüfzelle handelt es sich um ein neues Messsystem, so dass über die möglichen Einflussgrößen des Laser-Lichtschnittverfahrens nur die theoretischen Grundlagen bekannt sind (vgl. Kapitel 4.1.1). Ein Ursache-Wirkungs-Diagramm bzw. Ishikawa-Diagramm dient der Strukturierung der Einflussgrößen. Diese werden nach Sammlung in Steuer- und Störgrößen und nach ihrer Wichtigkeit bewertet, wie in Abbildung 63 dargestellt. Zielgröße ist die möglichst genaue flächige Messung der Halbzeugdicke mittels Laser-Lichtschnittverfahren.

Das Ziel der Analyse und abgeleiteten Versuche ist es, die optimalen Parameter für einen ausreichend genauen und schnellen Ablauf der Messung zu ermitteln. Als wichtige Einflussgrößen werden daher in erster Linie Steuergrößen bewertet, die in zukünftigen Messungen verändert werden können. Störgrößen mit wenig Spielraum für Veränderungen haben dagegen eine niedrigere Priorität für eine gezielte Untersuchung. Dies schließt Größen mit ein, die prinzipiell zwar frei wählbar sind, in der Praxis jedoch durch die Prüfaufgabe vorgeschrieben werden. Hierzu zählt z. B. der Lagenaufbau des Stacks.

## 6.3.2 Vakuumfolie

Die Eigenschaften von textilen Halbzeugen sind druckabhängig (vgl. Kapitel 4.2.2). In druckfreier Umgebung entspannen sich die Fasern, wodurch Dickenunterschiede schlechter zu erkennen sind. Die Dickenmessungen der Stacks erfolgen daher unter Vakuum. Es wird angenommen, dass die Vakuumfolie aufgrund ihrer optischen Eigenschaften (vgl. Kapitel 4.1.1) einen Einfluss auf das Messergebnis hat. Daher werden mehrere Folien mit unterschiedlichen Dicken und optischen Eigenschaften zur Nutzung für alle weiteren Versuche verglichen.

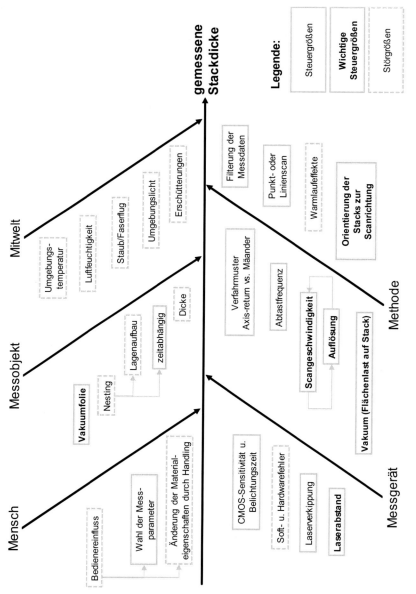

Abbildung 63:    Einflussgrößen auf die Messung der Stackdicke unter Folie mit Vakuum mittels Laser-Lichtschnittverfahren

*Anforderungen an die Vakuumfolie*

Die wichtigste Anforderung an die Folie ist ein qualitativ gutes Bild. Im Allgemeinen bedeutet dies, dass das Bild die Realität möglichst genau widerspiegelt. Hierzu wurde eine gezielte Qualitätsbewertung in Bezug auf die durchzuführenden Versuche entwickelt. Die verwendeten Techniken zur Qualitätsbewertung der Bilder sind in Kapitel 6.4.2 beschrieben. Die weiteren Anforderungen werden zusammenfassend aufgelistet:

- Einfache Handhabbarkeit
- Geringe Kosten (Folienpreis, Wiederverwendbarkeit und Rüstzeit)
- Silikonfreies Folienmaterial

*Versuchsaufbau und -durchführung*

Ziel des Versuches ist eine Bewertung des Einflusses verschiedener Folien auf die Messung eines identischen Probekörpers. Der Versuchsaufbau ist im Anhang B in Abbildung 155 dargestellt.

Um den Einfluss von Formänderungen des Probekörpers zu minimieren, wird ein formstabiler 2D-Preform anstatt eines Stacks geprüft. Der Probekörper ist auf einer Ansaugöffnung des Vakuumtisches positioniert. In jeder Messkonfiguration wird eine DIN A4 große Folie auf dem Probekörper platziert und alle Kanten mit Klebebandstreifen abgedichtet. Der Messbereich befindet sich in der Mitte des Prüfkörpers; die weiteren Versuchsparameter sind im Anhang B in Tabelle 59 zusammengefasst. Um den Zeiteinfluss auf die Messungen zu minimieren wird die Reihenfolge der Messungen randomisiert.

Die Versuchseinstellungen, d. h. die unterschiedlichen Folientypen, sind in Tabelle 57 im Anhang B zusammengefasst. Für die beiden Konfigurationen mit Cyclododecan Mattierungsspray wird auf eine Messwiederholung verzichtet, da dessen Eignung für den Anwendungsfall bereits nach der ersten Wiederholung sicher ausgeschlossen werden kann.

*Versuchsergebnisse und Bewertung*

Die Oberflächentopografie kann mit allen geprüften Folien vermessen werden. Für eine übersichtliche Bewertung werden Folien mit ähnlichen Eigenschaften gruppiert aufgeführt. In Tabelle 13 werden die Folien-Gruppen bezüglich der Erfüllung der Anforderungen bewertet. Die zugeordneten Folien finden sich im Anhang B in Tabelle 57; die quantitativen Ergebnisse sind in Tabelle 58 zusammengefasst.

Tabelle 13:      Qualitative Bewertung der Vakuumfolien

| Folien-Gruppe | Entropie | Kontrast | Handhab-barkeit | Kosten, Ver-fügbarkeit |
|---|---|---|---|---|
| ohne Folie | – – | ++ | ++ | ++ |
| A: farbig, transparent | + | o | o | + |
| B: farblos, hoch-transparent | o | + | o | – |
| C: weiß, intrans-parent | ++ | – | o | o |
| D: transparent, dehnbar | – | + | – | + / – |
| E: A mit Mattie-rungsspray | – – | o | – | o |

**Legende:**        ++ / +        Sehr gute / gute Erfüllung

o        Ohne Tendenz

– / – –        Schlechte / sehr schlechte Erfüllung

Die Referenzmessung ohne Folie weist sehr hohe Kontraste auf. Aufgrund der fehlenden Verdichtung sind die Höhenunterschiede besonders stark ausgeprägt und auch über mehrere Lagen hinweg gut zu erkennen. Da keine Folie verwendet wird, ist diese Messung darüber hinaus hinsichtlich der Handhabbarkeit und

Kosten optimal. Entscheidender Nachteil ist die hohe Messabweichung zwischen den Mittelwerten der sechs Wiederholungsmessungen. Die direkte Messung der Carbonfasern führt zu einem erhöhten Rauschen der Messdaten. Außerdem ist die Entropie sehr hoch, so dass die automatisierte Auswertung der Messdaten nicht reproduzierbar möglich ist.

Bei den farbig transparenten Folien (Gruppe A) sind die Entropie und damit das Rauschen relativ gering. Auch wenn mit anderen Folien teilweise höhere Kontraste erzielt werden, ist der Kontrast ausreichend zum Identifizieren von linienförmigen Dickstellen, Tape-Überlappbereichen und Falten. Die Folien sind außerdem robust und gut handhabbar. Zusätzlich sind die Folien einfach verfügbar und können sehr oft wiederverwendet werden.

In Hinblick auf einen Einsatz in der Serienfertigung sind die farblosen hochtransparenten Folien (Gruppe B) geeignete Alternativen. Die Messungen mit diesen Folien weisen eine sehr gute Qualität auf. Die Folie vom Typ Lumirror 40.01 (71 µm) der Fa. Toray Films Europe SAS, Saint Maurice de Beynost, Frankreich, ist aufgrund ihrer Dicke zudem sehr robust. Die Verfügbarkeit ist nur in großen Mengen gegeben, so dass die Folien für die Versuche im Rahmen dieser Arbeit nicht genutzt werden.

Die Messergebnisse für die intransparente Folie (Gruppe C) sind am wenigsten verrauscht, da die weiße und matte Oberfläche der Folie vermessen wird. Während die Rovings der Decklage unter dieser Folie gut erkannt werden, gehen die Informationen über Welligkeiten in den Lagen darunter fast vollständig verloren. Die transparenten dehnbaren Folien (Gruppe D) sind extrem dünn und daher sehr schwer zu handhaben. Die Messungen mit Mattierungsspray (Gruppe E) sind stark verrauscht, aufwendig und nicht reproduzierbar durchzuführen.

*Fazit*

Alle Versuche im Rahmen dieser Arbeit werden mit Folien vom Typ Vac-Pak HS8171 (50 µm) der Fa. Cytec Process Materials (Toulouse) Sarl, Saint Jean, Frankreich, durchgeführt. Es stehen alternative Folien mit vergleichbarer Eignung zur Verfügung. Messungen ohne Folien sind aufgrund der fehlenden Reproduzierbarkeit bei der Halbzeugfixierung und Auswertung nicht zu empfehlen.

6.3.3 Auflösung und Messdauer

Die Taktzeit der Messung ist ein entscheidendes Kriterium um die Einsatzmöglichkeiten des neuen Messsystems in der Serie zu bewerten. Die Messdauer bzw. Scangeschwindigkeit ist unmittelbar mit der Auflösung verknüpft, da bei geringerer Auflösung höhere Geschwindigkeiten möglich sind. Der Einfluss unterschiedlicher Auflösungen auf die Genauigkeit der Messergebnisse ist daher von größter Wichtigkeit.

*Versuchsaufbau und -durchführung*

Die Einstellungen des Messmodus und der Auflösung sind mit der resultierenden Messdauer in Tabelle 14 zusammengefasst. Die weiteren Versuchsparameter finden sich im Anhang B in Tabelle 60. Das Vakuum wird während einer Messreihe konstant aufrechterhalten. Die zweite Messreihe wird nach einem Monat an einem zweiten Stack gleicher Spezifikation wiederholt.

Tabelle 14:     Versuchseinstellungen Messmodus, Auflösung und resultierende Messdauer

| Messmodus | Auflösung | Messdauer |
|---|---|---|
| Punkt | $0,25 \times 0,25 \text{ mm}^2$ | 196 min |
| Punkt | $0,5 \times 0,5 \text{ mm}^2$ | 85 min |
| Punkt | $1,0 \times 1,0 \text{ mm}^2$ | 36 min |
| Punkt | $1,5 \times 1,5 \text{ mm}^2$ | 27 min |
| Punkt | $2,0 \times 2,0 \text{ mm}^2$ | 21 min |
| Punkt | $2,5 \times 2,5 \text{ mm}^2$ | 14 min |
| Punkt | $5,0 \times 5,0 \text{ mm}^2$ | 7 min |
| Punkt | $10 \times 10 \text{ mm}^2$ | 4 min |
| Linie (20 mm) | $0,5 \times 0,5 \text{ mm}^2$ | 4 min |
| Linie (40 mm) | $0,5 \times 0,5 \text{ mm}^2$ | 1 min |
| Linie (40 mm) | $1,0 \times 1,0 \text{ mm}^2$ | 1 min |

*Versuchsergebnisse und Bewertung*

Die Techniken zur Qualitätsbewertung von Bildern aus Kapitel 6.4.2 werden zur Bewertung der unterschiedlichen Auflösungen angewendet. In Abbildung 64 sind beispielhaft ein Stack in der Auflösung $0{,}5 \times 0{,}5$ mm$^2$ und $10 \times 10$ mm$^2$, sowie die entsprechenden, im Frequenzraum gefilterten, Bilder dargestellt. Es ist ersichtlich, dass bei der gröberen Auflösung Informationen verloren gehen.

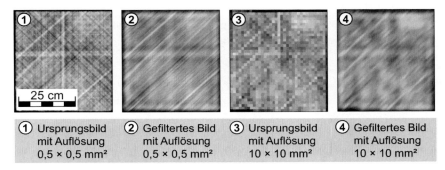

① Ursprungsbild mit Auflösung $0{,}5 \times 0{,}5$ mm² ② Gefiltertes Bild mit Auflösung $0{,}5 \times 0{,}5$ mm² ③ Ursprungsbild mit Auflösung $10 \times 10$ mm² ④ Gefiltertes Bild mit Auflösung $10 \times 10$ mm²

Abbildung 64: Ergebnisse der Filterung im Frequenzraumraum bei feiner und grober Auflösung der Messung

Die Ergebnisse der quantitativen Bewertung sind in Abbildung 65 dargestellt. Der Kontrast wird in Abhängigkeit der Auflösung bestimmt. Bei den feinen Auflösungen von $0{,}25 \times 0{,}25$ mm$^2$ und $0{,}5 \times 0{,}5$ mm$^2$ ist der Kontrast gleichbleibend hoch. Dies gilt für die Messung als Punkt- und als Linienscan. Ab einer Auflösung von $1{,}0 \times 1{,}0$ mm$^2$ nimmt der Kontrast zur gröberen Auflösung hin annährend linear ab. Der Unterschied zwischen Punkt- und Linienscan ist vernachlässigbar; der Kontrast tendiert zu höheren Werten bei den Linienscans.

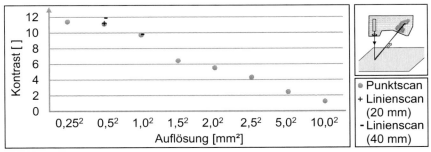

Abbildung 65: Kontrast im Frequenzraum je nach Auflösung der Messung

*Fazit*

Die Messdauer bei unterschiedlichen Auflösungen ist in Tabelle 14 aufgeführt und nimmt bei feinerer Auflösung im punktuellen Messmodus stark zu. Aufgrund der gleichen Bildqualität ist folglich der Linienmodus zu bevorzugen. Die besten Ergebnisse werden im Bereich der feinen Auflösungen bis $1,0 \times 1,0$ mm$^2$ gewonnen. Mit gröberer Auflösung nimmt die Qualität der Bilder jedoch so stark ab, dass eine automatisierte Auswertung unmöglich wird. Hierfür ist eine Auflösung von mindestens $1 \times 1$ mm$^2$ empfehlenswert. Soll lediglich der Mittelwert der Dicke ausgewertet werden, ist eine Auflösung bis $2,0 \times 2,0$ mm$^2$ ausreichend.

### 6.3.4 Druck auf Stack, Laserabstand und Stack-Orientierung

Die Halbzeuge verändern ihre Dicke durch das Nesting abhängig vom Druck bzw. von der Flächenlast. Da das Vakuum unter der Folie steuerbar ist, kann die Flächenlast auf den Stack eingestellt werden. Es wird vermutet, dass die Zielmerkmale unter unterschiedlichen Druckbedingungen unterschiedlich ausgeprägt gemessen werden können.

Die Höhe des Laser-Lichtschnittsensors ist variabel. Der Hersteller gibt den möglichen Messabstand mit $200 \pm 48$ mm an. Insbesondere im Hinblick auf die Messung von Stacks unterschiedlicher Dicke ist es sinnvoll zu überprüfen, ob die Genauigkeit der Messung vom Laserabstand beeinflusst wird.

In Vorversuchen konnte ein Einfluss der Orientierung der Decklage zur Scanrichtung auf die Messergebnisse beobachtet werden. Um den Prüfablauf für zukünftige Versuche zu verbessern, soll ein möglicher Effekt der Stack-Orientierung bewertet werden.

*Versuchsplan*

Zielgröße des Versuchs ist die Güte der Korrelation zwischen gemessenen Dicken der Proben und ihrem Flächengewicht (vgl. Kapitel 6.6.1). Zur Reduzierung des Aufwands wird ein teilfaktorieller Versuchsplan erstellt, der randomisiert ist. Für jeden Faktor werden drei Stufen entsprechend Tabelle 15 festgelegt, da nichtlineare Einflüsse erwartet werden. Der Versuchsplan ist in Abbildung 66 grafisch dargestellt.

Tabelle 15:      Faktorstufen zu Druck, Abstand und Orientierung

| Faktoren | Stufe 1 | Stufe 2 | Stufe 3 |
|---|---|---|---|
| Druck auf Stack | 0,3 bar | 0,6 bar | 0,95 bar |
| Laserabstand | 230 mm | 250 mm | 270 mm |
| Stack-Orientierung | 0° | 45° | 90° |

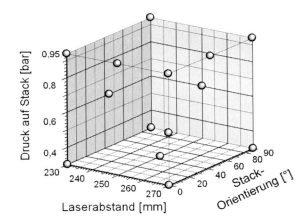

Abbildung 66:    Teilfaktorieller Versuchsplan Druck, Abstand und Orientierung

Der Maximalwert des Druckes ergibt sich aus dem Differenzdruck zwischen dem Umgebungsdruck von 1 bar und dem kleinstmöglichen Vakuumdruck von 50 mbar. Die übrigen beiden Faktorstufen werden in annähernd äquidistanten Schritten bei 0,6 und 0,3 bar gewählt.

Der Laserabstand von 230 mm ist aus konstruktiven Gründen der minimale Abstand zur Tischoberfläche. Bei der typischen Dicke der Stacks zwischen 2 und 3 mm entspricht ein Laserabstand von 250 mm dem vom Hersteller angegebenen Maximalabstand zum Messobjekt von 248 mm. Die dritte Faktorstufe von 270 mm dient der Bewertung der Robustheit des Verfahrens.

Für die Orientierung werden die drei Faktorstufen 0°, 45° und 90° gewählt. Die Winkelangabe entspricht dabei der Orientierung der Wirkfäden zur Hauptbewegungsrichtung des Lasers entlang der schnellen Messachse (vgl. Abbildung 62).

*Probenvorbereitung*

Aus den Einzellagen werden drei Stacks mit Lagenaufbau CFL-2 (vgl. Abbildung 154) gelegt. Die Probekörper sollen nach Möglichkeit über den gesamten auftretenden Wertebereich des Flächengewichts verteilt sein. Daher werden jeweils 20 Zuschnitte der Einzellagen-Materialien auf einer Präzisionswaage PG503-S der Firma Mettler Toledo, Columbus, Ohio, USA, gewogen. Die Ablesbarkeit der Waage beträgt 0,001 g. In einem Stack werden die leichtesten und in einem anderen Stack die schwersten Einzellagen verwendet. Für den dritten Stack werden die Einzellagen verwendet, deren Gewichte dem Mittelwert der Einzellagen ihres Materialtyps am nächsten kommen. Die resultierenden Flächengewichte der drei Stacks für die Versuchswiederholungen betragen 2291 g/m$^2$, 2342 g/m$^2$ und 2402 g/m$^2$.

*Versuchsaufbau und –durchführung*

Abbildung 67 zeigt schematisch den Aufbau der Druckregelung und Messung. Der Vakuumdruck der Prototypen-Prüfzelle wird durch eine Vakuumpumpe (1) vom Typ Sogevac® SV25 B der Firma Oerlikon Leybold Vakuum, Köln, erzeugt. Der Druck wird über einen Druckregler (6) eingestellt und mittels Manometer (5) abgelesen, die beide vom Vakuumschlauch zum Prüftisch (2) abzweigen.

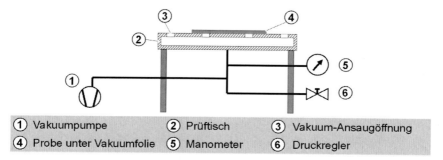

| ① Vakuumpumpe | ② Prüftisch | ③ Vakuum-Ansaugöffnung |
| ④ Probe unter Vakuumfolie | ⑤ Manometer | ⑥ Druckregler |

Abbildung 67:  Schematische Darstellung der Druckregelung und -messung der Prototypen-Prüfzelle

Der Abstand des Lasers zur Tischoberfläche wird über eine Positionierspindel eingestellt, über die der Laser auf dem Portalroboter befestigt ist. Die Stack-Orientierung wird mittels eines großen Geodreiecks eingestellt. Die weiteren Versuchsparameter sind im Anhang B in Tabelle 61 zusammengefasst.

*Versuchsergebnisse und Bewertung*

Als Zielgröße der Güte der Korrelation zwischen gemessener Dicke und Flächengewicht dient der Korrelationskoeffizient $R^2$. Er wird für jede Faktorstufenkombination unter Berücksichtigung aller drei Stacks berechnet. Die Auswertung erfolgt mit der Software Visual-XSel der Firma CRGraph, München, mittels multipler Regression und Modellanpassungen nach der Methode der kleinsten Quadrate. Die Ergebnisse sind in Abbildung 68 dargestellt.

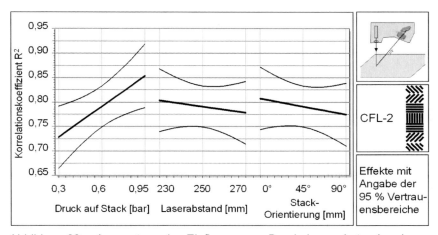

Abbildung 68: Auswertung des Einflusses von Druck, Laserabstand und Stack-Orientierung auf die Güte der Korrelation $R^2$

Es zeigt sich, dass der Druck als einziger Faktor einen nachweislichen Effekt hat. Mit zunehmendem Druck auf den Stack, d. h. höherem Vakuum steigt der Korrelationskoeffizient an. Für den Abstand des Lasers und die Orientierung des Stacks lassen sich lediglich Tendenzen ablesen. So ist der Korrelationskoeffizient bei niedrigem Laserabstand tendenziell höher, was anhand der Hersteller-Vorgaben zu erwarten war. Die 0° Orientierung der Wirkfäden in Richtung der schnellen Messachse, d. h. senkrecht zur Laser-Profillinie, führt zu leicht besseren Ergebnissen. Im Umkehrschluss haben ein nicht ideal eingestellter Abstand des Lasers oder abweichende Stack-Orientierungen einen zu vernachlässigenden Effekt. Die große Streubreite des 95 % Konfidenzintervalls ist durch die Abweichung der gemessenen Dickenwerte des leichtesten Stacks begründet, was in Kapitel 6.6.1 ausgeführt wird.

*Fazit*

Für die zukünftigen Messungen ist ein möglichst hoher Druck auf den Stack, d. h. nach Möglichkeit ein Absolutdruck nahe der minimal möglichen 0,05 bar, einzustellen. Abweichungen des Vakuumdrucks wirken sich in jedem Fall auf die gemessene Absolutdicke aus, so dass die Auswertefahren (vgl. Kapitel 6.4) diesbezüglich robust gestaltet werden müssen. Als Standardeinstellung des Lasers für alle Versuche in dieser Arbeit werden 230 mm gewählt.

## 6.4 Messdatenauswertung Laser-Lichtschnittverfahren

Für die Bildverarbeitung des Laser-Lichtschnittverfahrens werden zunächst einzelne Auswertemodule entwickelt (Kapitel 6.4.1 bis 6.4.4). Die Module werden schließlich in einer gemeinsamen Toolbox mit GUI implementiert (Kapitel 6.4.5). Der Ablauf zur Auswertung der Messdaten und die Struktur der Module ist ergänzend im Anhang B in Abbildung 156 dargestellt.

### 6.4.1 Datenimport und Vorverarbeitung

Die Messdaten des Prototypen-Prüfsystems werden in Form von Textdateien für die weitere Auswertung gespeichert. Der Aufbau und die Datenblöcke der Dateien sind im Anhang B in Abbildung 157 dargestellt. Die einzelnen Datenblöcke sind durch eindeutige Zeichenketten voneinander getrennt. Der Ablauf des Import-Moduls und der im Folgenden beschriebenen Module zur Vorverarbeitung der Messdaten sind im Anhang B in Abbildung 158 dargestellt.

*Referenzierung*

Die Stackdicke ist eine indirekte Messgröße aus der Abstands- bzw. Höhenmessung des Laser-Lichtschnittsensors. Daher werden ergänzende Messungen der Prüftischoberfläche als Referenzobjekt ohne Stacks in nachfolgenden Schritten durchgeführt.

1. Referenzscan zu Beginn einer Messreihe
2. Messungen der Stacks einer Versuchsreihe (Objektscans)
3. Alle 4 Stunden Referenzscan zwischen den Messungen
4. Referenzscan am Ende einer Messreihe

Referenz- und Objektscans werden immer mit Vakuumfolie durchgeführt. Die Messgrößen sind in Abbildung 69 dargestellt. Die Ermittlung der Stackdicke aus den Messgrößen erfolgt nach Formel (6.1).

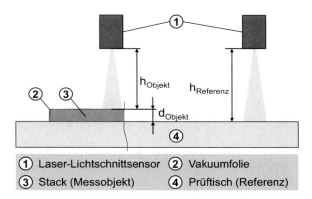

① Laser-Lichtschnittsensor ② Vakuumfolie
③ Stack (Messobjekt) ④ Prüftisch (Referenz)

Abbildung 69: Schematische Darstellung der Laser-Messgrößen bei Objekt- und Referenzscan

$$d_{Objekt} = h_{Referenz} - h_{Objekt} \pm h_{Offset} \tag{6.1}$$

mit:

$d_{Objekt}$: Objektdicke (Stack)
$h_{Referenz}$: gemessene Referenzhöhe
$h_{Objekt}$: gemessene Objekthöhe
$h_{Offset}$: Höhenversatz zwischen Objekt- und Referenzscan

Um einen möglichen Zeiteinfluss zwischen den Referenzscans aus den Messergebnissen herauszurechnen kann optional der Höhenversatz $h_{Offset}$ berücksichtigt werden. Hierzu wird ein identischer Teilbereich der Messfläche ausgewählt, in der sowohl beim Objekt- als auch beim Referenzscan die Tischoberfläche mit Vakuumfolie abgebildet ist. Der Offset wird unter der Annahme bestimmt, dass die Höhendifferenz zwischen dem Objektscan und Referenzscan in diesem Bereich null beträgt.

Durch die Referenzierung werden auch leichte Verkippungen des Lasers oder Wölbungen des Prüftischs ausgeglichen. Für das Serienkonzept sind ebenfalls

Referenzmessungen vorzusehen, da die Anforderungen an die Genauigkeit der Prüfunterlage so zu Gunsten der Kosten reduziert werden können.

*Filter*

Auf dem Prüftisch befinden sich die Lochmuster zur Erzeugung des Vakuums. In den Randbereichen des Messbereichs und an den Bohrungen kommt es zu Messfehlern, welche in der Datenmatrix als NaN (not a number) Einträge enthalten sind. Diese müssen in nachfolgenden Schritten gefiltert werden, da die Bestimmung der Objektdicke sonst lokale Ausreißer aufweist.

1. NaN-Datenpunkte werden durch den Mittelwert aller Messpunkte ersetzt

2. Die Bohrungen werden mit einem Median-Operatorfenster herausgefiltert, dessen Größe von der Auflösung abhängig ist

3. Glättung der Daten anhand eines Mittelwert-Operatorfensters

Die Größen der Operatorfenster für die Filterung finden sich im Anhang B in Tabelle 62. Abbildung 70 zeigt die Messergebnisse vor und nach der beschriebenen Filterung.

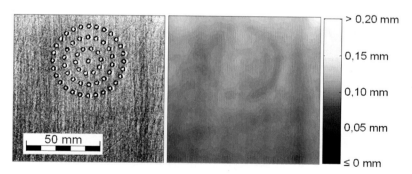

Abbildung 70:    Messergebnis der Referenzfläche im Bereich der Vakuum-Lochbohrungen vor (links) und nach (rechts) der Filterung

*Region of Interest (ROI)*

Der Stack soll als Messobjekt für die meisten weiteren Auswertungen ohne die umgebende Messfläche zur Verfügung stehen. Ermittlung und Zuschnitt der

Messdaten auf die sogenannten Region of Interest (ROI) laufen in den nachfolgenden Schritten ab. Sie sind in Abbildung 71 ergänzend dargestellt.

1. Der Stack wir über einen automatisch ermittelten oder ggf. vom Bediener selbst gewählten Schwellwert binarisiert.
2. Über einen Gradientenfilter werden die Kanten im resultierenden Binärbild detektiert, welche den Kanten des Stacks entsprechen. Durch eine Hough-Transformation wird die Orientierung der vier Stack-Kanten bestimmt.
3. Der Stack wird gedreht, so dass die Kanten möglichst senkrecht bzw. waagerecht ausgerichtet werden.
4. Über die Matlab Funktion regionprops wird das kleinste Rechteck ermittelt, welches den binarisierten Stack einhüllt. Das ursprüngliche Bild des Stacks wird auf die Maße dieses Rechtecks zugeschnitten.

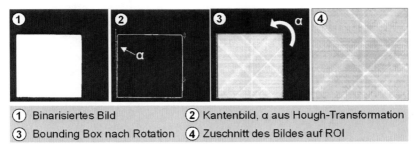

① Binarisiertes Bild                        ② Kantenbild, α aus Hough-Transformation
③ Bounding Box nach Rotation      ④ Zuschnitt des Bildes auf ROI

Abbildung 71:   Beispielhafte Ergebnisse der Einzelschritte zum Zuschnitt der Messdaten auf die Region of Interest

### 6.4.2 Bewertung der Messdaten-Qualität

Zur Qualitätsbewertung der Messdaten im Rahmen des Folienvergleichs (Kapitel 6.3.2) wird die im Folgenden beschriebene Methode entwickelt. Sie wird zudem im Rahmen der Bewertung der Messgeschwindigkeit und -auflösung (Kapitel 6.3.3) genutzt.

*Fouriertransformation*

Bei der Topografiebestimmung kann nur die Höhe der Decklage eines Stacks bestimmt werden. Aufgrund der Rovings ergibt sich dabei ein charakteristisches

Wellenmuster. Da die Einzellagen flexibel sind, passt sich ihre Form den darunter abgelegten Lagen an. Daher zeichnet sich das Wellenmuster mehrerer Einzellagen in der Oberflächentopografie ab.

Um die überlagerten Wellenmuster der Rovings zu isolieren, wird die Fouriertransformation angewendet. Durch die Wahl eines gerichteten Filters können die periodischen Dickenschwankungen in ± 45°, 90° und 0° Richtung sichtbar gemacht werden. Abbildung 72 zeigt das grauwertcodierte Bild einer Messung und vier Bilder, die jeweils mit einem gerichteten Filter in den angegebenen Orientierungen gefiltert wurden.

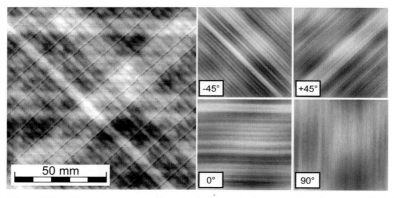

Abbildung 72:   Darstellung der Ergebnisse einer Topografie-Messung (links)
                und zugehörige Filterungen im Frequenzraum (rechts)

Wie zu erkennen ist, nimmt der Kontrast der gefilterten Bilder mit zunehmender Tiefe (in der Reihenfolge -45°, +45°, 0°, 90°) der isolierten Einzellage ab. Bei unterschiedlichen Folien ist der Qualitätsverlust des Bildes in der Tiefe verschieden stark ausgeprägt (vgl. Kapitel 6.3.2).

*Metriken zur Qualitätsbewertung*

Der Topografiescan muss zur Bestimmung des Kontrasts und des Rauschens in Grauwerte codiert werden. Zu diesem Zweck wird für jedes Bild der Mittelwert $\bar{x}$ und die Standardabweichung $s$ der Dickenmesswerte bestimmt. Die Dickenmesswerte zwischen $\bar{x} - 3 \cdot s$ und $\bar{x} + 3 \cdot s$ werden linear auf den Grauwertebereich von 0 (schwarz) bis 255 (weiß) abgebildet. Statistische Ausreißer außerhalb des $\bar{x} \pm 3 \cdot s$ Korridors werden 0 bzw. 255 zugeordnet.

Zur Qualitätsbewertung der Messdaten werden schließlich die Entropie des ungefilterten Bildes und der Kontrast der vier gefilterten Bilder ermittelt. Als Nachbarschaftsoperator zum Bestimmen der Co-Occurence-Matrix werden zwei benachbarte Pixel verwendet, die jeweils senkrecht zur Faserrichtung im gefilterten Bild bzw. in der Decklage angeordnet sind.

### 6.4.3 Lokale Dicke von Stacks

Die lokale Dicke von Stacks oder anderen Messobjekten kann in unterschiedlichen Formen dargestellt und ausgewertet werden. Diese werden zunächst beschrieben und abschließend bewertet.

*Topografie- und Histogrammdarstellung*

Die Topografie- oder C-Scan-Darstellung erlaubt die bildhafte Zuordnung der Messwerte zum Messobjekt (vgl. Abbildung 73). Anhand der Histogrammdarstellung (vgl. Abbildung 74) lässt sich ohne die örtliche Zuordnung ablesen, in welcher Form die Messwerte eines Stacks verteilt sind.

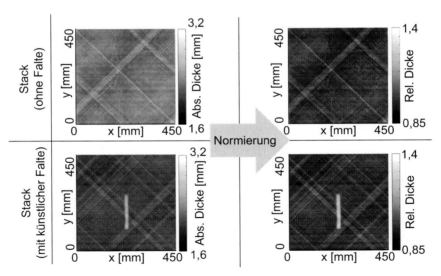

Abbildung 73:    Absolute (links) und normierte (rechts) Topografiedarstellung der Messdaten von Stacks ohne (oben) und mit Falte (unten)

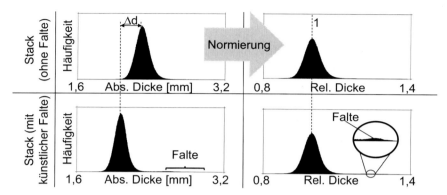

Abbildung 74:    Absolute (links) und normierte (rechts) Histogrammdarstellung
                 der Messdaten von Stacks ohne (oben) und mit Falte (unten)

Sowohl für die Topografie-, als auch für die Histogrammdarstellung können die
Messdaten normiert oder als absolute Messdaten dargestellt sein. Wie in Abbildung 74 dargestellt, ist ein gemessener absoluter Dickenunterschiede $\Delta d$ zwischen zwei Stacks unterschiedlicher Messungen keine geeignete Messgröße
zum Erkennen von Falten. Aufgrund der bekannten Abhängigkeit der absolut
gemessenen Dicken vom eingestellten Vakuumdruck (vgl. Kapitel 6.3.4) wird
somit für vergleichende Auswertungen zwischen verschiedenen Lagenaufbauten oder Messzeitpunkten stets eine normierte Darstellungsform gewählt.

*Schnittdarstellung*

Eine Schnittdarstellung durch das Messobjekt Stack ermöglicht eine weitere
Darstellungsform für die weitergehende Auswertung und Analyse einzelner
Messungen. Hierbei wird die Profillinie der Stackdicke entlang einer Schnittlinie
aufgetragen (vgl. Anhang B, Abbildung 159).

*Fazit*

Je nach Anwendungsfall ist die Verwendung einer oder mehrerer Darstellungs-
formen vorteilhaft. Die normierten Topografie- oder Histogrammdarstellungen
werden stets zur vergleichenden Auswertung mehrerer Messungen bzw. Lagenaufbauten genutzt.

6.4.4 Zielmerkmale

Für die Detektion und Klassifikation der Zielmerkmale werden merkmalsspezifische Algorithmen entwickelt. Diese können als Submodule der Merkmalsanalyse ausgewählt werden.

*Faseranhäufungen in Gelege-Stacks: Dickstellen und Falten*

Die Zielmerkmale Dickstellen und Falten (vgl. Kapitel 5.3) können als unterschiedliche Arten von Faseranhäufungen zusammengefasst werden. Die Zuordnung zu verschiedenen Ausprägungen der Faseranhäufungen sind in Tabelle 16 dargestellt.

Tabelle 16: Zuordnung der Zielmerkmale Dickstellen und Falten zur Ausprägung der Faseranhäufung

| Zielmerk-mal | Skizze | Reale Ausprägung der Faseranhäufung | Nenn-Ausprägung |
|---|---|---|---|
| Dickstellen | | 100 % – 200 % der Einzellage, Ausreißer bis 300 % | 100+ % |
| Zweifach-Falten („Lagen-klapper") | | 150 % – 250 % der Einzellage | 200 % |
| Dreifach-Falten | | 250 – 350 % der Einzellage | 300 % |

Aufgrund der unterschiedlichen Grammaturen der Einzellagen und Zusammensetzung der Lagenaufbauten ist die Auswirkung auf die lokale Grammaturerhöhung bei Auftreten einer Faseranhäufung verschieden. So hat eine Dreifach-Falte einer 150 g/m$^2$ Einzellage (300 % Faseranhäufung = 450 g/m$^2$) eine geringere relative Grammaturerhöhung als eine 300 g/m$^2$ Zweifach-Falte (200 % Faseranhäufung = 600 g/m$^2$) im gleichen Lagenaufbau zur Folge.

In Abbildung 75 sind die unterschiedlichen Ausprägungen der Faseranhäufungen und ihre Auswirkung auf die lokale relative Grammaturerhöhung dargestellt. Es wird ersichtlich, dass sich die Klassen der Faseranhäufungen je nach Grammatur der Einzellage überlappen können. So kann für eine relative lokale Grammaturerhöhung von 1,2 bei einem Lagenaufbau mit 1500 g/m² Nenngrammatur sowohl eine Dreifach-Falte einer 150 g/m² Einzellage, als auch eine Zweifach-Falte oder Dickstelle einer 300 g/m² Einzellage ursächlich sein.

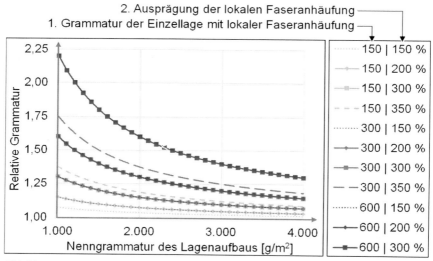

Abbildung 75:    Relative Grammaturerhöhung durch Faseranhäufungen

Legt man die Korrelation der lokal unter Vakuum gemessenen Stackdicke mit dem lokalen Flächengewicht zugrunde (vgl. Kapitel 6.6.1), lässt sich je nach relativem Dickenunterschied ein Rückschluss auf mögliche Ursachen der Faseranhäufungen ziehen. Es kann allerdings keine trennscharfe Unterscheidung der zugrunde liegenden Zielmerkmale stattfinden.

Zur Prozessanalyse besteht keine Notwendigkeit zur Unterscheidung zwischen Dickstellen und Falten. Hierfür ist die relative Grammatur- bzw. Dickenerhöhung im Bereich der Faseranhäufungen die entscheidende Einflussgröße, da sie den lokalen Faservolumengehalt im Werkzeug bestimmt (vgl. Kapitel 3.2.3). Für die Qualitätsbewertung der Zielmerkmale wird im Rahmen dieser Arbeit untersucht, bis zu welchen Grenzen eine Klassifikation möglich ist.

*Auswerteverfahren für Faseranhäufungen*

Das Auswerteverfahren beruht auf der statistischen Auswertung der gemesse-nen lokalen Dicke. Da Ausreißer an den Stackkanten und Flächen der Füge-punkte die weitere Auswertung verfälschen, werden zunächst alle Messpunkte kleiner 95 % der mittleren Dicke herausgefiltert. Die Messdaten werden an-schließend normiert (vgl. Abbildung 74). Die weitere Klassifikation ist in Abbil-dung 76 dargestellt; Tabelle 63 im Anhang B enthält die Auswerteparameter.

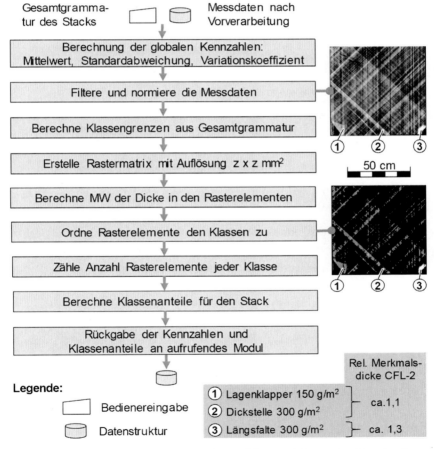

Abbildung 76:   Ablaufdiagramm (links) und Bildbeispiele vor (rechts oben) und nach (rechts unten) Rasterung und Klassenzuordnung

Im abgebildeten Beispiel (Abbildung 76 rechts) führt der Lagenklapper einer 150 g/m$^2$ Lage ebenso wie die linienförmige Dickstelle einer 300 g/m$^2$ Lage zu einer ähnlichen relativen Dickenerhöhung von ca. 10 %. Die Längsfalte in einer 300 g/m$^2$ Einzellage bewirkt eine lokale Dickenerhörung von 30 %. Die Bewertung erfolgt nach gewichtetem Flächenanteil der Messdaten in den Klassen der relativen Dickenerhöhung (vgl. Anhang B, Tabelle 64 und Tabelle 65).

*Fügepunktanzahl und -position*

Zur Bestimmung der Kennwerte Fügepunktanzahl und -position müssen die Fügepunkte zunächst mittels Bildverarbeitung detektiert werden. Hierzu werden folgende Schritte durchlaufen:

1. Nach Filterung von Ausreißern werden die Topografie-Messdaten in ein Grauwertbild umgewandelt (vgl. Kapitel 6.4.2).

2. Zum Auffinden der kreisförmigen Fügepunkte wird eine spezifische Anwendung der Hough-Transformation genutzt. Hierbei werden die Pixel der detektieren Kanten als mögliche Kreismittelpunkte gesammelt. Im Hough-Raum sind die Mittelpunkte der Fügepunkte als lokale Maxima zu finden.

3. Die gefunden möglichen Kreismittelpunkte werden anhand des bekannten Radius der Fügepunkte und weiterer Schwellwerte gefiltert.

4. Die Kreismittelpunkte werden in Form ihrer Koordinaten und als Gesamtanzahl in der Datenstruktur gespeichert. Optional werden die gefunden Fügepunkte als Überlagerung der Messdaten angezeigt.

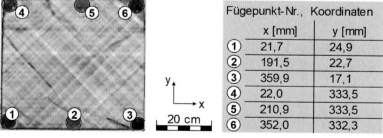

| Fügepunkt-Nr., | Koordinaten | |
|---|---|---|
| | x [mm] | y [mm] |
| ① | 21,7 | 24,9 |
| ② | 191,5 | 22,7 |
| ③ | 359,9 | 17,1 |
| ④ | 22,0 | 333,5 |
| ⑤ | 210,9 | 333,5 |
| ⑥ | 352,0 | 332,3 |

Abbildung 77:   Visualisierung der detektieren Fügepunkte (links) und Ausgabe in Koordinatenform (rechts)

*Punktförmige Dickstellen in Vlieskomplex-Stacks*

Stacks mit Decklagen aus Vlieskomplex zeigen im Vergleich zu Stacks aus Gelege eine homogenere Dickenverteilung. Zur Detektion von punktförmigen Dickstellen wird ein eigenständiger Algorithmus entwickelt, dessen Ablauf in Abbildung 78 zusammengefasst ist.

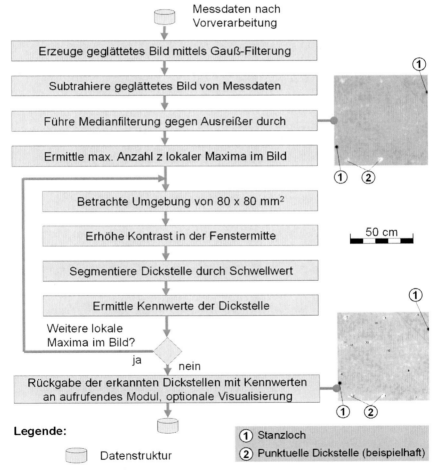

Abbildung 78: Ablaufdiagramm (links) und Bildbeispiele (rechts) des Skripts zur Detektion von Dickstellen in Vlieskomplex-Stacks

Anhand des Auswerteparameters der maximalen Anzahl zu suchender Dickstellen im Bild wird die Rechenzeit maßgeblich beeinflusst. Für die Prüfung von
Serienstacks sind hierfür maximal 10 Durchläufe erforderlich, da so die am
stärksten ausgeprägten Dickstellen gefunden und bewertet werden können. Zur
Bewertung dienen die folgenden Kennzahlen:

- Relative Dicke in Bezug auf Mittelwert der Umgebung von
  $80 \times 80$ mm$^2$
- Fläche der Dickstelle
- Koordinaten

## 6.4.5  Laser Software-Toolbox

Die Module werden in einer Software-Toolbox integriert, so dass die Auswertung mit einer grafischen Benutzeroberfläche ermöglicht wird. Über eine Batch-
funktion lassen sich mehrere Module nacheinander ausführen, wie z. B. die Einzelschritte der Vorverarbeitung oder die Detektion und Klassifikation der lokalen
Merkmale. Zudem können zur Ermittlung der Kennzahlen Ordner mit einer be-
liebigen Anzahl von Messdaten nacheinander ausgewertet werden.

Das GUI wird mithilfe der Matlab GUI Layout Toolbox erstellt. Jedes Modul kann
somit flexibel in eigenen Regionen oder Tabs dargestellt werden. Zudem lässt
sich die Fenstergröße dynamisch anpassen. Das GUI ist in Abbildung 79 dargestellt.

Die Kopfzeile der Benutzeroberfläche (1) beinhaltet Tabs zum Wechsel zwischen den Hauptmodulen. Im dargestellten Modul sind die Funktionen zur Steuerung des Imports (2) neben dem dreizeiligen Auszug des Logbuchs (4) und der
Anzeige der Basisdaten zu den aktuell importierten Messdaten (5) zu finden. Im
Logbuch werden Rückgabewerte und Warnungen oder Fehler während der
Auswertung mit Zeitstempel protokolliert. Im Hauptbereich links (3) können Ein-
zelmodule der Vorverarbeitung durch die Schaltflächen im GUI aufgerufen und
mithilfe der Eingabewerte parametriert werden. Zentral angeordnet sind verschiedene Vorschauansichten der Ergebnisse der Bildverarbeitung (6), die über
Tabs und Dropdown-Felder gewählt werden können.

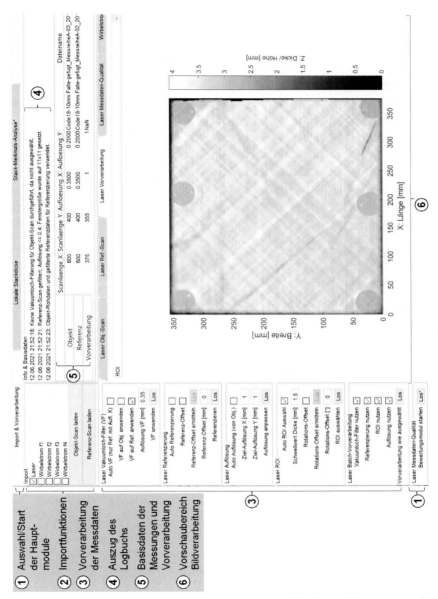

Abbildung 79: Aufbau der grafischen Benutzeroberfläche zur Auswertung der Messdaten des Laser-Lichtschnittverfahrens

## 6.5    Bildgebendes Wirbelstromverfahren

Die Anwendung des bildgebenden Wirbelstromverfahrens im Rahmen dieser Arbeit ist in Abbildung 80 schematisch dargestellt. Zudem ist beispielhaft die bildhafte Darstellung der Messergebnisse ergänzt. Der Wirbelstromsensor (2) ist an einer zusätzlichen z-Zustellachse federnd gelagert (8) und wird von der schnellen Messachse des Portalroboters (1) über dem Stack (4) geführt, der zwischen der Folie (3) im Deckelrahmen (6) und Prüftisch (5) durch Vakuumieren fixiert wird. Die Bewegung der x-, und y-Achsen erfolgt derart, dass je nach Parametrierung ein Mäander- oder Axis-return-Verfahrmuster realisiert wird. Als Messergebnis wird die Impedanz ausgegeben. In der bildhaften Darstellung werden Leitfähigkeitsunterschiede, wie z. B. durch innenliegende Gassen (7), durch Helligkeitsunterschiede in der Grauwertdarstellung sichtbar.

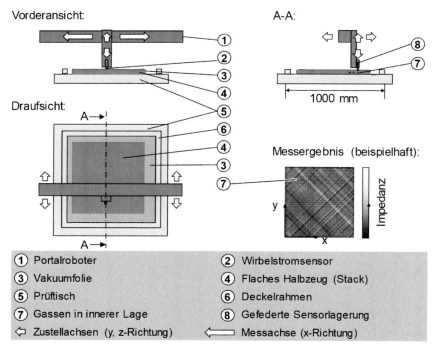

Abbildung 80:    Schematische Darstellung der Anwendung des bildgebenden Wirbelstromverfahrens für vakuumierte Stacks

## 6.5.1 Einflussgrößenanalyse

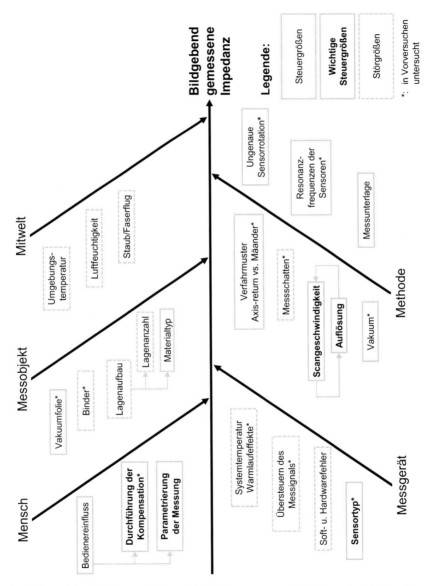

Abbildung 81: Einflussgrößen auf die Messung von Stacks unter Folie mit Vakuum mittels bildgebendem Wirbelstromverfahren

Zur Wirbelstromprüfung von Stacks liegen Vorerfahrungen zu den Einflussgrößen auf das Messergebnis aus Vorversuchen vor . Diese sind im Ishikawa-Diagramms in Abbildung 81 enthalten. In den nachfolgenden Kapiteln werden die weiteren als wichtig bewerteten Einflussgrößen beschrieben und untersucht.

### 6.5.2 Sensortyp und Sensorwinkel

Das Wirbelstromverfahren bietet eine Vielzahl von Messparametern, deren Einstellung das Messergebnis beeinflussen. Auf Basis der Erkenntnisse von Vorversuchen werden neue Sensoren in Kombination mit den Sensorwinkeln untersucht. Anhand der Auswertung der gemessenen Impedanz sollen mit höchster Priorität (vgl. Kapitel 5.5.1) die innenliegenden Zielmerkmale Gassen und linienförmige Dickstellen detektiert werden.

*Versuchsplan*

Es kommt ein vollfaktorieller Versuchsplan zur Anwendung, in dem der Sensorwinkel und der Sensortyp als kategoriale Faktoren zu betrachten sind. Der Versuchsplan ist tabellarisch in Tabelle 17 zusammengefasst.

Tabelle 17:        Versuchseinstellungen zur Merkmalsdetektion Wirbelstrom

| Sensortyp / Sensorwinkel | 5,8 mm V2 | 7 mm V1 | 7 mm V2 |
|---|---|---|---|
| -45° | X | X | X |
| 0° | X | X | X |
| +45° | X | X | X |
| 90° | X | X | X |

Es werden die Zielmerkmale Gassen und Faseranhäufungen in den drei Lagenaufbauten CFL-2/3/4 (vgl. Abbildung 154) untersucht. Zielgröße ist die jeweilige Detektierbarkeit der lokalen Merkmale in den einzelnen Lagen.

*Probenvorbereitung*

Die Zielmerkmale werden entsprechend des in Kapitel 5.3 beschrieben Vorgehens in die zu prüfenden Halbzeuge eingebracht. Hierbei kommen Schablonen zum Einsatz, so dass bekannt ist an welchen Stellen im Stack sich die Merkmale befinden. Je Lage werden die Gassen und Faseranhäufungen in 3 verschiedenen Ausprägungen künstlich erzeugt, wie in Abbildung 82 am Beispiel des Stacks CFL-2 für Gassen dargestellt.

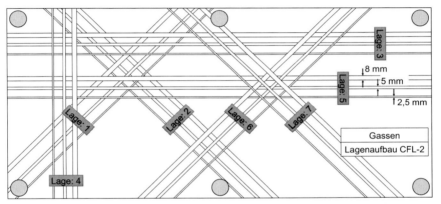

Abbildung 82: Beispielhafte Schablone der künstlich erzeugten Merkmale für Gassen im Stack CFL-2

Die Ausprägungen der künstlich erzeugten linienförmigen Dickstellen werden in den gleichen Klassen wie bei Gassen gewählt (vgl. Abbildung 43). Die Breiten betragen demnach ebenfalls 2,5 mm sowie 5 mm und 8 mm; die Anordnung entspricht jeweils der Schablone von Gassen.

*Versuchsaufbau und –durchführung*

Das Vorgehen zur Durchführung der Messung ist in Abbildung 83 dargestellt. Die Faktoren werden hierbei nacheinander variiert, d. h. es werden alle Faktorstufen der Rotationen eines Sensors eingestellt und der Sensor erst danach gewechselt.

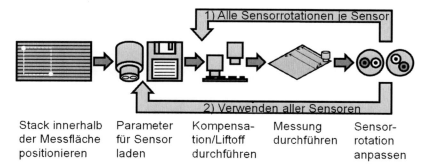

| Stack innerhalb der Messfläche positionieren | Parameter für Sensor laden | Kompensation/Liftoff durchführen | Messung durchführen | Sensorrotation anpassen |

Abbildung 83:    Ablauf zur Versuchsdurchführung der Wirbelstrommessungen

Entsprechend des beschriebenen Ablaufs sind die Versuche nicht randomisiert; es kann jedoch zur besseren Vergleichbarkeit der Faktorstufen untereinander eine durchgängige Hardware-Verstärkung für jeden Sensor verwendet werden. Die Messfrequenzen und Hardwareverstärkungen (Gain AC) der Sensoren sind in Tabelle 18 zusammengefasst. Bei der Auswahl der Frequenzen liegen die Erkenntnisse aus Vorversuchen zu den Frequenzbereichen in Abhängigkeit der sensorspezifischen Resonanzfrequenzen zugrunde. Die konstanten Versuchsparameter können der Prüfanweisung entnommen werden (vgl. Tabelle 74 im Anhang B).

Tabelle 18:    Übersicht der Wirbelstromsensoren mit Messfrequenzen und Hardwareverstärkung

| Sensortyp → | 5,8 mm V2 | 7 mm V1 | 7 mm V2 |
|---|---|---|---|
| Frequenzen [MHz] | [1/2,5/4/5,5] | [1/8/15/20] | [1/2/2,5/3] |
| Gain AC [dB] | [31/28/25/16] | [41/30/28/17] | [28/26/21/18] |

*Versuchsergebnisse und Bewertung*

Die Ergebnisse werden mithilfe des im Anhang B Abbildung 161 und Tabelle 66 skizzierten Verfahrens mit den Gewichtungsfaktoren aus Tabelle 67 f. ausgewertet. Die Auswertung erfolgt zunächst separat je Merkmal und Lagenaufbau und wird danach zusammengefasst. Es wird ergänzend bewertet, welchen Einfluss der Lagenaufbau auf die Detektierbarkeit der Zielmerkmale hat.

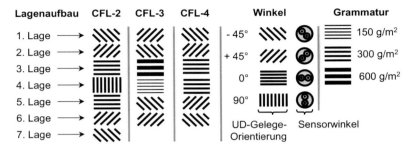

Abbildung 84: Piktogramme zur Veranschaulichung der Auswertung

Zur Veranschaulichung werden in den Auswertungen die in Abbildung 84 gezeigten Piktogramme verwendet. Aus ihnen kann der Lagenaufbau mit Faserorientierung und Grammatur jeder Einzellage abgeleitet werden.

Abbildung 85 zeigt die Auswertung des Zielmerkmals linienförmige Dickstellen für den Lagenaufbauten CFL-2; der Lagenaufbau CFL-3 ist in Abbildung 86 dargestellt (CFL-4 in Abbildung 162 im Anhang). Der Anteil erkannter Merkmale liegt für fast alle Kombinationen aus Sensortyp und Sensorwinkel im Bereich von 27 % – 38 %.

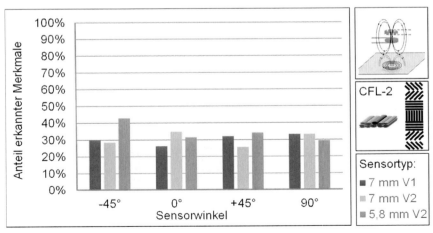

Abbildung 85: Auswertungen der Messungen des Zielmerkmals linienförmige Dickstellen für Lagenaufbau CFL-2

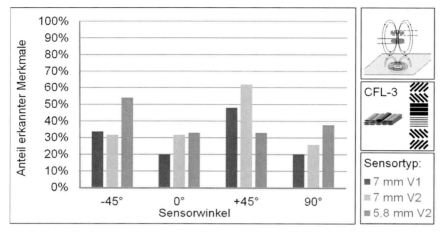

Abbildung 86:    Auswertungen der Messungen des Zielmerkmals linienförmige
                 Dickstellen für Lagenaufbau CFL-3

Bei Betrachtung aller zugrundeliegenden Daten in Tabelle 69 im Anhang B fällt
auf, dass die Merkmale in den ersten zwei bis drei Lagen zumeist noch sehr
zuverlässig und meist auch mit guter Sichtbarkeit detektiert werden können. Die
Merkmale in den Lagen drei und vier werden schlechter oder gar nicht erkannt.
In den Lagen fünf, sechs und sieben werden kaum noch Merkmale identifiziert.

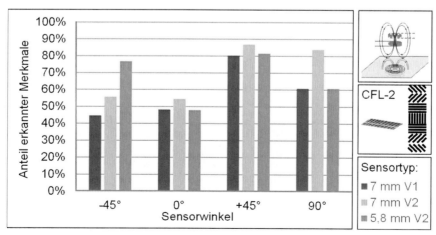

Abbildung 87:    Auswertungen der Messungen des Zielmerkmals Gassen für
                 Lagenaufbau CFL-2

Die Auswertungen zur Detektierbarkeit des Zielmerkmals Gassen ist in Abbildung 87 für Lagenaufbau CFL-2 und in Abbildung 88 für CFL-3 dargestellt. Es fällt auf, dass beim Stack CFL-3 im Mittel 41 % weniger Merkmale identifiziert werden als beim Stack CFL-2 (30 % weniger als CFL-4, vgl. Abbildung 163 im Anhang B).

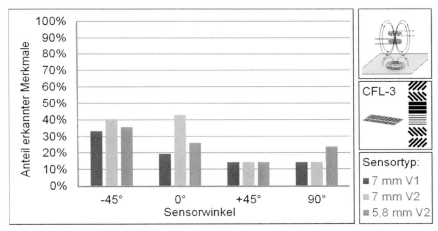

Abbildung 88:    Auswertungen der Messungen des Zielmerkmals Gassen für Lagenaufbau CFL-3

Bei Betrachtung der zugrunde liegenden Daten (vgl. Tabelle 70 im Anhang B) wird ersichtlich, dass die Bewertung in den ersten beiden Lagen für alle Stacks annähernd gleich ist. Ab Lage drei können die Merkmale im Stack CFL-3 deutlich schlechter oder gar nicht mehr erkannt werden. Im Stack CFL-2 können Gassen sogar bis in die siebte Lage identifiziert werden. Dieser Sachverhalt ist unabhängig vom Sensortyp.

In Abbildung 89 sind ergänzend die Lagenaufbauten dargestellt. Während die Stacks CFL-2 und CFL-4 (vgl. Abbildung 84) durchgängig Einzellagen mit einer Grammatur von 300 g/m$^2$ enthalten; besitzt die dritte Lage von oben im Stack CFL-3 eine Grammatur von 600 g/m$^2$. Anhand der Betrachtung der summierten Grammaturen zeigt sich, dass diese nicht ausschlaggebend sein kann. Aus diesem Grund wird die sehr dichte textile Struktur der 600 g/m$^2$ Lage als ursächlich für die limitierte Eindringtiefe in den Lagenaufbau CFL-3 angesehen.

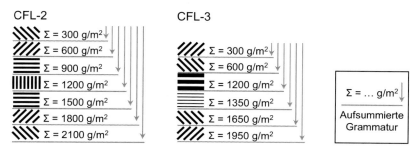

Abbildung 89:    Summierte Grammaturen der Lagenaufbauten CFL-2 u. CFL-3

Zusammenfassend werden die Sensorwinkel über alle Versuche ausgewertet, wie in Abbildung 90 dargestellt. Es lassen sich Tendenzen ablesen, mit welchen Sensorwinkeln insgesamt die besten Ergebnisse erzielt werden. Hierbei sind in den Sensorwinkeln entsprechend der Orientierungen der sensornächsten und (aufgrund der symmetrischen Lagenaufbauten, vgl. Abbildung 137) gleichzeitig sensorfernsten Lagen von -45° oder +45° die anteilig meisten Merkmale auffindbar.

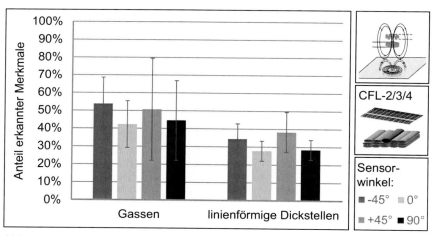

Abbildung 90:    Vergleich der mittleren Anteile an erkannten Zielmerkmalen nach Sensorwinkel

Eine Auswertung nach den verwendeten Sensortypen ist in Abbildung 91 dargestellt. Für Gassen ist der Anteil an erkannten Merkmalen mit dem 7 mm V2 Sensor am höchsten, für linienförmige Dickstellen mit dem 5,8 mm V2 Sensor.

Die Sensoren der neuen Generation bringen eine Verbesserung der Eindringtiefe auf bis zu maximal 7 Lagen für Gassen. Allerdings weisen die unterschiedlichen Lagenaufbauten sehr individuelle Effekte und große Abweichungen untereinander auf.

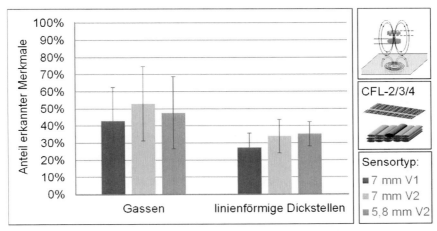

Abbildung 91: Vergleich der mittleren Anteile an erkannten Zielmerkmalen nach Sensortyp

*Fazit*

Im Vergleich zu den Ergebnissen der Vorversuche (vgl. Tabelle 56 im Anhang A) konnte die Eindringtiefe von bis zu 5 Lagen auf bis zu 7 Lagen erhöht werden. Das Niveau der im Mittel erkannten Merkmale ist für Gassen mit 48 % und linienförmige Dickstellen mit 32 % jedoch als niedrig einzustufen. Eine geringfügige Erhöhung des Anteils der erkannten Merkmale ist durch die Messung mit zwei Sensoren in zwei Sensorwinkeln möglich. Insgesamt sprechen der hierdurch erhöhte Aufwand zur Messung und Auswertung sowie die erforderliche Validierung für jeden Lagenaufbau gegen eine Weiterentwicklung des bildgebenden Wirbelstromverfahrens für die Anwendung an Carbonfaser-Stacks. Der erreichte Stand wird nach ergänzender Bewertung der Messdauer in Abhängigkeit der Auflösung (Kapitel 6.6.3) in den Technologievergleich für die Integrationsszenarien (Kapitel 6.6.4) aufgenommen.

## 6.6   Vergleich der Prüfverfahren

Das Prüfkonzept soll mit den halbzeugspezifischen Referenzverfahren verglichen werden (vgl. Kapitel 4.2.2). Zudem ist die Taktzeit für alle Verfahren unter
den gleichen Rahmenbedingungen zu ermitteln. Schließlich werden die Verfahren des Prüfkonzepts zusammenfassend in Bezug auf ihre Eignung für die Prüfung der Zielmerkmale der verschiedenen Integrationsszenarien verglichen.

### 6.6.1 Bestimmung des lokalen Flächengewichts

Die Bestimmung des lokalen Flächengewichts erfolgt gravimetrisch. Hierbei
werden zuvor gemessene und anschließend ausgestanzte Probekörper gewogen. Anschließend werden die Messdaten einer Korrelationsanalyse unterzogen.

*Versuchsplan*

Zielgröße des Versuches ist die Korrelation zwischen lokaler Stackdicke und
Flächengewicht. Der Versuch wird im Rahmen der Einflussgrößenanalyse in
Kapitel 6.3.4 durchgeführt; die Proben werden nachfolgend für Kompaktie-
rungs- und Permeabilitätsmessungen verwendet.

*Probenvorbereitung, Versuchsaufbau und –durchführung*

Versuchsaufbau und -durchführung zur Vermessung der Proben sind in Kapitel 6.3.4 beschrieben. Das Ausstanzen der Probekörper erfolgt auf einer Presse
der Firma Schön+Sandt, Pirmasens. Um ein Verrutschen der Rovings beim
Stanzen zu vermeiden, werden die Stacks auf einer Unterlage aus Kartonage
abgelegt. Rundproben werden zusätzlich mit Papier abgedeckt. Die Probenfor-
men und zur Herstellung verwendeten Stanzeisen für die unterschiedlichen Referenzversuche sind im Anhang B in Tabelle 71 zusammengefasst.

Im Anschluss an das Stanzen werden die Probekörper gewogen. Das Wiegen
erfolgt auf einer Hochpräzisionswaage AT261 DeltaRange® der Firma Mettler
Toledo aus Columbus, Ohio, USA. Die Ablesbarkeit der Waage beträgt
0,0001 g. Das Flächengewicht der Probekörper errechnet sich entsprechend
Formel (6.2).

$$G = \frac{m}{A} \qquad (6.2)$$

mit:

G:       Flächengewicht (Grammatur)
m:       Masse der Probekörper
A:       Fläche der Probekörper:
         2.827,4 mm$^2$ für Rundproben ohne Loch,
         2.807,8 mm$^2$ für Rundproben mit Loch

*Versuchsergebnisse und Bewertung*

Die Auswertung bei einem Druck auf den Stack von 0,95 bar und mit idealem Laserabstand und Orientierung ist in Abbildung 92 dargestellt. Der Zusammenhang zwischen den Messwerten der beiden Messverfahren zeigt eine sehr hohe Korrelation ($R^2$ = 0,9999). Es ist zudem ersichtlich, dass die Stacks entsprechend des Flächengewichts der Einzellagen im Rahmen der Probenvorbereitung sortiert wurden (vgl. Kapitel 6.3.4). Stack 1 weist dementsprechend die geringsten lokalen Flächengewichte und Dicken auf; Stack 2 liegt jeweils im mittleren Bereich und Stack 3 hat die größte flächenbezogene Masse und Dicke.

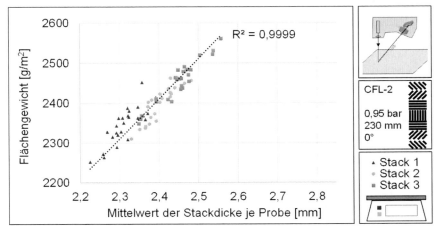

Abbildung 92:    Korrelation zwischen gemessener Stackdicke und Flächengewicht bei 0,95 bar Druck auf den Stack

Zum Vergleich ist in Abbildung 93 ergänzend die Auswertung bei einem Druck von 0,3 bar auf den Stack gezeigt. Während für die Stacks 2 und 3 die gewohnt hohe Korrelation der Messgrößen beobachtet werden kann, weicht der gesamte Stack 1 in Bezug auf die gemessenen Stackdicke ab. Im Vergleich zu Stack 2 und 3 wird eine vergleichsweise geringere Dicke gemessen. Für den beobachteten Effekt sind Einflüsse durch das Nesting bzw. höhere Luftanteile aufgrund des geringsten Gesamtgewichts die wahrscheinliche Ursache. Der Wertebereich der Stackdicke und die Steigung der Regressionsgeraden unterscheiden sich im Vergleich zur Messung bei 0,95 bar aufgrund des Druckunterschieds.

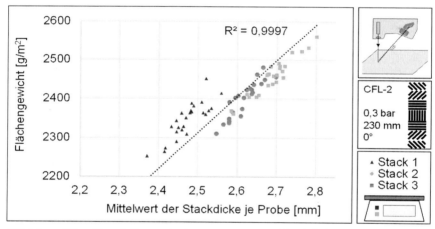

Abbildung 93:   Korrelation zwischen gemessener Stackdicke und Flächenge-
                wicht bei 0,3 bar Druck auf den Stack

*Fazit*

Anhand der Versuche kann gezeigt werden, dass eine sehr gute Korrelation zwischen lokal gemessener Stackdicke und Flächengewicht möglich ist. Zur zerstörungsfreien Abschätzung der lokalen Flächengewichtsverteilung innerhalb eines Stacks ist die Dickenbestimmung eines vakuumierten Stacks mittels Laser-Lichtschnittverfahren somit geeignet. Eine absolute Genauigkeit kann aufgrund der Abhängigkeit vom Druck und weiterer Störeinflüsse wie z. B. Nesting und Gassen im Lagenaufbau nicht erreicht werden. Somit ist das Verfahren kein Ersatzverfahren für die gravimetrische Bestimmung im Rahmen von Materialqualifizierungen.

## 6.6.2 Kompaktierungsmessungen

Kompaktierungsmessungen von textilen Halbzeugen können in unterschiedlichen Prüfabläufen und Kraftniveaus durchgeführt werden. Im Rahmen dieser Arbeit werden zwei Varianten entsprechend Tabelle 19 genutzt.

Tabelle 19: Varianten der Kompaktierungsmessungen mit Zielgrößen und Anwendung sowie Einflussgrößen

| Variante, Belastung | Zielgröße | Anwendung, Einflussgrößen |
|---|---|---|
| Quasistatisch | Dicke bei Zieldruck | Verfahrensvergleich, natürliche Variabilität |
| Dynamisch | Kraftverlauf bei Zieldicke | Prozessanalyse, Variabilität durch lokale Merkmale |

Je nach Verfahrensvariante der Kompaktierungsmessung unterscheidet sich die Zielgröße. Bei quasistatischer Belastung der Probe mit vorgegebenem Druck kann die Dicke hierbei ermittelt werden. Bei dynamischer Belastung kann die resultierende Kraft bei Anfahren einer Zieldicke bestimmt werden. Beide Varianten und Zielgrößen sind für diese Arbeit relevant. Der quasistatische Versuch dient dem direkten Verfahrensvergleich; der dynamische Versuch wird im Rahmen der Prozessanalyse in Kapitel 7.1.1 genutzt und wird hier im Rahmen der Versuchsdurchführung ergänzend beschrieben.

*Versuchsplan, Probenvorbereitung*

Zielgröße des Versuchs ist die Korrelation zwischen den gemessenen Dicken der Prototypen-Prüfzelle und der etablierten Kompaktierungsmessung. Hierzu sollen 30 Proben aus den Versuchen in Kapitel 6.6.1 bei quasistatischer Belastung mit einer äquivalenten Flächenlast von 0,3 bar geprüft werden.

*Versuchsaufbau*

Der Versuch erfolgt auf einer Universalprüfmaschine der Firma Zwick/Roell, Ulm, mit einer 10 kN Kraftmessdose. Abbildung 94 zeigt den Aufbau des Versuches. Die Probekörper (2) werden mittig zwischen Druckstempel mit Durchmesser 56,4 mm (1) und Druckplatte mit Durchmesser 300 mm (3) platziert.

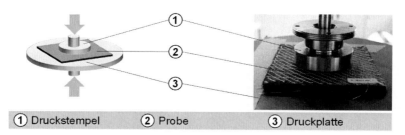

① Druckstempel          ② Probe                    ③ Druckplatte

Abbildung 94:   Schematische Darstellung (links) und Foto (rechts) des Kompaktierungsversuchs mit 100 mm quadratischen Proben

Vor Beginn der Messung wird das Gelenk des Stempels gelockert und die Platten werden auf Kontakt gefahren. In dieser Stellung wird das Gelenk festgestellt, um eine planparallele Prüfung zu gewährleisten. Anschließend wird der Werkzeugabstand bei berührenden Platten und 1 N Belastung genullt. Zuletzt wird eine Korrekturkurve im Messbereich von 0 bis 1000 N ermittelt, mit der die Aufbiegung der Prüfmaschine aus den Messergebnissen herausgerechnet wird.

*Versuchsdurchführung quasistatisch*

In der quasistatischen Variante erfolgt die Kompaktierung der Probekörper bei einer Prüfgeschwindigkeit von 5 mm/min. Die Zielkraft für die Kompaktierung soll der Flächenlast durch das Vakuum bei der Stackmessung entsprechen und wird nach Formel (6.3) berechnet.

$$F = (p_U - p_V) \cdot A \qquad\qquad (6.3)$$

F:        Zielkraft des Druckstempels                                [N]

$p_U$:       Umgebungsdruck                                            [Pa]

$p_V$:       Absoluter Druck im Vakuum                         [Pa]

A:        Fläche des Druckstempels = 2.498 mm²

Die Kompaktierung erfolgt bis zum Erreichen der errechneten Zielkräfte. Für einen Druck von 0,95 bar beträgt die Kraft 237,3 N. Für die Proben mit und ohne Loch entsprechen die Zielkräfte 74,9 N bzw. 74,3 N einer Flächenlast von 0,3 bar. Anschließend wird die Kraft durch die Prüfsoftware zwei Minuten lang auf diesen konstanten Wert geregelt, um die einsetzende Relaxation des Probekörpers auszugleichen. Der Werkzeugabstand zum Ende der Messung entspricht der gemessenen Dicke.

*Versuchsdurchführung dynamisch*

Die Prüfung wird je nach Materialtyp mit unterschiedlichen Prüfgeschwindigkeiten und Zieldicken durchgeführt. Für den relevanten Stack CFL-2 beträgt der Zielabstand 2,36 mm und die Zielgeschwindigkeit 41,3 mm/min. Folgende Phasen werden durchlaufen:

1. Vorkraft 1 N mit einer Geschwindigkeit von 20 mm/min anfahren

2. Belastungsphase mit Prüfgeschwindigkeit und Zieldicke

3. Relaxationsphase: Halten des Zieldickes für 60 Sekunden

4. Entlastungsphase: Mit der gleichen Prüfgeschwindigkeit wie in Punkt 2 wird „lastfrei" gefahren, wonach die Prüfung beendet ist.

Aus dem gemessenen Kraft-Weg bzw. Kraft-Zeit-Verlauf können folgende Kenngrößen ermittelt werden:

• Maximalkraft/-spannung während des Versuchs

• Kraft und Spannung bei Zieldicke

*Versuchsergebnisse und Bewertung*

Die Ergebnisse des quasistatischen Versuchs sind in Abbildung 95 dargestellt. Die lineare Korrelation der Messergebnisse beider Verfahren ergibt einen Korrelationskoeffizienten $R^2$ von 0,891. Es zeigt sich zudem eine absolute Abweichung der Messergebnisse von bis zu max. 0,12 mm bei Stack 1 und max. 0,05 mm bei den Stacks 2 und 3. Dieser Effekt ist vergleichbar mit den Ergebnissen der Korrelation zwischen gemessenem Dicken und Flächengewichten bei niedrigem Druck (vgl. Kapitel 6.6.1).

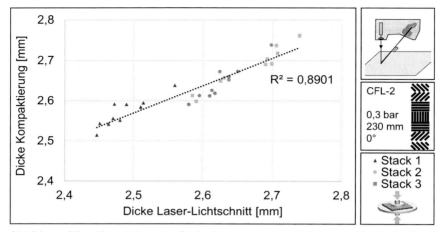

Abbildung 95:    Korrelation der Dickenmessungen mittels Laser-Lichtschnitt
                 und im Kompaktierungsversuch bei 0,3 bar

*Fazit*

Die Kompaktierbarkeit im quasistatischen Versuch korreliert stark mit den Messergebnissen der Prototypen-Prüfzelle. Hierbei ist zu beachten, dass das Auflösungsvermögen des Kompaktierungsversuchs die Mittelwertbildung der Ergebnisse des genaueren Laser-Lichtschnittverfahrens erforderlich macht. Eine Vergleichbarkeit der Absolutwerte zwischen den Verfahren ist nicht erreichbar.

### 6.6.3 Messzeitermittlung

Nach Abschluss der Technologieentwicklung werden die Messzeiten für das Prototypen-Prüfsystem, d. h. für das Laser-Lichtschnittverfahren und das bildgebende Wirbelstromverfahren, ermittelt. Diese dienen zur Bewertung der erreichten flächenspezifischen Taktzeit.

*Versuchsplan*

Die Haupteinflussgrößen auf die Messzeit wurden im Rahmen der Technologieentwicklung identifiziert und sind im Anhang B in Abbildung 164 zusammengefasst. Die Auswahl des Verfahrens beeinflusst die möglichen Verfahrmodi des Portalroboters. Die Beachtung verschiedener Auflösungen ist notwendig, da die Verarbeitung der verschieden großen Datenmengen zu unterschiedlichen Messzeiten führen kann. Auch die maximale Messgeschwindigkeit der Sensorik orientiert sich an der Auflösung, wodurch es zu Unterschieden in der Messzeit kommen kann. Da die Beschleunigung und das Abbremsen der Sensorik je nach Geometrie und Größe der Messfläche unterschiedlich stark ausgeprägt sind, wird auch hier ein Einfluss auf die Messzeit erwartet.

Aus diesen Gründen sind unterschiedliche Größen von Messflächen zu betrachten, um eine möglichst genaue Hochrechnung auf die verschiedenen Stackgrößen bzw. Messflächen für die Konzeptvarianten der Serienintegration zu ermöglichen. Die realisierten Faktorstufenkombinationen des Versuchsplans sind in Abbildung 96 dargestellt. Die zugehörigen Einstellungen der Messprofile finden sich in der Prüfanweisung (vgl. Anhang B Tabelle 74).

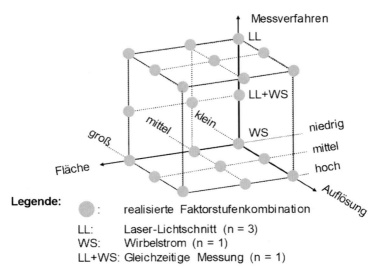

Abbildung 96: Versuchsplan zur Messzeitermittlung mit den Faktoren Fläche, Auflösung, Messverfahren und dem Stichprobenumfang n

*Versuchsdurchführung*

Start- und Endpunkt der Zeiterfassung ist die Belade- bzw. Parkposition der Sensorik. Bei der Zeitmessung ist zu berücksichtigen, dass sich die Gesamtmesszeit aus der Hauptzeit und der Nebenzeit zusammensetzt. Die Nebenzeit ist dabei als Zeit für das Verfahren der Sensorik von der Beladeposition zum Scanstartpunkt und vom Scanendpunkt zur Beladeposition zurück aufzufassen.

Die Hauptzeit wiederum beschreibt die Zeitspanne, die für die eigentliche Messung der aufgespannten Messfläche benötigt wird. In Abbildung 97 ist die Aufteilung der Verfahrwege in Haupt- und Nebenzeit exemplarisch dargestellt.

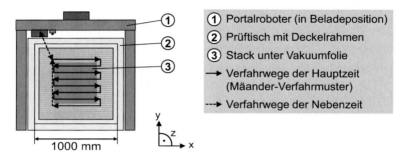

Abbildung 97:   Schematische Darstellung der Verfahrwege mit Haupt- und
                Nebenzeit einer Messung

Zusätzlich sind bedienerabhängige Nebenzeiten aufzunehmen, wie nachfolgend aufgelistet. Diese Nebenzeiten sind für das Serienkonzept der Atline-Prüfung aufwands- bzw. kostenseitig zu berücksichtigen

- Starten des Systems und der Software
- Entnehmen und Einlegen eines Stacks
- Softwareseitige Kalibrierung der Aktorik
- Aufspannen eines Messbereichs

Bei der Ermittlung der Messzeiten des Laser-Lichtschnittverfahrens wird eine Stichprobenanzahl von n = 3 festgelegt. Somit kann der Einfluss durch Abweichungen im Bedienvorgang bei kurzen Messzeiten ausgeglichen werden. Für das bildgebende Wirbelstromverfahren werden aufgrund der zu erwartenden langen Messzeiten keine Wiederholungsmessungen durchgeführt.

*Versuchsergebnisse und Bewertung*

Die Ergebnisse der Hauptmesszeiten des Laser-Lichtschnittverfahrens in Abhängigkeit der Auflösung sind in Abbildung 98 dargestellt. Der Verlauf der Messzeiten ist annähernd linear zur Messfläche und steigt für die mittlere und niedrige Auflösung bei der größten Messfläche um den Faktor 1,7 bzw. 2,9 an.

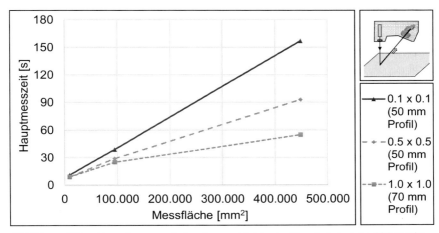

Abbildung 98:   Hauptmesszeit des Laser-Lichtschnittverfahrens in Abhängigkeit der Messfläche und Auflösung

Die entsprechenden Ergebnisse des Wirbelstromverfahrens sind im Anhang B
in Abbildung 165 zu finden. In Abbildung 99 ist der Vergleich der Messzeiten
der Verfahren bei einer Auflösung von 1 x 1 mm² dargestellt. Die Gesamtmesszeiten des Wirbelstromverfahrens sind um den Faktor 16,5 bis 55 höher als für
das Laser-Lichtschnittverfahren.

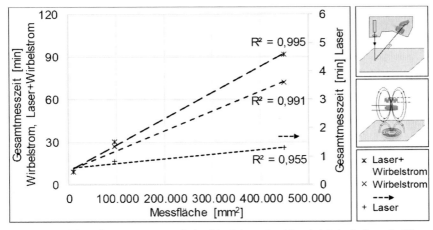

Abbildung 99:   Gesamtmesszeit der Verfahren im Vergleich bei einer Auflösung von 1 x 1 mm²

Im Falle der gleichzeitigen Wirbelstrom-Messung mittels Laser-Lichtschnittsensor kann dieser nur an einem Punkt des Laserprofils (Punktmodus, vgl. Kapitel 6.3.3) messen. Die Messung mittels Laser-Lichtschnitt ergänzend zu Wirbelstrom verlängert die Messung je nach Messfläche um 1 % bis 7 %.

Von den Gesamtmesszeiten sind für alle Messverfahren und Auflösungen zwischen 23 s und 25 s auf die Nebenzeit der Verfahrwege zurückzuführen. Für
den schnellsten Scan der Messfläche von 660 x 680 $mm^2$ mit Laser-Lichtschnitt
bei einer Dauer von 78 s entsprechen die Nebenzeiten der Verfahrwege einem
Anteil von ca. 30 %. Die Ergebnisse der bedienerabhängigen Nebenzeiten für
drei Prüfer finden sich in Tabelle 20.

Tabelle 20:     Messwerte für bedienerabhängige Nebenzeiten

| Aktion | Mittelwert (drei Prüfer) | Standard-abweichung |
|---|---|---|
| Starten des Systems und der Software | 65,3 s | 5,5 s |
| Korrektes entnehmen und einlegen eines Prüfkörpers | 37,7 s | 5,9 s |
| Softwareseitige Kalibrierung der Aktorik | 21,3 s | 4,2 s |
| Aufspannen eines Messbereichs | 47,3 s | 7,8 s |

*Fazit*

Für alle Verfahren der Prototypen-Prüfzelle zeigt sich der Einfluss der Auflösung
auf die Messgeschwindigkeit, der ein Abwägen mit der Messzeit erfordert. Der
Einfluss der Messfläche kann für beide Verfahren und ihre Kombination in guter
Näherung linear angenähert werden.

6.6.4 Technologievergleich für die Serienintegration

Die zu prüfenden Zielmerkmale und maximalen Taktzeiten für die Prüfung eines
Stacks unterscheiden sich für die Integrationsszenarien, wie in Kapitel 5.5.1 beschrieben. Der Technologievergleich erfolgt auf Basis des erzielten Entwicklungsstandes anhand der Messzeiten und der Messbarkeit der Zielmerkmale.

*Messzeiten*

Es erfolgt eine Hochrechnung der Messzeiten (vgl. Tabelle 21) auf eine Fläche von 2200 x 1600 mm, die zur Prüfung der maximalen Stackgeometrie des Produktionsprogramms erforderlich ist. Die zugrunde liegenden Formeln und Messwerte finden sich im Anhang B in Tabelle 72 f. Zudem werden anhand der erzielten Verfahrgeschwindigkeiten die Messzeiten für die Parallelanordnung mehrerer Laser-Lichtschnittsensoren über eine Messlänge von 2200 mm errechnet.

Tabelle 21:     Hochrechnung der Messzeiten je Stack auf Serienumgebung

| Verfahren \ Auflösung | Mäander 2200 x 1600 mm² | | | Sensoren parallel 2200 mm | | |
|---|---|---|---|---|---|---|
| | 0,1 x 0,1 mm² | 0,5 x 0,5 mm² | 1 x 1 mm² | 0,1 x 0,1 mm² | 0,5 x 0,5 mm² | 1 x 1 mm² |
| Laser | 4,4 min | 3,0 min | 1,5 min | 7,7 s | 2,6 s | 1,9 s |
| Wirbelstrom | - | 4,2 h | 2,1 h | Nicht möglich | | |

Die Messzeiten lassen sich für die Ermittlung der Taktzeit pro Stack anhand der mittleren Belegung der Messfläche mit 4 Stacks umrechnen. Eine hierauf aufbauende Betrachtung ist für die Konzeptanpassungen zur Serienintegration von Bedeutung.

*Messbarkeit der Zielmerkmale*

Die Messbarkeit der Zielmerkmale je Verfahren ist in Tabelle 22 zusammengefasst. Diese wird positiv bewertet, wenn die Messung der geometrischen Merkmale möglich ist bzw. mindestens 80 % der lokalen Merkmale erkannt werden können. Zudem wird auf Basis der Versuche und entwickelten Auswerteverfahren eine Empfehlung für die erforderliche Auflösung der Verfahren zur Serienintegration gegeben. Diese weicht für die indirekt gemessenen Merkmale vom Standard des VDA ab, da die Klassifikationsleistung des Bildverarbeitungssystems als ausschlaggebend angesehen wird (vgl. Kapitel 2.3.2 f.).

Tabelle 22:        Verfahrensvergleich zur Messbarkeit der Stack-Zielmerkmale

| Vergleich / Zielmerkmale | Industriekamera | | | Laser-Lichtschnitt (unter Vakuum) | | | Wirbelstrom (unter Vakuum) | | |
|---|---|---|---|---|---|---|---|---|---|
| | Messbarkeit[1] | | Auflösung[2] | Messbarkeit[1] | | Auflösung[2] | Messbarkeit[1] | | Auflösung[2] |
| | Ob. | Vol. | [mm] | Ob. | Vol. | [mm] | Ob. | Vol. | [mm] |
| Dickstellen | nein | nein | - | ja[3] | ja[3] | 0,5; z: 0,005 | ja[3] | nein[4] | 0,25 |
| Falten | nein | nein | - | ja[3] | ja[3] | 0,5; z: 0,005 | ja[3] | nein[4] | 0,25 |
| Gassen | nein | nein | - | ja[3] | nein | 0,25 | ja[3] | nein[4] | 0,25 |
| Lagenaufbau | - | nein | - | - | nein | 0,5 | - | nein[4] | 0,25 |
| Faserwinkel | ja | - | 0,2 | ja[3] | - | 0,5 | ja[3] | - | 0,25 |
| Welligkeiten | nein[5] | nein | - | nein | nein | - | nein[5] | nein[4] | - |
| Verschmutzungen | ja[6] | nein | 0,2 | nein | nein | - | nein | nein | - |
| Fügepunktanzahl/-position | ja | nein | 0,2 | ja[3] | ja[3] | 0,5; z: 0,005 | nein | nein | - |
| Lagenversatz | ja[7] | nein | 0,2 | ja[3] | ja[3] | 0,25 | nein | nein | - |
| Geometrie | ja | nein | 0,2 | ja[3] | ja[3] | 0,25 | nein | nein | - |
| Hilfsfadenfehler | ja[6] | nein | 0,2 | nein | nein | - | nein | nein | - |
| Labelposition | ja | nein | 0,2 | nein | nein | - | nein | nein | - |

**Legende:**

☐ Auswahl für Serienintegration je Zielmerkmal

Ob.:   an der Oberfläche (Merkmale der Decklage)
Vol.:  im Volumen (innenliegende Merkmale)
ja     Zielmerkmal ist messbar
nein   Zielmerkmals ist nicht messbar
[1]:   ja, wenn Anteil erkannter Merkmale > 80 %
[2]:   Empfehlung für entwickelte Auswerteverfahren: Angabe flächig (x, y); in Dickenrichtung als z benannt
[3]:   indirekte Messung
[4]:   aufgrund limitierter Eindringtiefe
[5]:   nur Welligkeiten im Faserverlauf
[6]:   Stand der Technik für Gelege-Einzellagen
[7]:   nur in 0° (Gelege-Produktions-) Richtung

*Zusammenfassung*

Der Verfahrensvergleich zeigt, dass für die drei Zielmerkmale Gassen, Lagen-aufbau und Welligkeiten die Messbarkeit bzw. Detektierbarkeit mit dem Prüf-konzept nicht ausreichend möglich ist. Dies bedeutet, dass die Bewertungssze-narien „Inline-Stichprobe" und „Atline" technisch nicht wie gefordert umsetzbar sind, wie in Tabelle 23 zusammengefasst.

Die Hochrechnungen der Messzeiten zeigen, dass die Erreichung der max. Prüfzeit je Stack mit den Auflösungen 0,5 x 0,5 mm$^2$ und 1 x 1 mm$^2$ für eine pa-rallele Anordnung der Lasersensoren möglich ist, wenn die Nebenzeiten der Messung zwischen 5,4 s bis maximal 6 s sind. Eine weitergehende Betrachtung hierzu erfolgt in Kapitel 8.4. Das bildgebende Wirbelstromverfahren ist für alle Bewertungsszenarien zu langsam; für die Atline-Prüfung liegt die Messzeit in der niedrigen Auflösung von 1 x 1 mm$^2$ um den Faktor 20 über der max. Prüfzeit je Stack. Die Anwendung des Verfahrens wäre somit auf eine Prüfung von ma-ximal ca. 5 % der Stackfläche begrenzt.

Tabelle 23:     Bewertung der Erfüllung der technologischen Anforderungen

| Bewertungsszenario | Prüfumfang [%] | Max. Prüfzeit je Stack | Zu prüfende Zielmerkmale | | | | | | | | | | | |
|---|---|---|---|---|---|---|---|---|---|---|---|---|---|---|
| | | | Dickstellen (O. + V.) | Falten (O. + V.) | Gassen (O. + V.) | Lagenaufbau (O. + V.) | Faserwinkel (O.) | Welligkeiten (O. + V.) | Verschmutzungen (O.) | Fügepunktaz./-pos. | Lagenversatz (O.) | Geometrie (O.) | Hilfsfadenfehler (O.) | Labelposition (O.) |
| Inline-100% | 100 | 8 s | o | X | o | - | - | - | - | X | - | - | - | - |
| Inline-Stichprobe | ~10 | ~80 s | X | X | X | X | o | o | o | X | o | o | o | o |
| Atline | ~0,5 | ~26 min | X | X | X | X | X | X | X | X | X | X | X | X |

**Legende:**
Forderung: X | Wunsch: o | optional: - | O. = Oberfläche | V. = Volumen
Bewertung:  erfüllbar / je nach Auflösung / nicht erfüllbar

# 7 Technologie- und Prototypen-Validierung

Die Validierung umfasst die Versuche zur Prozessanalyse und zur Untersuchung der Prüfprozesseignung für die priorisierten Zielmerkmale (vgl. Kapitel 5.2.1). In Tabelle 24 sind die Versuche zusammengefasst.

Tabelle 24:      Übersicht der Validierungsumfänge

| Einflussgrößen/ Zielmerkmale Stack | Zielgrößen; Verarbeitungsprozess | Lagenaufbauten (Abbildung 154) | Kapitel- verweise |
|---|---|---|---|
| Linienförmige Dickstellen; Gelege-Stacks | Kompaktierungskraft; Preforming, RTM | CFL-2 | 7.1.1 |
| Punktuelle Dickstellen; Vlieskomplex-Stacks | Sichtbauteilmerkmale; HD-RTM | CFL-1 | 7.1.2 |
| Linienförmige Dickstellen; Gelege-Stacks | Drapiermerkmale; Binderpreforming | CFL-5 | 7.1.3 |
| Dickstellen und Gassen; Gelege-Stacks | Injektionsverhalten; HD-RTM | CFL-4 | 7.1.4 |
| Dickenmessung mittels Laser | Messgerätefähigkeit | - | 7.2.1 |
| Punktuelle Dickstellen; Vlieskomplex-Stacks | Klassifikationsleistung | CFL-1 | 7.2.2 |
| Falten, Fügepunktanzahl; Gelege-Stacks | Klassifikationsleistung | CFL-6 CFL-7 | 7.2.2 |

## 7.1   Prozessanalyse

Die Aussagefähigkeit der zerstörungsfrei ermittelten Kenngrößen der Stacks soll bewertet werden. Dazu werden Versuche in den verarbeitenden Serienprozessen oder etablierte Ersatzversuche durchgeführt. Der Fokus liegt auf den Begeisterungsmerkmalen Dickstellen und Gassen, da für diese in Stacks noch keine Prüfmethode existiert und ggf. die Zulässigkeiten bzw. Toleranzen zu ermitteln sind.

## 7.1.1 Einfluss von Dickstellen in Gelege-Stacks auf das Kompaktierungsverhalten

Ziel des Versuchs ist die Bewertung des Einflusses linienförmiger Dickstellen in unterschiedlichen Ausprägungen auf die Kompaktierungskraft. Das Kompaktierungsverhalten ist sowohl für den nachfolgenden Preforming- als auch den RTM-Prozess von Relevanz (vgl. Kapitel 4.2.2).

*Versuchsplan und Probenvorbereitung*

Zielgröße des Versuchs ist die maximale Kompaktierungskraft, die anhand von Ø 60 mm Rundproben im dynamischen Kompaktierungsversuch (vgl. Kapitel 6.6.2) ermittelt wird. Die linien- und punktförmigen Dickstellen werden in Gelegestacks vom Aufbau CFL-2 künstlich erzeugt. Hierzu werden Rovingstreifen aus Einzellagen geschnitten und zwischen die Lagen gelegt, wie in Abbildung 100 dargestellt.

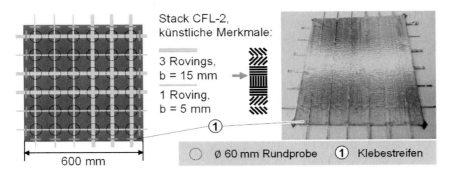

Abbildung 100: Schematische Darstellung (links) und Foto (rechts) der Probenvorbereitung mit künstlichen Dickstellen in Gelege-Stacks

Punktförmige Dickstellen entstehen an den Kreuzungspunkten der eingelegten Rovings. Diese werden sowohl in der Breite von 5 mm und 15 mm, als auch in der Grammatur von 50 g/m² und 300 g/m² variiert. Die resultierenden 17 Versuchseinstellungen sind im Anhang C in Tabelle 76 zusammengefasst. Je Faktorstufenkombination beträgt der Stichprobenumfang n = 8.

*Versuchsdurchführung*

Der Versuchsablauf ist im Folgenden zusammengefasst:

1. Laser-Lichtschnittmessung (Parameter siehe Anhang C, Tabelle 77)
2. 2D-Preforming mit Serienparametern
3. Ausstanzen der Probekörper (vgl. Kapitel 6.6.1)
4. Dyn. Kompaktierungsversuch (vgl. Kapitel 6.6.2)

*Versuchsergebnisse und Bewertung*

Die Messergebnisse sind in Abbildung 101 schematisch (a) und in Form des Grauwertbilds (b) nach Vorverarbeitung dargestellt. Die Mittelpunkte der quadratischen Rasterausschnitte werden auf den Mittelpunkt der Rundproben für den Kompaktierungsversuch gelegt. Folgende Kennzahlen werden berechnet:

- Mittlere Probendicke (anhand Rasterausschnitt)
- Standardabweichung der Probendicke
- Variationskoeffizient der Probendicke

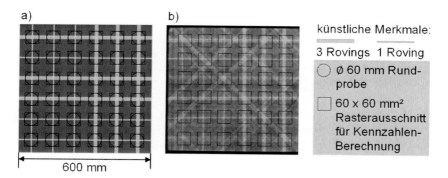

Abbildung 101: Schematische Darstellung (a) und Messergebnis Laser (b) mit Proben- und Rasterbereichen zur Auswertung

Wie anhand des Grauwertbildes der Messergebnisse (b) ersichtlich ist, überlagern sich die künstlichen Merkmale in 0° und 90° Richtung mit den inhärenten linienförmigen Dickstellen der Einzellagen in ±45° Richtung. Die Erkennbar-

keits- und Effektschwellen für die künstlichen Merkmale durch die Messung werden daher ermittelt. Hierzu werden zunächst die mittleren Variationskoeffizienten der Probendicken und die mittlere Kompaktierungskraft jeder Faktorstufenkombination berechnet und entsprechend Abbildung 102 dargestellt. Anhand
der mittleren Variationskoeffizienten der Proben lassen sich die Ergebnisse in
die Gruppen I bis IV einteilen, wie im Diagramm ergänzt. Der Anstieg der maximalen Kompaktierungskraft in Abhängigkeit der mittleren Variationskoeffizienten der Probendicke wird separat für die linienförmigen und punktförmigen Versuchseinstellungen, jeweils unter Einbezug der Referenzproben, einer Korrelationsanalyse unterzogen.

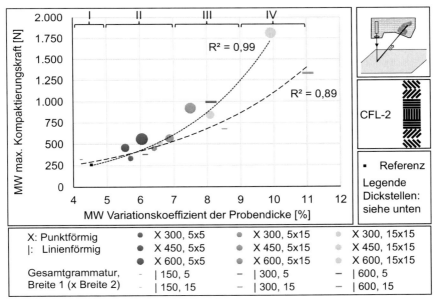

Abbildung 102: Effekte der Gelege-Dickstellen auf den Variationskoeffizienten
der Probendicke und die max. Kompaktierungskraft

Die maximale Kompaktierungskraft lässt sich sowohl für die linienförmigen als
auch punktuellen Dickstellen in guter Näherung durch eine Exponentialfunktion
beschreiben, wie die Korrelationskoeffizienten von 0,89 und 0,99 zeigen. Die
Gruppenbildung der Faktorstufenkombinationen anhand der mittleren Variationskoeffizienten der Probendicke findet sich für die linienförmigen Dickstellen
in Tabelle 25 und für die punktförmigen Dickstellen im Anhang C in Tabelle 78.

Tabelle 25:     Gruppenbildung der linienförmigen Dickstellen

| Gesamt-grammatur ＼ Breite | 5 mm | 15 mm |
|---|---|---|
| 150 g/m² | I | II |
| 300 g/m² | II | III |
| 600 g/m² | III | IV |

**Legende:**       I-IV:   Gruppen nach Abbildung 102

Sowohl für die linienförmigen als auch die punktförmigen Dickstellen führen sowohl eine erhöhte Grammatur als auch eine steigende Merkmalsbreite zu einer höheren Eingruppierung. Die Effekte auf die maximale Kompaktierungskraft lassen sich entsprechend Tabelle 26 zusammenfassen und den Grammaturerhöhungen zuordnen. Der steilere Anstieg der Kraft bei den punkförmigen Dickstellen wird durch das andere Nesting der Fasern im Kreuzungspunkt bedingt, das einen größeren Widerstand gegen die Kompaktierung hervorruft.

Tabelle 26:     Effekte auf die maximale Kompaktierungskraft nach Gruppe und zugeordnete relative Grammaturerhöhung

| Gruppe | I | II | III | IV |
|---|---|---|---|---|
| Relative Dicke | [1; 1,07) | [1,07; 1,14) | [1,14; 1,29) | [1,29; 1,36] |
| Relative max. Kompaktierungskraft | Referenz | \|:  202 %; X: 240 % | \|:  327 %; X: 493 % | \|:  529 %; X: 1012 % |

**Legende:**       \|: Linienförmig; X: Punktförmig (Kreuzungspunkte)

*Fazit*

Die zerstörungsfrei ermittelten Variationskoeffizienten der Probendicke sind in Bezug auf die zu erwartende maximale Kompaktierungskraft der Proben aussagekräftig. Die Effekte je nach relativer Grammaturerhöhung werden in der zusammenfassenden Auswertung (vgl. Kapitel 7.1.5) berücksichtigt.

## 7.1.2 Einfluss von Dickstellen in Vlieskomplex-Stacks auf den RTM-Prozess

Als Vlieskomplex-Stacks werden Lagenaufbauten bezeichnet, bei denen mindestens die Außenlagen aus Vlieskomplex (vgl. Kapitel 3.1.4) bestehen. Ihre Verwendung erstreckt sich über Verstärkungsstrukturen der Fahrzeugkarosserie und lackierte Außenhautbauteile. Dementsprechend führen schon geringe Abweichungen in der Fläche oder im Farbkontrast zu einer störenden Anmutung der Oberfläche. Für Vlieskomplex-Stacks sind zumeist punktförmige Dickstellen aufgrund von Flusen der Einzellagen ursächlich für lokale Merkmale im Bauteil, die im Stand der Technik erst nach dem RTM-Prozess detektierbar sind. Anhand des Prüfkonzepts sollen Möglichkeiten zur Charakterisierung und darauf aufbauende Qualitätsprüfung von Stacks untersucht werden.

*Versuchsplan und Probenvorbereitung*

Zielgröße des Versuchs ist die Merkmalsbewertung der Bauteile in Abhängigkeit von Dickstellen verschiedener Ausprägung im Stack. Da die Dickstellen nur sehr selten auftreten, werden sie künstlich durch Flusen in verschiedenen Ausprägungen erzeugt. Die Flusen entstammen aus der Produktion der Einzellagen-Materialien und stellen somit repräsentative Ausprägungen dar. Sie werden unterhalb der obersten Lage des Stacks eingelegt, wie in Abbildung 103 dargestellt. Insgesamt werden 7 Stacks mit 96 eingelegten Flusen (2) vorbereitet und für den Versuch genutzt. Die abgebildeten Stanzlöcher (1) dienen der genauen Zentrierung des Stacks bzw. Preforms im RTM-Werkzeug.

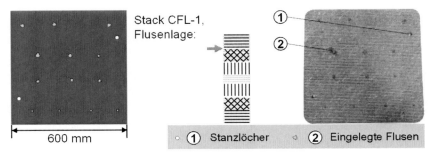

Abbildung 103: Schematische Darstellung (links) und Foto (rechts) der Probenvorbereitung mit Flusen in Vlieskomplex-Stacks

*Versuchsumgebung und –durchführung*

Der Versuch läuft in folgenden Schritten ab:

1. Laser-Lichtschnittmessung (Parameter siehe Anhang C, Tabelle 79)
2. 2D-Preforming entsprechend Serienparametern
3. HD-RTM-Prozess mit Serienparametern (vgl. Abbildung 104)
4. Sichtprüfung auf Bauteilmerkmale

Die Versuchsumgebung für die HD-RTM-Umgebung ist in Abbildung 104 dargestellt. Das Werkzeug besteht aus Ober- (2) und Unterteil (5) und ist in der Presse (1) montiert. Zur Harzinjektion schließt die Presse über die Führungssäulen (6) das Werkzeug. Die Werkzeugkavität mit Preform (3) wird bis zur Werkzeugdichtung (4) mit dem Matrixwerkstoff gefüllt.

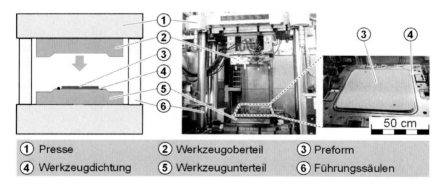

| ① Presse | ② Werkzeugoberteil | ③ Preform |
| ④ Werkzeugdichtung | ⑤ Werkzeugunterteil | ⑥ Führungssäulen |

Abbildung 104: HD-RTM-Versuchsumgebung zur Bauteilherstellung aus Vlieskomplex-Stacks

*Versuchsergebnisse und Bewertung*

Zur Auswertung der Messdaten der Laser-Lichtschnittmessung wird das in Kapitel 6.4.4 beschriebene Auswerteverfahren für Vlieskomplex-Dickstellen genutzt. Das Vorgehen ist in Abbildung 105 zusammengefasst. Ausgehend von den bekannten Positionen der Flusen (1) wird das Auswerteverfahren bewertet. Die erkannten Dickstellen (2) werden mit den Ergebnissen der Merkmalsbewertung des Bauteils (3) verglichen. Insgesamt führen 55 % der untersuchten Dickstellen durch die eingelegten Flusen zu n.i.O.-Merkmalen im Bauteil.

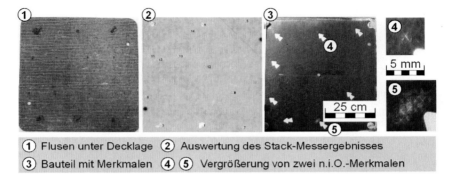

① Flusen unter Decklage ② Auswertung des Stack-Messergebnisses
③ Bauteil mit Merkmalen ④ ⑤ Vergrößerung von zwei n.i.O.-Merkmalen

Abbildung 105: Vorgehen zur Bewertung der punktförmigen Vlieskomplex-Dickstellen im Stack und Bauteil

Tabelle 27 zeigt die ermittelten Intervalle der relativen Merkmalsdicke im Stack und hiervon abhängigen Anteilen an n.i.O.-Merkmalen im Bauteil. Zur Qualitätsbewertung der Stacks wird der Grenzwert bei einer relativen Merkmalsdicke von 1,16 gesetzt. Oberhalb dieses Grenzwertes führen 80 % der untersuchten Dickstellen zu Ausschuss im Bauteil. Die zugrunde liegenden Ergebnisse finden sich im Anhang C, Tabelle 80.

Tabelle 27:     Charakterisierung der Vlieskomplex-Stacks hinsichtlich zu erwartender Merkmale im Bauteil

| Gruppe | I | II | III | IV |
|---|---|---|---|---|
| Relative Dicke | [1; 1,10) | [1,10; 1,16) | [1,16; 1,22) | [1,22; 1,44] |
| Anteil an n.i.O.-Merkmalen im Bauteil | 0 % | 7 % | 61 % | 100 % |

*Fazit*

Die zerstörungsfrei ermittelten Kennzahlen der punktförmigen Dickstellen in Vlieskomplex-Stacks erlauben die präventive Erkennung von lokalen Merkmalen im RTM-Bauteil. Die Güte der Qualitätsbewertung hängt vom gewählten Schwellwert ab; die erzielte Klassifikationsrate des Verfahrens findet sich in Kapitel 7.2.1.

### 7.1.3 Einfluss von linienförmigen Dickstellen in Gelege-Stacks auf lokale Preform-Merkmale

Im Preform-Prozess können prozessbedingt lokale Merkmale durch die Umformung entstehen. Es wird untersucht, ob bzw. ab welcher Ausprägung linienförmige Dickstellen in Gelege-Stacks einen Effekt auf die Bildung von Preform-Merkmalen haben.

*Versuchsplan*

Der Versuchsplan gliedert sich in drei zeitliche Phasen. In jeder Phase werden die Versuchseinstellungen mit Referenz-Stacks bzw. -Preforms verglichen. Die Phasen laufen wie folgt ab:

1. Sehr hohe Merkmalsausprägung an drei Preform-Positionen
2. Ergänzung um reduzierte Merkmalsausprägungen in grober Abstufung
3. Feinere Abstufung zwischen oder unterhalb der zuvor gewählten Faktorstufen zur genaueren Bestimmung der Grenze

Die so ermittelten Versuchseinstellungen aller drei Phasen sind retrospektiv in Tabelle 28 zusammengefasst.

Tabelle 28:     Versuchseinstellungen zur Ermittlung des Einflusses von Dickstellen in Gelege-Stacks auf Preform-Merkmale

| Breite [mm] / Grammatur | 10 | 15 | 20 | 25 | ohne |
|---|---|---|---|---|---|
| 150 g/m² | | | | $X_{0°;3}$ | |
| 300 g/m² | $X_{0°;2}$ | $X_{0°;3}$ | $X_{0°;3}$ | $X_{0°;2}$ | |
| 450 g/m² | $X_{0°;2}$ $X_{-45°;2}$ | | | $X_{0°;2}$ $X_{-45°;2}$ | |
| 600 g/m² | | | | $X_{alle;1}$ | |
| Referenz | | | | | $X_{1,2,3}$ |

**Legende:**      X:      Versuchseinstellung
               Indizes:  Position (0°, -45°, +45°); Phase (1, 2, 3)

Durch die gewählte Vorgehensweise kann der Aufwand zur Probenvorbereitung und Versuchsdurchführung deutlich reduziert werden. Die Erkenntnisse der vorangehenden Versuchsphase können zudem in den folgenden Versuchen genutzt werden. Für den Versuch wird das Bauteil CFL-5 ausgewählt, welches hohe Umformgrade und eine vergleichsweise geringe Gesamtgrammatur von 1500 g/m² besitzt. Daher werden im Vergleich zu anderen Bauteilen größere Effekte erwartet.

*Probenvorbereitung*

Zur Probenvorbereitung müssen zunächst die Positionen der künstlichen Merkmale festgelegt werden. Hierzu werden mithilfe von Prozessexperten die Stellen im Preform identifiziert, die einen großen Einfluss auf die Drapierung haben. Das Vorgehen ist in Abbildung 106 zusammengefasst.

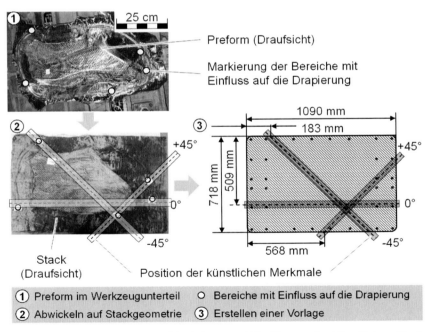

Abbildung 106: Vorgehen zur Ermittlung und Positionen der künstlichen Merkmale im Stack CFL-5

Der Preform im Werkzeugunterteil wird mit Markierungen der Bereiche versehen (1), an denen der Drapiervorgang voraussichtlich durch Dickstellen im
Stack beeinflusst wird. Anschließend wird der Preform erhitzt und wieder zum
Stack abgewickelt (2), so dass die zweidimensionale Ausgangsgeometrie vor
der Umformung erreicht wird. Schließlich können die ermittelten Positionen vermessen und in eine Vorlage übertragen werden (3). An den ermittelten Stellen
werden zusätzliche Rovings aus den entsprechenden Gelege-Einzellagen aus-
geschnitten, eingelegt und mittels Klebeband im Randbereich fixiert. Die Lage
der künstlichen Merkmale entspricht der Gelegeorientierung der ermittelten Positionen, wie in Abbildung 107 beispielhaft für 0° dargestellt.

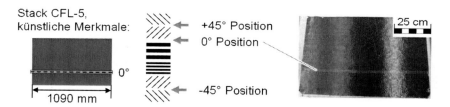

Abbildung 107: Lage der künstlichen Merkmale im Stack CFL-5 mit beispiel-
hafter Darstellung der 0° Position

*Versuchsumgebung und –durchführung*

Die Versuche laufen je Phase in folgender Reihenfolge ab:

1. Laser-Lichtschnittmessung (Parameter siehe Anhang C, Tabelle 81)

2. Preforming in der Serienfertigung (vgl. Abbildung 109)

3. Sichtprüfung auf Preform-Merkmale (vgl. Abbildung 110)

Aufgrund der Geometrie der Stacks kann nur ein Teilbereich der Fläche geprüft
werden, wie in Abbildung 108 dargestellt. Der Deckelrahmen (1) mit der Vakuumfolie liegt auf dem Stack (2) auf und verhindert somit eine ideale Abdichtung.
Dennoch wird ein Absolutdruck von 0,1 bar erreicht. Im beispielhaft dargestellten Messergebnis eines Referenz-Stacks lassen sich die inhärenten linienförmigen Dickstellen in ±45° (4) und 0° Richtung sowie die Fügepunkte (5) erkennen.

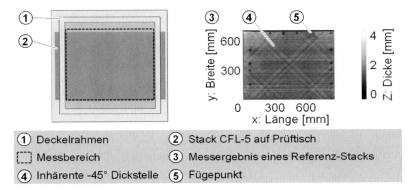

① Deckelrahmen                    ② Stack CFL-5 auf Prüftisch

⌐¬ Messbereich                    ③ Messergebnis eines Referenz-Stacks
⌊_⌋

④ Inhärente -45° Dickstelle       ⑤ Fügepunkt

Abbildung 108:  Messanordnung (links) und beispielhaftes Messergebnis
                (rechts) für Stacks CFL-5 in Prototypen-Prüfzelle

Abbildung 109 zeigt die Serienumgebung und das Umformwerkzeug für das
Preforming der Stacks CFL-5. Der Stack wird zunächst automatisiert mit seitli-
chen Greifern (1) in das Heizfeld gefahren. Nach dem Aufheizvorgang folgt der
Weitertransport des Stacks (2) in das Umformwerkzeug für den weiteren Ablauf
der Drapierung).

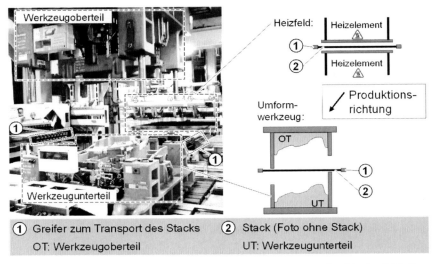

① Greifer zum Transport des Stacks     ② Stack (Foto ohne Stack)
   OT: Werkzeugoberteil                    UT: Werkzeugunterteil

Abbildung 109:  Preforming Heizfeld und Umformwerkzeug für Stacks CFL-5
                als Foto (links) und schematische Darstellung (rechts)

Bei der Sichtprüfung auf Preform-Merkmale werden alle Lagen einzeln beurteilt. Hierfür wird der Preform Lage für Lage an den Außenlagen beginnend bewertet, wie in Abbildung 110 dargestellt. Die Prüfung erfordert das Zerstören des Preforms durch das Abreißen der Einzellagen nach ihrer Bewertung.

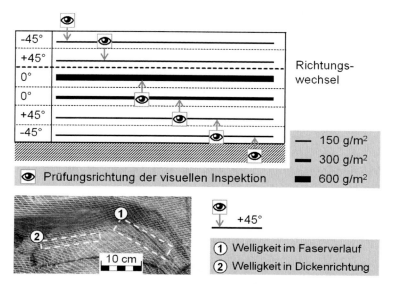

Abbildung 110: Prüfungsrichtungen der Preform CFL-5 Merkmalsbewertung (oben) und Beispiele für Merkmale einer Lage (unten)

*Versuchsergebnisse und Bewertung*

Zur Auswertung werden je Versuchscharge die Merkmalsbewertungen der Versuchseinstellungen mit den Referenz-Preforms verglichen. Unterschiede in den Merkmalen je Lage, z. B. in der Ausprägung oder Fläche werden dokumentiert und zusammengefasst. Die lagenspezifischen Ergebnisse finden sich im Anhang C, Tabelle 82.

Die Auswertung der Laser-Lichtschnittmessungen erfolgt anhand der Berechnung der relativen Dicke der künstlichen Merkmale. Für jede Versuchseinstellung wird der Mittelwert der Preforms gebildet. Schließlich werden die gemessenen relativen Merkmalsdicken in Gruppen eingeteilt. Die Zuordnung zu den Versuchseinstellungen ist in Tabelle 29 zusammengefasst.

Tabelle 29:     Gruppenzuordnung der gemessenen relativen Merkmalsdicke
                zu den Versuchseinstellungen

| Grammatur [g/m²] \ Breite [mm] | 10 | 15 | 20 | 25 |
|---|---|---|---|---|
| 150 | - | I | I | I |
| 300 | II | III | III | III |
| 450 | III | - | - | IV |
| 600 |  |  |  | IV |

**Legende:**     I-IV: Gruppen der gemessenen relativen Dicke:
                siehe Tabelle 30

Mit zunehmender Grammatur und Breite der künstlichen Merkmale steigt erwartungsgemäß die relative Dicke in diesen Bereichen. Die relative Dicke wird entsprechend Tabelle 30 in Gruppen eingeteilt (vgl. Tabelle 83 im Anhang C). Die Änderung der Preform-Drapiermerkmale je Position sind nachfolgend ergänzt, wobei für die +45° Position (vgl. Abbildung 106) kein Effekt nachweisbar ist.

Tabelle 30:     Gruppenbildung der linienförmigen Dickstellen und Grenzen
                für Änderung der Merkmale der Preforms CFL-5

| Gruppe | I | II | III | IV |
|---|---|---|---|---|
| Relative Dicke | [1; 1,20) | [1,20; 1,25) | [1,25; 1,30) | [1,30; 1,34] |
| Änderung der Pre-form-Drapiermerkmale | nein | nein | 0°: Breite > 10 mm | -45°: Breite > 10 mm |

*Fazit*

Anhand des Kennwerts der relativen Dicke von künstlichen linienförmigen Dickstellen im Stack können Effekte auf die Merkmalsbilder im Preform gezeigt werden. Die niedrigste Grenze liegt bei einer relativen Dicke $\geq 1{,}25$ und einer Breite $> 10$ mm.

### 7.1.4 Einfluss von lokalen Faserverdichtungen und Gassen in Gelege-Stacks auf den Injektionsprozess

Faserverdichtungen und Gassen bewirken eine lokale Änderung des Faservolumengehalts und somit der Fließfrontausbreitung während der Injektion (vgl. Kapitel 3.2.3). Für die betrachtete Prozesskette wird der Einfluss von linienförmigen Dickstellen verschiedener Ausprägungen in Gelege-Stacks anhand von zwei Prozessfenstern des HD-RTM-Prozesses bewertet:

- A: Standard-Faservolumengehalt, 50 bar Injektionsdruck
- B: Oberer Grenz-Faservolumengehalt, 30 bar Injektionsdruck

Bei Prozessfenster A ist die Wanddicke des Bauteils auf den Nenn-Faservolumengehalt ausgelegt. Prozessfenster B repräsentiert Bauteilbereiche mit reduzierter Wanddicke am Ende des Injektionsvorgangs. Diese kommen im Untersuchungsraum für einzelne komplexe Schalenbauteile mit langen Fließwegen des Harzes vor. Für ergänzende Grundlagenuntersuchungen und Möglichkeiten zur Verkürzung der Fließwege sei auf [KNK+18] verwiesen.

*Versuchsplan und Probenvorbereitung*

Die Versuchseinstellungen sind in Tabelle 31 zusammengefasst. Jede Versuchseinstellung wird einmal realisiert; zusätzlich werden zwei Referenzbauteile im Prozessfenster B hergestellt.

Tabelle 31:     Versuchseinstellungen zur Ermittlung des Einflusses von Faserverdichtungen und Gassen auf das Injektionsverhalten

| Breite [mm] / Prozessfenster | Linienförmige Dickstellen | | | | Gassen | |
|---|---|---|---|---|---|---|
|  | 10(1) | 25(3) | 10(2) | 25(4) | 5(5) | 5(6) |
| A | X | X | X | X | X | X |
| B | X | X | X | X | X | X |

**Legende:**     X:         Versuchseinstellung
                 Indizes:   Varianten-Nr., siehe Abbildung 111

Die Positionen und Varianten der künstlichen Merkmale sind in Abbildung 111 zusammengefasst. Als Faserverdichtungen werden Roving-Zuschnitte in den Breiten 10 mm und 25 mm in die Stacks (Merkmalsflächen a und b) gelegt. Die Gassen werden an diesen Stellen durch Entfernen der Rovings in den Einzellagen erzeugt (vgl. Kapitel 5.3). Aufgrund der Größe des Stacks sind zwei Messungen pro Stack zur Charakterisierung in den Messbereichen erforderlich.

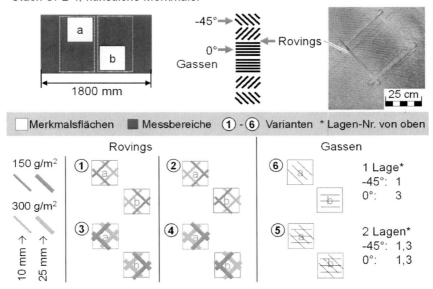

Abbildung 111: Position, Lage und Merkmalsvarianten im Stack CFL-4

*Versuchsumgebung und –durchführung*

Die Parameter der zerstörungsfreien Messung sind im Anhang C in Tabelle 84 zusammengefasst. Die Preform- und Bauteilherstellung erfolgt analog zu den Beschreibungen in Abbildung 109 und Abbildung 104. Die verwendeten Werkzeuge sind ergänzend in Abbildung 112 dargestellt. Die Prozessfenster werden zum einen anhand der Kavitätshöhe im RTM-Werkzeug eingestellt, die in der entsprechenden Bauteildicke resultieren. Zum anderen wird beim Erreichen des jeweiligen Zieldrucks der Injektionsvorgang des Harzes abgebrochen. Diese sogenannten Teilschuss-Bauteile werden anschließend bewertet.

2D-Preform in Umformwerkzeug:    2D-Preform im RTM-Werkzeug:

① Heizfeld              ② Preform              ③ Preform-Randbeschnitt
④ Werkzeugoberteil      ⑤ Werkzeugunterteil    ⑥ Werkzeugdichtung

Abbildung 112: 2D-Preforming- (links) und HD-RTM-Werkzeug (rechts) für die
Versuche mit Stack CFL-4

*Versuchsergebnisse und Bewertung*

Die Zielgröße der nicht injizierten Fläche wird zunächst qualitativ bewertet. Hierbei ist auffällig, dass trockene Preformbereiche, wenn vorhanden, stets eine
ähnliche Position haben. Wie in Abbildung 113 beispielhaft dargestellt, liegen
die Trockenstellen (5) in Fließrichtung des Harzes hinter den Merkmalsflächen
a und b (vgl. Abbildung 111).

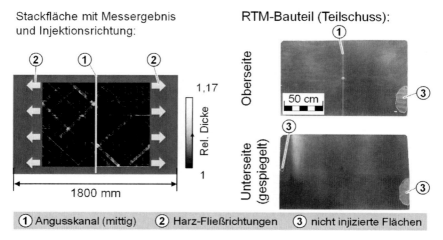

Stackfläche mit Messergebnis          RTM-Bauteil (Teilschuss):
und Injektionsrichtung:

① Angusskanal (mittig)   ② Harz-Fließrichtungen   ③ nicht injizierte Flächen

Abbildung 113: Beispielhafte Darstellung der Stack-Messergebnisse und Bauteile mit Fließfrontverlauf nach Schussabbruch

Es ist zu beachten, dass die Injektion des Harzes über einen mittigen Angusskanal (1) an der Bauteiloberseite in Bauteillängsrichtung (2) erfolgt. Hieraus lässt sich schließen, dass die nicht injizierten Bereiche (3) von den künstlichen linienförmigen Dickstellen hervorgerufen werden. Die zerstörungsfreie Charakterisierung der relativen Merkmalsdicke zeigt die lokale Ausprägung der künstlichen Merkmale. Das Vorgehen zur quantitativen Bestimmung der nicht injizierten Bauteilflächen ist im Anhang C in Abbildung 167 beschrieben.

Der Effekt auf die nicht injizierte Fläche ist in Tabelle 32 zusammengefasst; die zugrunde liegenden Ergebnisse finden sich im Anhang C, Tabelle 85. Für Prozessfenster A tritt eine Trockenstelle mit einer Fläche von 594 mm$^2$ bei der höchsten Breite und Dicke der linienförmigen Dickstellen auf. Für Prozessfenster B sind lediglich ein Referenz-Bauteil und die Variante 6 mit überlagerten Gassen komplett gefüllt.

Tabelle 32:     Effekte der Einflussgrößen auf die nicht injizierte Bauteilfläche

| Breite [mm] / Prozess-fenster | Linienförmige Dickstellen | | | | Gassen | |
|---|---|---|---|---|---|---|
| | 10$_{(1)}$ | 25$_{(3)}$ | 10$_{(2)}$ | 25$_{(4)}$ | 5$_{(5)}$ | 5$_{(6)}$ |
| A | - | - | - | ➡ | - | - |
| B | 🠕 | 🠕🠕 | 🠕🠕 | 🠕🠕 | - | 🠕 |

**Legende:**    🠕🠕:     Nicht injizierte Fläche > 40.000 mm$^2$
                      🠕:     Nicht injizierte Fläche > 20.000 mm$^2$
                      ➡:     Nicht injizierte Fläche ≤ 1.000 mm$^2$
                      -:     Kein Effekt, Bauteile komplett gefüllt
              Indizes:     Varianten-Nr., siehe Abbildung 111

Ergänzend werden die Flächenteile der relativen Merkmalsdicken bestimmt und in zwei Gruppen eingeteilt, wie in Tabelle 33 zusammengefasst. Bis zu einer relativen Merkmalsdicke von 1,08 treten keine Trockenstellen für beide Prozessfenster auf.

Tabelle 33:      Gruppenbildung der relativen Merkmalsdicken und Grenzen
der Flächenanteile für Prozessfenster A und B

| Gruppe | I | II |
|---|---|---|
| Relative Dicke | [1; 1,08] | (1,08; 1,25] |
| Trockenstellen (A) | nein | Flächenanteil > 1 % |
| Trockenstellen (B) | nein | siehe Abbildung 114 |

Für die weitere Auswertung werden die Flächenanteile der relativen Stackdicke
oberhalb von 1,08 addiert. Die aufgetretene Trockenstelle in Prozessfenster A
lässt sich einem Flächenanteil von 1,02 % zuordnen, der gleichzeitig das Maximum der Stichprobe bildet. Für Prozessfenster B sind schon bei Flächenantei-
len oberhalb von 0,2 % nicht injizierte Flächen im Bauteil zu beobachten. Darüber hinaus korrelieren die Messwerte aus der zerstörungsfreien Charakterisierung schwach linear mit der nicht injizierten Bauteilfläche, wie in Abbildung 114
gezeigt.

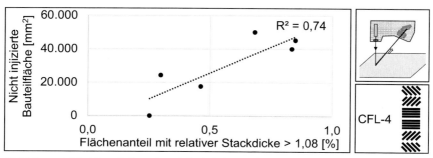

Abbildung 114: Korrelation der nicht injizierten Bauteilfläche für Prozessfenster B mit Flächenanteil der relativen Stackdicke > 1,08

*Fazit*

Anhand der Versuche kann ein Einfluss von linienförmigen Dickstellen auf den
Verlauf der Fließfront im Grenzbereich des HD-RTM-Prozesses gezeigt werden. Die Grenzen lassen sich anhand des Kennwerts der relativen lokalen
Stackdicke von 1,08 quantifizieren und über eine Betrachtung des Flächenanteils der Merkmale oberhalb des Grenzwertes weiter auflösen.

Die betrachtete Ausprägung der Gassen entspricht den Zulässigkeitsgrenzen auf Basis der funktionalen Auslegung für Einzellagen und Stacks. Eine Reduzierung dieser Toleranzgrenzen ist nicht erforderlich, da sich anhand der Versuche kein eindeutiger Effekt nachweisen lässt. Im Vergleich überwiegt der Einfluss der linienförmigen Dickstellen.

### 7.1.5 Zusammenfassung der Prozessanalyse

In den Versuchen zur Prozessanalyse (vgl. Kapitel 7.1.1 bis 7.1.4) mit dem Fokus auf Dickstellen wurde die Kenngröße der relativen Merkmalsdicke für die Bewertung der Effekte genutzt. Die ermittelten Einflüsse werden abschließend zwischen den betrachteten Zielgrößen bzw. Prozessen verglichen und bewertet. Zusätzlich wird die Abhängigkeit der Merkmalsfläche zusammenfassend dargestellt. Ausgangspunkt bilden die Untersuchungen zur Ermittlung der Kompaktierungskraft, die in allen Verarbeitungsprozessen wirkt. Zur besseren Vergleichbarkeit werden die ermittelten Grenzen aus den Kompaktierungsversuchen hervorgehoben. In Abbildung 115 sind die ermittelten Einflüsse zu diesem Zweck zusammenfassend dargestellt.

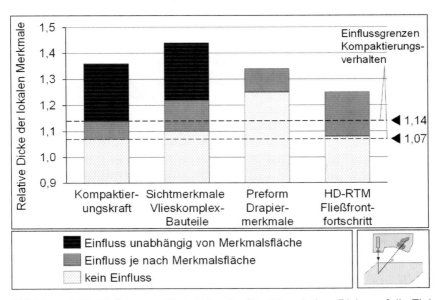

Abbildung 115: Einfluss von Dickstellen im Stack je relativer Dicke auf die Zielgrößen und Verarbeitungsprozesse

Es zeigt sich, dass in allen Versuchen bis zu relativen Merkmalsdicken von 1,07 kein Einfluss durch die Dickstellen nachweisbar ist. Darüber beginnt der exponentielle Anstieg der Kompaktierungskraft. Dies geht einher mit Sichtmerkmalen in Vlieskomplex-Bauteilen und einer beginnenden Beeinflussung des Fließfrontfortschritts im HD-RTM-Prozess je nach Fläche oder Position der Dickstellen. Ab einer relativen Merkmalsdicke von 1,14 liegt die Kompaktierungskraft bei über 300 % im Vergleich zur Referenz. Der Anteil an Sichtmerkmalen in Vlieskomplex-Bauteilen wächst in diesem Bereich ebenfalls an, wie auch die nicht injizierte Fläche an den Grenzen des HD-RTM-Prozesses. Der Einfluss auf die Drapiermerkmale der Preforms ist erst ab einer relativen Dicke von 1,25 nachweisbar.

Die Kenngröße der relativen Dicke der Stack-Merkmale ist gut geeignet für die Prozessanalyse. Anhand der ergänzenden Betrachtung der Merkmalsfläche in Form des Flächenanteils oder des Variationskoeffizienten werden detaillierte Analysen ermöglicht, die zu plausiblen Ergebnissen führen. Das Prüfkonzept mit den entwickelten Auswerteverfahren erfüllt somit für die Zielmerkmale der Dickstellen das Reifegradkriterium der Prinziptauglichkeit.

## 7.2    Qualitätsbewertung

Das Prüfkonzept wird hinsichtlich seiner Eignung zur Qualitätsbewertung für die Leistungsmerkmale Falten sowie Fügepunktanzahl bewertet. Lediglich das Laser-Lichtschnittverfahren erfüllt die hierfür erforderlichen Voraussetzungen. Da die weitere Bildverarbeitung und Klassifikation auf der Dickenmessung von vakuumierten Stacks beruht, wird zunächst die Messgerätefähigkeit anhand dieses quantitativen Merkmals untersucht. Darauf aufbauend wird die Klassifikationsleitung der entwickelten Auswerteverfahren ermittelt und bewertet.

### 7.2.1 Messgerätefähigkeit der Dickenmessung mittels Laser

*Versuchsplanung*

Stacks können nicht als Referenzkörper mit bekannter Dicke verwendet werden, da die Probekörper nicht formstabil sind und daher mit einer Änderung der Eigenschaften zwischen zwei Messvorgängen gerechnet werden muss. Daher werden die Linearität und Stabilität der Dickenmessung, sowie der Einfluss der

Referenzfläche und Vakuumfolie anhand der Messung von metallischen Referenzkörpern untersucht. Im Rahmen der Messsystemanalyse werden anschließend der Wiederholversuch am Normal nach Verfahren 1 und der Wiederholversuch mit verschiedenen Prüfern nach Verfahren 2 durchgeführt.

*Versuchsdurchführung Referenzkörpermessung*

Die verwendeten Referenzkörper sind Präzisionslehrenbänder mit kleinen Toleranzen in den Dicken 1,0 ± 0,017 mm, 0,7 ± 0,012 mm, 0,4 ± 0,009 mm, 0,25 ± 0,007 mm und 0,2 ± 0,006 mm. Der Versuchsaufbau ist in Abbildung 116 dargestellt. Vor der Messung werden die Proben und die Messfläche mit Isopropanol gereinigt.

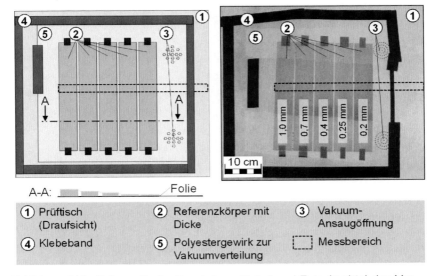

Abbildung 116: Schematische Darstellung (links) und Foto (rechts) des Versuchsaufbaus zur Referenzkörpermessung

Die fünf Referenzkörper (2) werden mit einem Abstand von zwei Millimetern auf der Messfläche platziert und mit Klebeband (4) auf dem Prüftisch (1) fixiert, um ein Verrutschen beim Vakuumieren des Messbereichs zu verhindern. Über die Randbereiche der Probekörper und die Vakuum-Ansaugöffnungen (3) wird ein Monofilamentgewirk aus Polyester (5) gelegt. Durch dieses netzartige Material entweicht die Luft aus dem gesamten Messbereich und es wird gleichmäßiges

Vakuum unter der Vakuumfolie erzeugt. Die Ränder der Folie werden zur Abdichtung mit Klebeband auf dem Tisch befestigt. Die weiteren Versuchsparameter sind im Anhang C in Tabelle 86 zusammengefasst. Der Versuch läuft in den nachfolgend beschriebenen Schritten ab.

1. 15 Messungen der Referenzkörper, geplanter Neustart

2. 15 Messungen der Referenzkörper, geplanter Neustart

3. 6 Messungen der Referenzkörper

4. Entfernung der Prüfkörper, Vermessung der Prüftischoberfläche mit und ohne Vakuumfolie

Durch den Neustart des Messportal und des Steuerungsrechners wird der Effekt eines Neustarts auf die Messung überprüft. Die gesamte Messdauer beträgt 4 Stunden und 30 Minuten.

*Versuchsdurchführung*

Zur Messystemanalyse Verfahren 1 wird zunächst ein Stack mit Lagenaufbau CFL-2 vermessen; die Versuchsparameter finden sich im Anhang C in Tabelle 87. Das Vakuum wird während der gesamten Versuchsdauer ununterbrochen aufrechterhalten. Um die Messdauer zu reduzieren wird der Messbereich auf eine $50 \times 50$ mm$^2$ große Fläche mittig im oberen Drittel des Stacks eingeschränkt. Nach einer Relaxationszeit von 64 Stunden wird der Stack ein weiteres Mal vermessen. Abschließend wird die Messtischoberfläche mit und ohne Vakuumfolie als Referenzfläche vermessen.

Die Messsystemanalyse Verfahren 2 erfolgt an 5 Stacks vom Lagenaufbau CFL-2, die von zwei Prüfern jeweils dreimal vermessen werden. Die Prüfer werden angewiesen, die Stacks an einer festgelegten Position zu platzieren und den Deckel mit der Vakuumfolie zu schließen. Sobald der Vakuumdruck erreicht ist, wird die Messung gestartet. Vor Beginn jeder Wiederholung und zum Ende der Messreihe wird die Tischoberfläche mit aufgelegter Vakuumfolie als Referenzfläche vermessen. Die Reihenfolge der Probekörper bleibt in jeder Messwiederholung unverändert. Die weiteren Versuchsparameter finden sich im Anhang C in Tabelle 88.

*Versuchsergebnisse und Bewertung - Messrauschen*

Im ersten Schritt der Auswertung ist die Auflagefläche der Probekörper als Referenzoberfläche für die Messungen zu bestimmen (vgl. Kapitel 6.2.1). Es wird angenommen, dass die Messdaten der Referenzoberfläche mit systematischen und zufälligen Fehlern behaftet sind. Für die Analyse dieser Fehler wird ein $17,5 \times 45$ mm$^2$ großer Teilbereich des Messbereichs der Tischoberfläche betrachtet, in dem dieser ohne darüber liegende Folie gescannt wurde. Im betrachteten Teilbereich wurden 12.600 Messpunkte aufgenommen. Im Anhang C in Abbildung 168 sind die Messdaten in Form eines Wahrscheinlichkeitsnetzes aufgetragen.

Die Daten entsprechen in guter Näherung einer Geraden, so dass von einer Normalverteilung ausgegangen werden kann. Die Abweichungen von der zufälligen Streuung treten vor allem im Bereich der Extremwerte auf und sind auf Kratzer und Faserreste auf der Tischoberfläche zurückzuführen.

Die Standardabweichung ist die Summe der systematischen und zufälligen Messfehler. Systematische Fehler resultieren aus Lage und Oberflächenbeschaffenheit der Referenzfläche, während das Rauschen zu den zufälligen Messabweichungen führt. Bei der Kombination zweier normalverteilter Populationen addieren sich die zufälligen Standardabweichungen entsprechend der Gauß'schen Fehlerfortpflanzung.

Werden die Messpunkte als Stichprobe aus der Gesamtpopulation von theoretisch unendlich vielen Oberflächenpunkten angesehen, kann über die Standardunsicherheit bestimmt werden, in wie weit der gemessene Mittelwert dem wahren Mittelwert der Oberfläche entspricht. Es resultiert ein Standardfehler von 0,19 µm. Der Einfluss des zufälligen Messfehlers bzw. des Messrauschens auf den Mittelwert kann somit vernachlässigt werden, wenn die Dicke als Mittelwert einer ausreichend großen Messfläche angegeben wird.

*Versuchsergebnisse und Bewertung - Stabilität*

Zur Bewertung der Stabilität ist die Entwicklung der Mittelwerte jeder Messwiederholung der Referenzkörper über die Versuchszeit von 4,5 Stunden im Anhang C in Abbildung 169 dargestellt. Ergänzend ist die Standardabweichung der Mittelwerte dargestellt.

Die Spannweite der Höhenänderung über den gesamten Messzeitraum und damit das Maß für die Stabilität beträgt 0,0365 mm. Während der Mittelwert über die Zeit abnimmt, bleibt die Standardabweichung annähernd konstant. Die Dauer der Messung hat also keinen Einfluss auf das zufällige Rauschen des Messsystems.

Eine mögliche Ursache der beobachteten Änderung des Mittelwerts ist die Erwärmung des Messsystems durch den Dauerbetrieb. Aluminium besitzt einen Wärmeausdehnungskoeffizienten von $23 \times 10^{-6}$ $K^{-1}$. Da der Portalroboter und der Prüftisch überwiegend aus Aluminium bestehen, hätte eine Erwärmung der Komponenten von 5°C auf einer Länge von 300 mm eine Höhenänderung durch Wölbung von 0,0345 mm zur Folge. Durch die regelmäßige Referenzierung kann der beobachtete zeitliche Drift aus den Messwerten herausgerechnet werden.

*Versuchsergebnisse und Bewertung - Linearität*

Die Messunsicherheit durch Abweichungen von der Linearität des Laser-Lichtschnittsensors wird vom Hersteller mit 0,1% vom Endwert, gemessen an einem weißen und matten Probekörper, angegeben. Zur Bestimmung der Linearität werden die Messergebnisse der Referenzkörper ausgewertet. Die Anordnung der Referenzkörper ist schematisch in Abbildung 117 dargestellt.

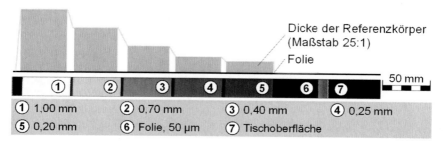

Abbildung 117: Schematische Schnittdarstellung (oben) und Messergebnisse (unten) mit nominalen Dicken der Referenzkörper

Für die weitere Auswertung wird der zuvor beschriebene Zeiteinfluss auf die Dickenmessung der Referenzkörper herausgerechnet. Das Herausrechnen basiert auf der Annahme, dass nach dem Abziehen der Referenzfläche von der Topografie-Messung die Teile des Messbereichs zu Null werden, in denen kein

Probekörper liegt (7). Wird dieser Bereich nach der Subtraktion nicht zu Null, ist dies auf den zeitlichen Drift zurückzuführen. Diese Differenz wird daher als zusätzlicher Versatz von der Topografie-Messung abgezogen.

Für die Referenzkörper (1) bis (6) werden jeweils mittig 17,5 × 45 mm² große Teilbereiche ausgewählt. Die Mittelwerte der 12.600 Pixel (16 px/mm²) in diesen Teilbereichen werden verglichen. Die absoluten Abweichungen der gemessenen Dicken (Ist-Dicken) von den erwarteten Dicken (Soll-Dicken) über alle Messwiederholungen sind in Abbildung 118 dargestellt.

Für den Prüfkörper mit einer Dicke von 1 mm beträgt die durchschnittliche Abweichung über alle 36 Messwiederholungen 0,114 mm. Die Vakuumfolie (Bereich 6 aus Abbildung 117) wird über alle Messwiederholungen annähernd konstant mit einer Dicke von 35 µm gemessen. Die tatsächliche Dicke der Folie beträgt 50 µm. Die Differenz beruht höchstwahrscheinlich auf den optischen Eigenschaften von Folien (vgl. Kapitel 4.1.1).

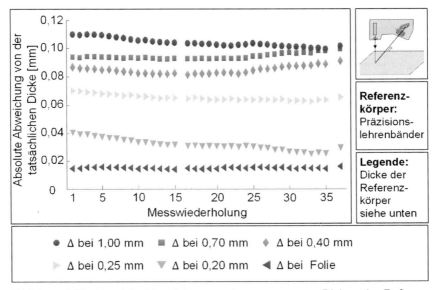

Abbildung 118: Absolute Abweichungen der gemessenen Dicken der Referenzkörper nach Messwiederholungen

Zur Betrachtung der relativen Messabweichungen wird die gemessene Folien-dicke von den absoluten Messabweichungen abgezogen und das Ergebnis zu den Soll-Dicken ins Verhältnis gesetzt. Es resultieren relative Abweichungen zwischen 5 % und 22 % je nach betrachtetem Prüfkörper. Hierbei lässt sich keine Systematik, wie z. B. in Abhängigkeit der gemessenen Dicke erkennen. Stattdessen sind die Abweichungen der Linearität vermutlich auf die Oberfläche der metallischen Probekörper zurückzuführen.

Trotz der schlechten Genauigkeit der Ergebnisse kann eine sehr hohe Wieder-holpräzision der Messungen festgestellt werden. Die Standardabweichung zwi-schen den Ist-Dicken aller Messwiederholungen beträgt im Maximum 0,004 mm für den 0,20 mm Prüfkörper. Für alle übrigen gemessenen Dicken liegt die Stan-dardabweichung darunter.

*Versuchsergebnisse und Bewertung – Messsystemanalyse Verfahren 1*

Zur Berechnung der Kennzahlen für die Messgerätefähigkeit dienen Messun-gen an Stacks. Da der wahre Wert für die Stackdicke unbekannt ist, kann der kritische Messmittelfähigkeitsindex $C_{gk}$ nicht berechnet werden. Mit dem verblei-benden potentiellen Messmittelfähigkeitsindex $C_g$ kann daher nur eine Aussage zur Präzision, aber nicht zur Genauigkeit der Messung gemacht werden. Der hierfür erforderliche Toleranzbereich wird anhand von Zielwerten der verwen-deten Einzelmaterialen für den Kompaktierungsversuch berechnet.

Bei einem vergleichbaren Druckniveau zu den vakuumierten Stacks beträgt die Toleranz ± 0,03 mm für jede Einzellage. Die Gesamttoleranz beträgt nach der Gauß'schen Fehlerfortpflanzung somit ± 0,0793 mm. Dies entspricht einer Dif-ferenz zwischen oberer und unterer Toleranzgrenze von T = 0,1586 mm. In Ab-bildung 119 sind die gemessenen Mittelwerte der Stackdicke über alle Mess-wiederholungen dargestellt.

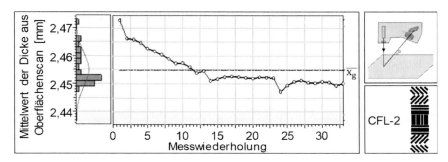

Abbildung 119: Messergebnisse der Dickenmessung zur $c_g$-Bestimmung im Verlauf der Messwiederholungen

Die Standardabweichung der Messergebnisse beträgt 0,006 mm. Für die Fähigkeitskennzahl ergibt sich $C_g$ = 1,317. Da 1,317 < 1,33 ist die Messmittelfähigkeit nicht gegeben. Bei Betrachtung der Messergebnisse in Abbildung 119 wird jedoch deutlich, dass ein Großteil der Messabweichung von dem aus den Stabilitätsuntersuchungen bekannten zeitlichen Drift der Messwerte resultiert.

Für die Abschätzung der Messmittelfähigkeit wird daher nur der Bereich nach dem Abklingen des Zeiteinflusses ab der 14. Messwiederholung betrachtet. Zwischen den verbleibenden 20 Messergebnissen ergibt sich eine Standardabweichung von 0,0014 mm. In diesem Fall resultiert $C_g$ = 5,75, d. h. das Messsystem erfüllt die Anforderung an die Präzision.

*Versuchsergebnisse und Bewertung – Messsystemanalyse Verfahren 2*

Für die Berechnung der Fähigkeitskennzahlen des Verfahrens 2 wird der zeitliche Drift aus den Messergebnissen herausgerechnet. Im Rahmen der Auswertung wird stets der Referenzscan von der Topografie-Messung abgezogen, dessen Messzeitpunkt dem Zeitpunkt des Objektscans am nächsten kommt.

Die Kennzahlen werden über eine Varianzanalyse (ANOVA) mithilfe der Software Visual-XSel der Firma CRGraph, München, ermittelt. In Tabelle 34 sind die Ergebnisse zusammengefasst.

Tabelle 34:　　　Ergebnisse der ANOVA zur Messystemanalyse Verfahren 2

| Einfluss | | Variation | | Variation/ Toleranz | Signifikanz |
|---|---|---|---|---|---|
| Wiederholbarkeit | EV | $2,73 \times 10^{-2}$ | %EV | 17,2 | ja |
| Prüfereinfluss | AV | $0,00 \times 10^{-1}$ | %AV | 0,00 | nein |
| Wechselwirkung | IA | $0,00 \times 10^{-1}$ | %IA | 0,00 | nein |
| Teilevariation | PV | $1,46 \times 10^{-1}$ | %PV | 91,9 | n. r. |
| Totalvariation | TV | $1,48 \times 10^{-1}$ | | | |
| Messsystem | R&R | $2,73 \times 10^{-2}$ | %R&R | 17,2 | |

Lediglich für die allgemeine Wiederholbarkeit wird ein signifikanter Einfluss festgestellt. Ein Einfluss verschiedener Prüfer ist zum einen nicht signifikant und
zum anderen so klein, dass er nicht mehr angezeigt wird. Dementsprechend tritt
auch keine Wechselwirkung auf. Als Kennzahl resultiert die „Repeatability & Reproducibility" %R&R = 17,2. Dementsprechend erfüllt die Gesamtvariation des
Messystems die Anforderungen von %R&R < 20.

*Fazit*

Die Prototypen-Prüfzelle ist in Bezug auf die Präzision der Dickenmessung mittels Laser-Lichtschnittsensor fähig, wie anhand des ermittelten potentiellen
Messmittelfähigkeitsindex $c_g$ = 5,75 > 1,33 und der Kennzahl „Repeatability &
Reproducibility" %R&R = 17,2 < 20 gezeigt. Der kritische Messmittelfähigkeitsindex $C_{gk}$ kann mangels Vorgabewert für die wahre Stackdicke nicht bestimmt
werden. Die Bewertung der Fähigkeit gilt unter der Voraussetzung, dass der
Drift der Messergebnisse über die Zeit korrigiert wird.

Diese Korrektur ist bei der Auswertung der Messsystemanalyse nach Verfahren
1 und bei der Durchführung nach Verfahren 2 berücksichtigt. Sowohl ein zusätzlicher Versatz beim Referenzieren der Messdaten als auch die regelmäßige
Neubestimmung der Referenzfläche ist hierfür geeignet.

## 7.2.2 Klassifikationsleistung der entwickelten Auswerteverfahren

*Dickstellen in Vlieskomplex-Stacks*

Die Bewertung der Klassifikationsleistung für Dickstellen in Vlieskomplex-Stacks erfolgt anhand des Versuchs aus Kapitel 7.1.2. Die erreichte Klassifikationsleistung auf Basis der gewählten Grenzwerte ist in Tabelle 35 zusammengefasst.

Tabelle 35:    Konfusionstabelle der Klassifikationsleistung von Dickstellen in Vlieskomplex-Stacks

|  |  | Real | |
|---|---|---|---|
|  |  | i.O. | n.i.O. |
| Prüfergebnis | i.O.' | 30 (69,8 %) | 2 (3,8 %) |
|  | n.i.O.' | 13 (30,2 %) | 51 (96,2 %) |

Von den insgesamt 53 n.i.O.-Dickstellen werden durch die Auswertung 96,2 % erkannt. 2 Dickstellen zählen zum Schlupf, da sie als i.O. bewertet werden. Die Fehlausschussquote liegt mit 30,2 % oberhalb des Zielwerts von maximal 5 %. Die Ergebnisse zeigen, dass bei automatischer Klassifikation die gesamte Irrtumswahrscheinlichkeit bei 15,6 % liegt. Statt die n.i.O.-Stacks direkt zu verausschussen können Sie zur Nachprüfung und Nacharbeit mit Visualisierung der erkannten Dickstellen aussortiert werden.

*Falten in Gelege-Stacks*

Zur Bewertung der Klassifikation von Falten werden die Lagenaufbauten CFL-6 und CFL-7 ausgewählt, da sie mit einer Anzahl von 11 Lagen und den Gesamtgrammaturen das Maximum des Halbzeugspektrums repräsentieren. Eine Falte in kleinstmöglicher Ausprägung in der untersten Lage stellt somit den schlechtesten Fall dar. Je Lagenaufbau werden vier Varianten an Stacks hergestellt. Sie unterscheiden sich im Vorhandensein der Falte und in der Anzahl an Fügepunkten, die anhand der gleichen Prüfkörper bestimmt werden soll. Im Stack CFL-6 wird eine 3-fach-Falte in der untersten 150 g/m² Lage künstlich erzeugt, wie in Abbildung 120 dargestellt.

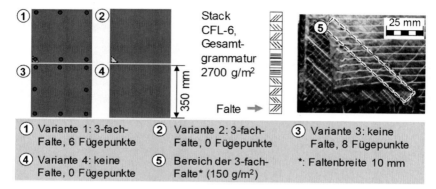

Abbildung 120: Stack-Varianten (links) und Ausprägung der Falte (rechts) zur Überprüfung der Klassifikation des Stacks CFL-6

Für die Vergleichbarkeit der Klassifikationsleistung von Stack CFL-7 wird in der untersten 300 g/m² Lage eine 2-fach-Falte erzeugt, wie in Abbildung 121 dargestellt. Die Grammatur des zusätzlichen Materials aufgrund der Falten beträgt somit in beiden Fällen 300 g/m². Aufgrund der höheren Gesamtgrammatur des Stacks mit Lagenaufbau CFL-7 von 3600 g/m² beträgt die relative Grammaturerhöhung 1,08 statt 1,11 für den Stack mit Lagenaufbau CFL-6. Die Varianten für die Bewertung unterscheiden sich darüber hinaus in der Anzahl der Fügepunkte des Stacks mit der Falte.

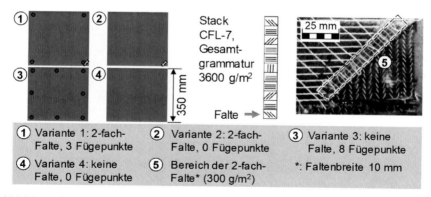

Abbildung 121: Stack-Varianten (links) und Ausprägung der Falte (rechts) zur Überprüfung der Klassifikation des Stacks CFL-7

Die Versuchsparameter für die Messung der Stacks finden sich im Anhang C in Tabelle 89 und Tabelle 90. Das Vorgehen zur Messsystemanalyse (Verfahren 1 und 2) wird für die Bewertung der Klassifikationsleistung zugrunde gelegt. Jeder Stack wird zunächst mindestens 30-mal nacheinander vermessen. Anschließend legen 2 Prüfer die Stacks abwechselnd in die Prüfzelle ein, wobei keine Position auf dem Prüftisch vorgegeben ist. Somit umfasst das Klassifikationsergebnis die komplette Vorverarbeitung und Bewertung von Faseranhäufungen und Fügepunkten (vgl. Kapitel 6.4.1 und 6.4.4) des Auswerteverfahrens.

Die zugrunde liegende Gewichtung des Flächenanteils der Klassen und die Berechnung der Grenzwerte für die Qualitätsbewertung finden sich im Anhang C in Tabelle 91 und Tabelle 92. Die Klassifikationsleistung für Stack CFL-6 ist in Tabelle 36 zusammengefasst.

Tabelle 36:     Konfusionstabelle der Klassifikationsleistung für Falten im Stack CFL-6

| | | Real | |
|---|---|---|---|
| | | i.O. | n.i.O. |
| Prüfergebnis | i.O.' | 123 (93,9 %) | 2 (1,5 %) |
| | Warnung' | 8 (6,1 %) | 1 (0,8 %) |
| | n.i.O.' | 0 (0 %) | 128 (97,7 %) |

Das Prüfergebnis aus der Klassifikation kann neben i.O. und n.i.O. auch „Warnung" lauten. In dem Fall ist eine Nachprüfung durch das Prüfpersonal erforderlich. Hierdurch kann Fehlausschuss vermieden werden; 93,9 % der i.O.-Stacks werden direkt als solche klassifiziert. Von den n.i.O.-Stacks werden 97,7 % korrekt erkannt; 1 Stack liegt im Warnbereich und 2 Stacks zählen zum Schlupf. Gemessen an der kleinen Merkmalsgröße der eingebrachten 3-fach-Falte liegt die gesamte Irrtumswahrscheinlichkeit von 0,8 % bei einer Nachprüfungsquote von 3,5 % im Zielbereich von maximal 5 %. Für den Stack CFL-7 wird das Ziel nicht erreicht, wie anhand von Tabelle 37 ersichtlich.

Tabelle 37:     Konfusionstabelle der Klassifikationsleistung für Falten im
                Stack CFL-7

|  |  | Real | |
|---|---|---|---|
|  |  | i.O. | n.i.O. |
| **Prüfergebnis** | i.O.' | 20 (15,2 %) | 22 (16,8 %) |
|  | Warnung' | 4 (3,0 %) | 6 (4,6 %) |
|  | n.i.O.' | 108 (81,8 %) | 128 (78,6 %) |

Die Irrtumswahrscheinlichkeit für die Bewertung der 2-fach-Falten im Stack
CFL-7 liegt bei 49,4 % bei einer Nachprüfungsquote von 3,8 %. In diesem Fall
ist somit keine zuverlässige Klassifikation möglich. Die Ursache ist anhand von
beispielhaften Messergebnissen in Abbildung 122 ersichtlich. Es zeigt sich,
dass die 300 g/m² 2-fach-Falte eine geringere Dicke hat, als die inhärenten linienförmigen Dickstellen der 0° und ± 45° Lagen. Dementsprechend kann sie
nicht detektiert werden. Die Grenzen des Prüfkonzepts bzw. Auswerteverfahrens werden im Rahmen der Zusammenfassung der Prüfprozesseignung (Kapitel 7.2.3) weitergehend erläutert.

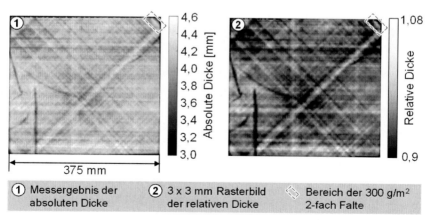

① Messergebnis der        ② 3 x 3 mm Rasterbild        Bereich der 300 g/m²
   absoluten Dicke             der relativen Dicke              2-fach Falte

Abbildung 122: Beispielhaftes Messergebnis des Stacks CFL-7 mit 2-fach-
                Falte in der untersten Lage

*Fügepunktanzahl*

Das Prüfergebnis für die Fügepunktanzahl basiert auf dem im in Kapitel 6.4.4 beschriebenen Auswerteverfahren und ist in Tabelle 38 zusammengefasst. Anhand aller Messungen der Lagenaufbauten CFL-6 und CFL-7 wird zum einen untersucht, ob die Fügepunkte an real gefügten Stacks zuverlässig ermittelt werden. Zum anderen wird bewertet, ob bei nicht gefügten Stacks irrtümlicherweise Fügepunkte erkannt werden. Die gesamte Irrtumswahrscheinlichkeit liegt bei 3,6 % mit Schwerpunkt auf den real nicht gefügten Stacks.

Tabelle 38: Konfusionstabelle der Klassifikationsleistung für die Fügepunktanzahl in den Stacks CFL-6/7

| | | Real | |
| --- | --- | --- | --- |
| | | Gefügt (i.O.) | Nicht gefügt (i.O.) |
| Prüfergebnis | i.O.' | 257 (98,5 %) | 249 (94,3 %) |
| | n.i.O.' | 4 (1,5 %) | 15 (5,7 %) |

### 7.2.3 Zusammenfassung der Prüfprozesseignung

Die Messsystemanalyse des Lasers zur Bestimmung der Stackdicke zeigt, dass die Eingangsgröße der weiteren Auswerteverfahren unter der Voraussetzung der regelmäßigen Referenzierung den Kriterien einer fähigen Messgröße entspricht. Die Klassifikationsleistung der hierauf aufbauenden Auswerteverfahren fällt je nach Zielmerkmal unterschiedlich aus. Der Anteil an Fehlausschuss ist in allen Fällen höher als der Anteil des Schlupfes, so dass eine Nachbewertung in Form der hierfür erforderlichen Fläche und Personalkapazitäten vorzusehen ist. Dieser Aspekt und die erzielen Klassifikationsleistungen fließen in die Wirtschaftlichkeitsbewertung des Konzepts ein.

Der Prüfprozess ist für Faseranhäufungen wie z. B. Falten je nach Grammatur der Einzellage mit Merkmal im Kontext der Gesamtgrammatur des Stacks limitiert. Auf Basis der vorangehenden grundlegenden Betrachtung (vgl. Abbildung 75) kann die Grenze anhand der Versuche abgeschätzt werden, wie in Abbildung 123 dargestellt.

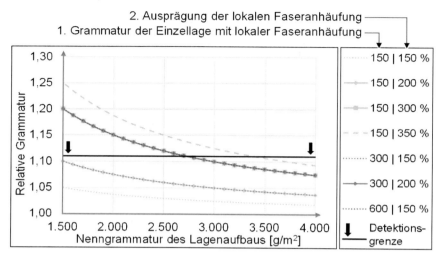

Abbildung 123: Detektionsgrenze für Faseranhäufungen nach relativer
Grammatur und Nenngrammatur des Lagenaufbaus

Die Detektionsgrenze wird anhand des Lagenaufbaus CFL-6 mit einer Nenngrammatur von 2700 g/mm² auf eine relative Grammatur von 1,11 abgeschätzt,
da hier die 3-fach-Falte in der Einzellage mit 150 g/m² (150 | 300 %) anhand
des Klassifikationsverfahrens der Rasterelemente noch erkannt werden kann.
Diese entspricht wie dargestellt einer 2-fach-Falte einer Einzellage mit 300 g/m²
(300 | 200 %) oder einer linienförmigen Dickstelle einer 600 g/m² Einzellage mit
150 % der Nenngrammatur (600 | 150 %). Bei einer Nenngrammatur des La-
genaufbaus > 2700 g/mm² sind die vorgenannten Merkmale nicht mehr zuverlässig detektierbar.

Die Ausprägungen verschiedener Falten lassen sich voneinander nicht unterscheiden, wie zuvor beschrieben. Dies ist für das Prüfergebnis unerheblich, da
Falten in allen Ausprägungen als n.i.O. zu bewerten sind. Auf Basis der ermittelten Detektionsgrenze ist davon auszugehen, dass bei 12 % der Lagenaufbauten im Produktionsprogramm die Prüfung auf Falten erst ab einer 2-fach
Ausprägung einer 300 g/m² bzw. der 3-fach Ausprägung einer 150 g/m² Lage
möglich ist. 2-fach-Falten einer 150 g/m² Lage liegen für Nenngrammaturen des
Lagenaufbaus von > 1400 g/m² unterhalb der Detektionsgrenze, was für 29 %
der Lagenaufbauten relevant ist.

## 7.3 Fazit

Auf Basis der durchgeführten Versuche zur Prozessanalyse und Qualitätsbewertung kann das Prüfkonzept im Kontext des Reifegradmodells (vgl. Kapitel 5.1) zusammenfassend bewertet werden. Die Erkenntnisse aus der Versuchsdurchführung mit der Prototypen-Prüfzelle dienen zudem als Grundlage für die weitergehende wirtschaftlich-technische Bewertung und Umsetzungsperspektive in Kapitel 8.

*Prozessanalyse („das Richtige prüfen")*

Für die priorisierten Zielmerkmale, d. h. die linienförmigen und punktuellen Dickstellen in Stacks, können die Einflussgrenzen in den Verarbeitungsprozessen Binderpreforming sowie HD-RTM in Abhängigkeit der Merkmalsklassifizierung (relative Dicke und Merkmalsfläche) ermittelt werden. Somit ist die Prinziptauglichkeit des Prüfkonzepts gegeben. Vorangegangene Versuche mit den Zielmaterialien im Rahmen des Vergleichs mit den etablierten Referenzverfahren (vgl. Kapitel 6.6.1 und Kapitel 6.6.2) bestätigen die hohe Aussagefähigkeit der durchgeführten zerstörungsfreien Charakterisierung der Stacks für die betrachtete Prozesskette.

*Qualitätsbewertung („richtig prüfen")*

Die Versuche zur Messsystemanalyse und Klassifikationsleistung des Laser-Lichtschnittverfahrens von vakuumierten Stacks zeigen die grundsätzliche Eignung für die betrachteten Prüfaufgaben zur Detektion von Falten und zur Ermittlung der Fügepunktanzahl. Die Detektionsgrenze zur Fehlererkennbarkeit kann auf Basis der durchgeführten Versuche und den theoretischen Überlegungen zum Einfluss der Einzellagengrammatur in unterschiedlich hohen Nenngrammaturen der Lagenaufbauten abgeschätzt werden. Die genutzte Methodik kann für die weiteren Zielmerkmale und Prüfverfahren (vgl. Kapitel 6.6.4) mit Blick auf die Serienintegration (vgl. Kapitel 8.4) angewendet werden.

## 8  Wirtschaftlich-technische Umsetzungsperspektive

Die wirtschaftlich-technische Umsetzungsperspektive für die Szenarien des Prüfkonzepts wird in diesem Kapitel beschrieben, wie in Abbildung 124 dargestellt. Zunächst wird ein Bewertungsmodell auf Basis statischer und dynamischer Verfahren erarbeitet (Kapitel 8.1). Auf Basis der Ergebnisse der Technologieentwicklung und -validierung werden Informationen und Kennzahlen als Eingangsgrößen der Bewertung abgeleitet (Kapitel 8.2). Nach Abschluss der wirtschaftlichen Bewertung (Kapitel 8.3) werden notwendige Konzeptanpassungen und das Vorgehen zur Serienintegration skizziert (Kapitel 8.4).

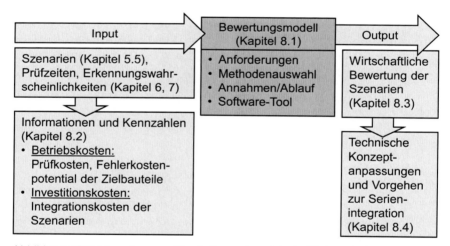

Abbildung 124: Vorgehen zur Erarbeitung der wirtschaftlich-technischen Umsetzungsperspektive des Prüfkonzepts

### 8.1  Entwicklung und Implementierung eines Bewertungsmodells

Für die Auswahl der Methoden zur Technologiebewertung (vgl. Kapitel 2.2) werden zunächst Anforderungen an das Bewertungsmodell definiert und nach ihrer Wichtigkeit priorisiert. Forderungen sind zwingend zu erfüllen; Wünsche müssen durch das Gesamtmodell abgebildet werden, z. B. durch Kombination mehrerer Einzelmethoden. Optionale Kriterien können je nach Aufwand zur Implementierung berücksichtigt werden. In Tabelle 39 sind die Anforderungskriterien zusammengefasst.

Tabelle 39:     Anforderungen an das Modell zur Wirtschaftlichkeitsbewertung

| Forderung | Wunsch | optional |
|---|---|---|
| Relative und absolute Vorteilhaftigkeitsvergleiche möglich<br>Anschaulichkeit des Ergebnisses | Berücksichtigung qualitativer Aspekte<br>Möglichkeit der Risikoabschätzung<br>Transparenz<br>Beachtung der zeitlichen Struktur | Objektivität der Bewertung<br>Aufwand der Durchführung |

Unabhängig von den genutzten Methoden muss das Gesamtmodell die quantitative Bewertung der folgenden zugrunde gelegten wirtschaftlichen Anforderungen ermöglichen:

- Renditeziel von 12 % über die Gesamtlaufzeit
- Gesamtlaufzeit von 6 Jahren

## 8.1.1 Methodenauswahl

Die definierten und priorisierten Anforderungskriterien sind in Abbildung 125 den zur Verfügung stehenden Methoden gegenübergestellt. Die Matrixdarstellung erlaubt die Methodenauswahl für die Anwendung im Gesamtmodell.

Um den festgelegten Forderungen, Wünschen und optionalen Anforderungen insgesamt zu genügen, ist die Kombination mehrerer Bewertungsmethoden notwendig, da keine Methode alle Anforderungskriterien erfüllen kann. Resultierend finden im Bewertungsmodell dieser Arbeit folgende Methoden neben der Potential-/Risikoanalyse (vgl. Kapitel 5.5.3) Anwendung:

- Gewinnvergleichsrechnung
  (auf Basis Kostenvergleichsrechnung)
- Break-Even-Analyse
- Kapitalwertmethode

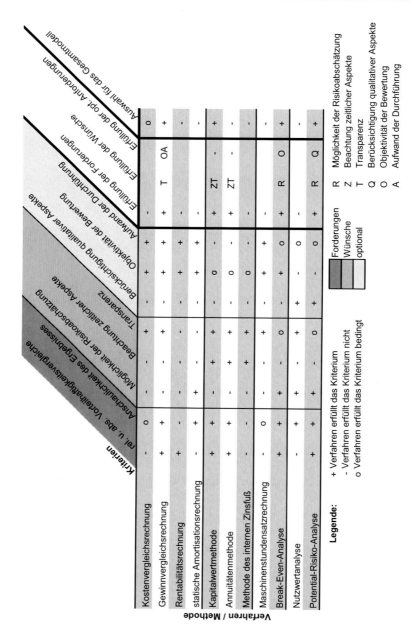

Abbildung 125: Methodenvergleich zur Wirtschaftlichkeitsbewertung

## 8.1.2 Annahmen und Ablauf der Bewertung

Die ausgewählten Methoden setzen unterschiedliche Annahmen für ihre Anwendung voraus. Darüber hinaus implizieren bestimmte benötigte Informationen und Daten Annahmen. Diese haben einen Einfluss auf das Gesamtmodell und sind vor der Anwendung zu definieren. Die Annahmen sind in Tabelle 40 zusammengefasst.

Tabelle 40:    Annahmen für ausgewählte Methoden des Bewertungsmodells

| Annahmen der einzelnen Methoden und des Gesamtmodells | |
| --- | --- |
| Methode | Annahmen |
| Gewinnvergleichsrechnung | Gleichbleibende Zahlungsströme über die Nutzungsdauer |
| | Der Wert von Erträgen und Aufwendungen ist unabhängig vom Zeitpunkt des Auftretens |
| | Abschreibung in linearer Form |
| Kapitalwertmethode | Annahme des vollkommenen Kapitalmarktes |
| Break-Even-Analyse | Lineare Kosten- und Gewinnfunktion |
| | Annahmen der Gewinnvergleichsrechnung |
| Gesamtmodell | Die Reduzierung der Fehlerkosten und des Prüfaufwandes durch das Prüfkonzept werden als **Einzahlungen** angenommen, um eine rechnerische Anwendung der Methoden zu ermöglichen |

Der Ablauf der Bewertung ist in Abbildung 126 dargestellt. Die Bewertungsszenarien werden zunächst einzeln mithilfe der gewählten Methoden bewertet. In der abschließenden Gesamtbewertung werden die Einzelbewertungen der Szenarien verglichen.

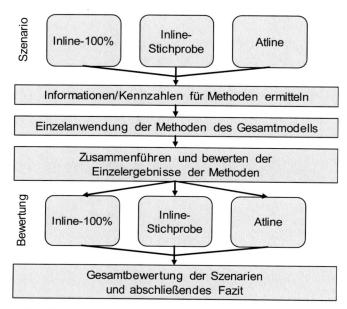

Abbildung 126: Vorgehen zur Anwendung der Methoden im Gesamtmodell zur Wirtschaftlichkeitsbewertung

## 8.1.3 Implementierung in Software-Tool

Das Gesamtmodell zur Wirtschaftlichkeitsbewertung wird in ein Berechnungs-Tool implementiert. So können die ermittelten Kennzahlen und Information nach Bedarf angepasst und die Bewertung standardisiert wiederholt werden.

Das Tool ist in zehn Arbeitsblätter unterteilt. Die vier Arbeitsblätter der Rechenmethoden sind unterteilt in die Kostenvergleichsrechnung, die Gewinnvergleichsrechnung, die Break-Even-Analyse und die Kapitalwertmethode. Das Arbeitsblatt der jeweiligen Methode (2) dient der Kalkulation sowie der Ergebnisdarstellung der Methode (1). Dabei sind die Arbeitsblätter so aufgebaut, dass linksseitig die Szenarieninformationen (3) und Kennzahlen (4) einzutragen sind, während rechtsseitig die Kalkulation (5) und die Ergebnisdarstellung (6) angeordnet sind. Die weiteren sechs Arbeitsblätter beinhalten die Nebenrechnungen und Abschätzungen zur Ermittlung wichtiger Kennzahlen für die jeweiligen Methoden. Der Aufbau des Software-Tools ist in Abbildung 127 exemplarisch anhand der Kostenvergleichsrechnung dargestellt.

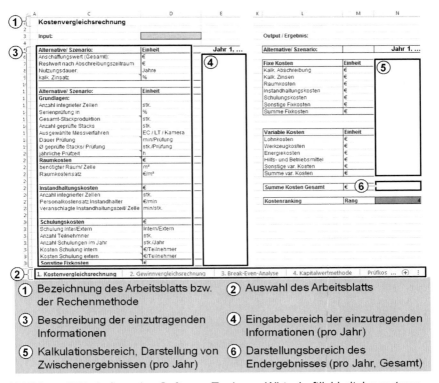

Abbildung 127: Aufbau des Software-Tools zur Wirtschaftlichkeitsbewertung

## 8.2 Informationen und Kennzahlen zur Bewertung

Um eine möglichst genaue wirtschaftliche Bewertung der einzelnen Szenarien vornehmen zu können, werden die Kosten und Potentiale zur Fehlerkostensenkung ermittelt. Wo erforderlich, werden Schätzungen durch Experten mit einbezogen und auf ihre Plausibilität geprüft.

### 8.2.1 Betriebskosten und Fehlerkostenpotential

Zur Berechnung der Betriebskosten zur Qualitätsprüfung sind eine Vielzahl an Informationen und Kennzahlen erforderlich, wie in Abbildung 128 dargestellt. Hieraus ist zum einen das Kostensenkungspotential durch die Verminderung der Fehlerkosten in der Prozesskette zu berechnen. Zum anderen sind die aktuellen Prüfkosten in der Stackfertigung zu ermitteln.

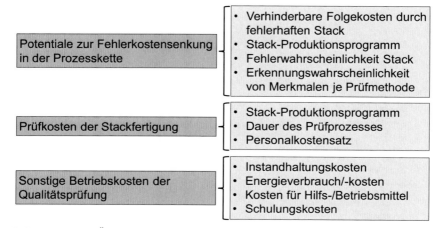

Abbildung 128:  Übersicht des Fehlerkostenpotentials und der Betriebskosten
der Qualitätsprüfung mit Informationen und Kennzahlen

*Verhinderbare Folgekosten durch fehlerhaften Stack*

Das Folgekosten-Einsparpotential eines Stacks beschreibt die mögliche Einsparung durch die Identifizierung von Fehlermerkmalen am Stack, die in Folgeprozessen zum Ausschuss von Bauteilen führen. Auf Basis der Versuche zur
Prozessanalyse wurde gezeigt, dass Faseranhäufungen erst im RTM-Prozess
zu Fehlstellen führen, da der Preform-Prozess hiervon erst ab einer größeren
Ausprägung beeinflusst wird (vgl. Kapitel 7.1.5).

Das zu berechnende Einsparpotential hängt zudem maßgeblich vom betrachteten Bauteil ab, wie in Kapitel 5.5.2 einleitend beschrieben. In Abbildung 129 sind
die benötigten Information zur Berechnung des durchschnittlichen Ausschusskosten-Einsparpotentials pro fehlerhaftem Stack zusammengefasst. Neben
dem Fasergewichtsanteil des Stacks am Bauteil ist relevant, wie viele Stacks in
einem Bauteil enthalten sind.

Falls ein Stack in mehrere Preforms einfließt, wird angenommen, dass der fehlerhafte Stack zum Ausschuss beider Bauteile führt. Dies ist darin begründet,
dass Fehlermerkmale wie Falten oder linienförmige Dickstellen nicht zwingend
lokal begrenzt sind, sondern sich über den ganzen Stack erstrecken können. Es
wird davon ausgegangen, dass der fehlerhafte Stack nicht nachgearbeitet werden kann, sondern recycelt wird.

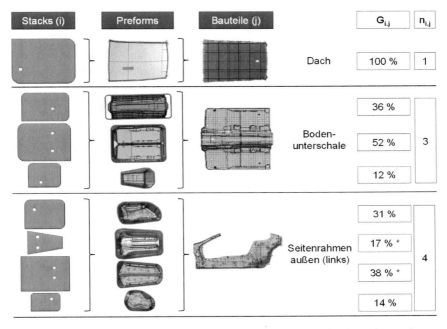

| Stacks (i) | Preforms | Bauteile (j) | | $G_{i,j}$ | $n_{i,j}$ |
|---|---|---|---|---|---|
| | | | Dach | 100 % | 1 |
| | | | Boden-unterschale | 36 %<br>52 %<br>12 % | 3 |
| | | | Seitenrahmen außen (links) | 31 %<br>17 % *<br>38 % *<br>14 % | 4 |

$G_{i,j}$: Fasergewichtsanteil Stack i am Bauteil j  
$n_{i,j}$: Anzahl Stacks i pro Bauteil j  

*: aus einem Stack werden zwei Bauteile (links/rechts) hergestellt

Abbildung 129: Übersicht der Zielbauteile mit Informationen zur Berechnung des Ausschusskosten-Einsparpotentials

Grundlage der Berechnung sind die Kosten bzw. Werte der Stacks und RTM-Bauteile, in denen die Material- und Wertschöpfungskosten beinhaltet sind. Die einsparbaren Ausschusskosten ergeben sich damit allgemein je fehlerhaftem Stack nach (8.1).

$$AK_{i,j} = K_j - K_i \qquad (8.1)$$

mit:

$AK_{i,j}$: einsparbare Ausschusskosten für Stack i im Bauteil j  
$K_j$: Wert des RTM-Bauteils j  
$K_i$: Wert des fehlerhaften Stacks i

Zusätzlich zu den einsparbaren Ausschusskosten wird der Mehrwert des Stacks durch die Möglichkeit des Recyclings berücksichtigt. Während nach der Harzimprägnierung kein hochwertiges Recycling der Fasern mehr möglich ist, kann der fehlerhafte Stack wertschöpfend recycelt werden. Dieser Wert richtet sich nach dem verwertbaren Carbon-Fasergewicht des Stacks. Aus der Summe der einsparbaren Ausschusskosten und dem Recyclingwert des fehlerhaften Stacks ergibt sich das Einsparpotential pro Stack nach (8.2).

$$EP_{i,j} = AK_{i,j} + RW_i \qquad\qquad (8.2)$$

mit:

$EP_{i,j}$:　　Einsparpotential für den fehlerhaften Stack i im Bauteil j
$AK_i$:　　einsparbare Ausschusskosten für Stack i im Bauteil j
$RW_i$:　　Recyclingwert des fehlerhaften Stacks i

Das Einsparpotential pro fehlerhaftem Stack wird mit seinem Fasergewichtsanteil $G_{i,j}$ am Bauteil nach (8.3) gewichtet (vgl. Abbildung 129). Es repräsentiert die geringere Wahrscheinlichkeit des Verausschussens eines Bauteils durch kleine Stacks.

$$gEP_{i,j} = EP_{i,j} * G_{i,j} \qquad\qquad (8.3)$$

$$\varnothing EP_{Stack,\,j} \;\; \frac{\sum_i^{n_{i,j}} gEP_{i,j}}{n_{i,j}} \qquad\qquad (8.4)$$

mit:

$gEP_{i,j}$:　　gewichtetes Einsparpotential für fehlerhaften Stack i
　　　　　　im Bauteil j
$EP_{i,j}$:　　Einsparpotential für fehlerhaften Stack i im Bauteil j
$G_{i,j}$:　　Fasergewichtsanteil Stack i am Bauteil j
$\varnothing EP_{Stack,j}$:　　durchschnittliches bauteilspezifisches
　　　　　　Einsparpotential pro Stack des Bauteils j
$n_{i,j}$:　　Anzahl Stacks i pro Bauteil j

Wird die Summe der gewichteten Einsparpotentiale pro Stack eines Bauteils durch die Anzahl der Stacks des Bauteils geteilt, ergibt sich das durchschnittliche bauteilspezifische Einsparpotential pro Stack nach (8.4). Über eine Mittelwertbildung berechnet sich das durchschnittliche Einsparpotential pro Stack der betrachteten Zielbauteile nach (8.5).

$$\text{\O EP}_{\text{Stack, Zielbauteile}} = \frac{\sum_j^{n_j} \text{\O EP}_{\text{Stack,j}}}{n_j} \tag{8.5}$$

mit:

$\text{\O EP}_{\text{Stack,j}}$:               durchschnittliches bauteilspezifisches
                            Einsparpotential pro Stack des Bauteils j

$\text{\O EP}_{\text{Stack, Zielbauteile}}$:   durchschnittliches Einsparpotential
                            pro Stack aller Zielbauteile

$n_j$:                      Anzahl betrachteter Zielbauteile j

Durch das beschriebene rechnerische Vorgehen lässt sich das durchschnittliche Einsparpotential pro Stack für die Zielbauteile berechnen. Diese Kennzahl dient als Grundlage für die Umsatzberechnung der Integrationsszenarien aus Kapitel 5.5.1. Sie wird im Folgenden als allgemeingültig für das gesamte Produktionsprogramm angenommen, da eine repräsentative Auswahl von Bauteilen Grundlage der Berechnung ist.

*Stack-Produktionsprogramm*

Das Stack-Produktionsprogramm beschreibt, wie viele Stacks in welchem Fahrzeugprojekt zu welcher Zeit gefertigt werden. Die Zahl der produzierten Stacks orientiert sich dabei an der Zahl zu fertigender Fahrzeuge und der Anzahl benötigter Stacks pro Fahrzeug. Somit kann über die langfristig geplanten Fahrzeugproduktionszahlen das Stack-Produktionsprogramm im Betrachtungszeitraum ermittelt werden.

*Fehlerwahrscheinlichkeit Stack*

Die durchschnittliche Fehlerwahrscheinlichkeit im Stack wird für die Quantifizierung des Einsparpotentials durch Kosten im Folgeprozess benötigt. Mittels dieser Kenngröße kann die voraussichtliche Anzahl fehlerhafter Stacks der Stackfertigung abgeschätzt werden. Die durchschnittliche Fehlerwahrscheinlichkeit beschreibt die Wahrscheinlichkeit, mit der ein für die Szenarien relevantes Fehlermerkmal im Stack auftritt. Sie ist nach (8.6) zusammengesetzt aus der detektierten Fehlerwahrscheinlichkeit und der Fehlerwahrscheinlichkeit durch Schlupf.

$$\text{ØFW} = \text{FW}_D + \text{FW}_S \qquad (8.6)$$

mit:

ØFW:   Durchschnittliche Fehlerwahrscheinlichkeit im Stack
$\text{FW}_D$:   Detektierte Fehlerwahrscheinlichkeit
$\text{FW}_S$:   Fehlerwahrscheinlichkeit durch Schlupf

Zur Ermittlung der detektierten Fehlerwahrscheinlichkeit werden die Ausschusswerte betrachtet, die durch den Stack-Prozess aufgetreten sind. In (8.7) ist die Berechnung dargestellt.

$$\text{FW}_D = \frac{\sum \text{PA}_i}{n_{KW}} \qquad (8.7)$$

mit:

$\text{FW}_D$:   Detektierte Fehlerwahrscheinlichkeit
$\text{PA}_i$:   Prozessseitiger Ausschuss pro Kalenderwoche
$n_{KW}$:   Anzahl an Kalenderwochen im Betrachtungszeitraum

Die Fehlerwahrscheinlichkeit durch Schlupf kann auf Basis von Reklamationen der Kunden in der Prozesskette nach (8.8) abgeschätzt werden. In beiden Fällen wird eine Zeitspanne von mehreren Monaten betrachtet, um eine repräsentative Kennzahl zu erhalten.

$$FW_S = \frac{\sum RA_i}{n_{KW}} \qquad\qquad (8.8)$$

mit:

FW$_S$:    Fehlerwahrscheinlichkeit durch Schlupf

RA$_i$:    Reklamationsausschuss pro Kalenderwoche

n$_{KW}$:    Anzahl an Kalenderwochen im Betrachtungszeitraum

*Erkennungswahrscheinlichkeit von Merkmalen je Prüfmethode*

Um eine Aussage über die möglichen Einsparungen treffen zu können, müssen die Erkennungswahrscheinlichkeiten der ausgewählten Verfahren des Prüfkonzepts für die zu prüfenden Merkmale bekannt sein. Im Rahmen der Technologieentwicklung und Validierung wurden Erkennungswahrscheinlichkeiten der Prüfverfahren für einige Merkmale ermittelt. Diese dienen der Einschätzung der mittleren Erkennungswahrscheinlichkeit ØEW, die mit den Prüfverfahren erreicht werden kann. Hierfür wird der Mittelwert der einzelnen Erkennungswahrscheinlichkeiten berechnet, da diese jeweils an den Zulässigkeitsgrenzen ermittelt wurden. Die Ergebnisse sind in Tabelle 41 zusammengefasst.

Tabelle 41:    Erkennungswahrscheinlichkeiten der Merkmale je Verfahren des Prüfkonzepts

| Prüfverfahren | Merkmal | EW [%] | ØEW [%] |
|---|---|---|---|
| Laser-Lichtschnitt | Dickstellen Vlieskomplex | 96 | 87 |
| | Fügepunktanzahl | 94 | |
| | Falten | 71 | |
| Wirbelstrom bildgebend | Gassen | 48 | 40 |
| | Faseranhäufungen | 32 | |

**Legende:**    EW:    Erkennungswahrscheinlichkeit

                ØEW:    Mittelwert der einzelnen EW

*Übersicht der Prüfprozesse*

Für die Dauer der Prüfprozesse sind die Qualitätssicherung und Materialqualifizierung mit ihren spezifischen Personalkostensätzen zu unterscheiden, wie in Abbildung 130 dargestellt. Durch das Prüfkonzept können die Kosten im Vergleich zum Stand der Technik szenarienabhängig reduziert werden.

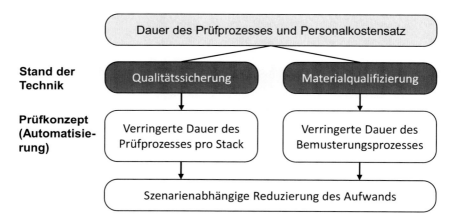

Abbildung 130: Übersicht der Reduzierung der Kosten für die Dauer der Prüfprozesse durch das Prüfkonzept

*Dauer des Prüfprozesses und Personalkostensatz zur Qualitätssicherung*

Die aktuellen Prüfkosten setzen sich primär aus den anfallenden Personalkosten durch den Mitarbeitereinsatz zusammen. Die anfallenden Prüfzeiten können vorhandenen Taktzeitanalysen entnommen werden und sind für eine Kalkulation gut geeignet. Es wird davon ausgegangen, dass sich die Prüfaufgaben der Mitarbeiter über den betrachteten Zeitraum nicht verändern. Dem Personalkostensatz wird eine jährliche Steigerung entsprechend der Lohnentwicklung der vergangen Jahre zugrunde gelegt. Die Kosten der Stack-Prüfung zur Qualitätssicherung ergeben sich dementsprechend nach (8.9) aus der Multiplikation der produzierten Stückzahl, der Taktzeit des Prüfprozesses pro Stack und dem Personalkostensatz.

$$PK_{QS} = n_S * t_P * KS_P \qquad (8.9)$$

mit:

PK$_{QS}$: Aktuelle Prüfkosten zur Qualitätssicherung
n$_S$: Anzahl produzierter Stacks
t$_P$: Dauer des Prüfprozesses pro Stack
KS$_P$: Personalkostensatz

*Dauer des Prüfprozesses und Personalkostensatz zur Materialqualifizierung*

Ergänzend zur Qualitätssicherung werden Prüfungen zur Material- oder Prozessqualifizierung, sogenannte Bemusterungen, durchgeführt. Diese Prüfungen werden von drei Mitarbeitern der Planung, Fertigung und Qualität gemeinsam bei jeder Produkt- oder Prozessänderung vorgenommen.

Die Prüfkosten der Stackbemusterung bzw. Stackqualifizierung setzen sich aus den aufzuwendenden Personal- und Materialkosten nach (8.10) zusammen. Da bei der Qualifizierungsprüfung einer von drei bis fünf begutachteten Stacks immer zerstörend geprüft wird, fällt pro Prüfung ein Materialaufwand in Höhe eines durchschnittlichen Stackwertes an.

$$PK_{QF} = PK_P + PK_M \qquad (8.10)$$

mit:

PK$_{QF}$: Aktuelle Prüfkosten zur Materialqualifizierung
PK$_P$: Prüfkosten durch Personalaufwand
PK$_M$: Prüfkosten aufgrund zerstörender Prüfung des Materials

Um den Personalaufwand der Materialqualifizierung berechnen zu können, müssen die Anzahl der beteiligten Prüfer, die Prüfdauer, die Häufigkeit eines Bemusterungsprozesses und der veranschlagte Personalkostensatz bekannt sein. Die Kosten der Bemusterung können dann nach (8.11) berechnet werden. Die Prüfkosten der Materialqualifizierung durch Materialzerstörung ergeben sich aus der Häufigkeit der Bemusterungsprozesse und dem durchschnittlichen Wert eines Stacks. Die Berechnung ist in (8.12) veranschaulicht.

$$PK_P = t_B * n_B * n_M * KS_P \qquad (8.11)$$

$$PK_M = n_B * \varnothing W_{Stack} \qquad (8.12)$$

mit:

PK$_P$:      Prüfkosten Materialqualifizierung durch Personalaufwand

t$_B$:      Dauer des Bemusterungsprozesses

n$_B$:      Anzahl der Bemusterungen im betrachteten Zeitraum

n$_M$:      Anzahl beteiligter Mitarbeiter beim Bemusterungsprozess

KS$_P$:      Personalkostensatz

PK$_M$:      Prüfkosten aufgrund zerstörender Prüfung des Materials

$\varnothing W_{Stack}$:  Durchschnittlicher Wert eines Stacks


*Reduzierung der Dauer der Prüfprozesse durch das Prüfkonzept*

Mithilfe des Prüfkonzepts verkürzt sich die Prüfzeit zur Qualitätssicherung. Diese fällt lediglich für nicht automatisiert geprüfte Merkmale sowie für ggf. anfallenden Nachprüfungen aufgrund der Grenzfälle bei der Klassifizierung von Merkmalen (vgl. Kapitel 7.2.1) an. Die verbliebenen Kosten zur Qualitätssicherung werden wie zuvor beschrieben berechnet. Je nach Konzeptvariante kann zudem der Aufwand zur Materialqualifizierung reduziert werden.

*Instandhaltungs- und Werkzeugkosten*

Die Instandhaltungskosten einer Anlage berechnen sich überwiegend aus der auf die Anlage entfallende Instandhaltungszeit und dem für den Instandhalter zu planenden Personalkostensatz. Die angenommenen Kosten für Ersatzteile sind im Vergleich zu den Personalkosten der Instandhaltung gering und werden daher im Rahmen der Berechnung vernachlässigt.

Die Werkzeugkosten beziehen sich auf diejenigen Sensoren, die durch die Prüfung verschleißen können. Da für die Prüfung mittels Lasertriangulation und Industriekamera nicht mit einem Verschleiß der Sensorik zu rechnen ist, werden im Modell lediglich die Kosten für den Austausch von Wirbelstromsensoren berücksichtigt. Je nach Szenario werden spezifische Annahmen getroffen, die eine jährliche allgemeine Wartungs-/Instandhaltungsrücklage einschließen.

*Energiekosten*

Die Energiekosten einer Anlage berechnen sich aus dem Energieverbrauch während der Prüfung, der jährlichen Laufzeit der Anlage und dem Strompreis für Industrieunternehmen. Zur Abschätzung der Verbrauchswerte wird auf die Angaben der Prüftechnik-Hersteller zurückgegriffen. Die jährliche Laufzeit berechnet sich aus dem Umfang der Prüfung und der benötigten Zeit je Prüfung.

*Kosten für Hilfs- und Betriebsmittel*

Die Kosten für Hilfs- und Betriebsmittel beschränken sich für alle Szenarien auf die Kosten für die Vakuumfolie. Über die genutzte Messfläche wird auf die benötigte Folienmenge geschlossen. Über eine Abschätzung der maximal möglichen Prüfungsanzahl kann ein Verbrauch abgeschätzt werden, der mit dem Marktpreis für eine geeignete Folie verrechnet werden kann.

*Schulungskosten*

Alle Mitarbeiter müssen auf die zu bedienenden Anlagen geschult sein. Einen Anhaltspunkt für anfallende Kosten geben firmeninterne Schulungskosten und Angebote von Drittfirmen.

*Raumkosten*

Raumkosten fallen durch die Nutzung von Produktionsfläche an. Sie berechnen sich aus der genutzten Fläche und dem standortabhängigen Kostensatz. Aufgrund von ausreichend zur Verfügung stehenden Raumkapazitäten in der Stackfertigung werden die Raumkosten in dieser Arbeit nicht berücksichtigt.

## 8.2.2 Investitionskosten

Im Folgenden wird die Vorgehensweise zur Ermittlung der verschiedenen szenarienabhängigen Investitionskosten (vgl. Abbildung 131) beschrieben. Zudem werden Annahmen zu deren Abschätzung erläutert.

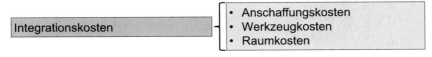

Abbildung 131: Übersicht der Investitionskosten

*Anschaffungskosten*

Die Anschaffungskosten der Anlage eines Szenarios setzen sich aus den Kosten für Hardware und Dienstleistungen sowie Software zusammen. Da zum Beurteilungszeitpunkt dieser Arbeit keine Lieferantenangebote für die jeweiligen Szenarien vorliegen, gilt es die Anschaffungskosten abzuschätzen. Eine Schätzung wird auf der Erfahrungsbasis von Anlagenplanungs-Experten und Angeboten ähnlicher Projekte abgegeben. Haupteinflussfaktor sind die Anzahl benötigter Prüfsysteme und Sensoren je nach Integrationsszenario. Die Anlagen werden in Form der Kosten ihrer Teilkomponenten der Hard- und Software sowie Integrations- und Schnittstellenkosten zu den bestehenden Anlagen abgeschätzt, wie in Tabelle 42 zusammengefasst.

Tabelle 42:    Teilkomponenten zur Abschätzung der Anschaffungskosten für Serien-Prüfsysteme

| Teilkomponenten | |
|---|---|
| **Hardware** | Fördersystem |
| | SPS und High-End Computer |
| | Eingabegerät/Monitor/Display |
| | Schaltschrank (inkl. Fertigung) |
| | Vakuumpumpe (inkl. Regler) |
| | Vakuumabzug |
| | Umlenkwalzen |
| | Laser-Lichtschnittsensoren (inkl. Steuereinheiten) |
| | Industriekamera (inkl. Beleuchtung) |
| | Sicherheitseinrichtungen |
| **Software/ Dienstleistungen** | Integrationssoftware |
| | Integration in Produktionslinie |
| | Dokumentation |
| | Anlieferung, Inbetriebnahme und Schulung |

## 8.3 Bewertung der Integrationsszenarien des Prüfkonzepts

Die Ergebnisse der wirtschaftlichen Bewertungen der Szenarien sind in Tabelle 43 zusammengefasst. Zudem sind die Ergebnisse der Potential-/Risikoanalyse aus Kapitel 5.5.3 ergänzt. Alle quantitativen Bewertungsergebnisse sind auf die jeweiligen Einzelwerte der Inline-100%-Prüfung normiert, so dass ein anschaulicher Vergleich der Szenarien möglich ist.

Tabelle 43: Zusammenfassung der quantitativen und qualitativen Bewertung der Integrationsszenarien

| | Datengrundlage | Bewertungsgröße | Inline-100% | Inline-Stichprobe | Atline |
|---|---|---|---|---|---|
| Quantitative Bewertung | Einsparpotentiale durch Senkung der Fehlerkosten in der Prozesskette | Ø Gewinn [€→%] | 100% | -95% | -31% |
| | | Break-Even-Menge [Stückzahl→%] | 100% | 112% | / |
| | | Break-Even-Zeit [Jahre→%] | 100% | 1131% | / |
| | | Kapitalwert [€→%] | 100% | -31% | -12% |
| | Einsparpotentiale von Prüfkosten | Ø entfallende Kosten [€→%] | 100% | / | 12% |
| | | Kapitalwert [€→%] | 100% | / | 8% |
| | Zusammenfassung der Einsparpotentiale | Ø Gewinn [€→%] | 100% | / | 4% |
| | | Kapitalwert [€→%] | 100% | / | 5% |
| Qualitative Bewertung | Expertenbewertungen | Potential | ⬂ | ➡ | ⬆ |
| | | Risiko | ⬇ | ➡ | ⬆ |
| Gesamtbewertung | Quantitative u. qualitative Bewertung | Absolute Vorteilhaftigkeit | ja | nein | nein |
| | | Relative Vorteilhaftigkeit (Rangfolge) | 1. | 3. | 2. |

**Legende:** / nicht zutreffend bzw. ermittelbar für Integrationsszenario
⬆ vorteilhaft (großes Potential, niedriges Risiko)
⬇ nicht vorteilhaft (kleines Potential, hohes Risiko)

Die quantitativen Ergebnisse zeigen, dass lediglich das Szenario der Inline-100%-Prüfung wirtschaftlich vorteilhaft ist und das zugrunde gelegte Renditeziel von 12 % im Planungszeitraum von 6 Jahren erreicht. Die Reduzierung des Prüfaufwands sowie die Potentiale zur Fehlerkostensenkung können für die Inline-100%-Prüfung bestmöglich umgesetzt werden. Dem hohen Potential aus der qualitativen Bewertung stehen sehr hohe Risiken gegenüber, die bei den Konzeptanpassungen zur Serienintegration technisch wie wirtschaftlich berücksichtigt werden müssen (vgl. Tabelle 44 und Kapitel 8.4).

Für das Szenario der Inline-Stichprobenprüfung wird die Break-Even-Zeit nicht erreicht. Aufgrund des geringen Stichprobenumfang von 10 % der Inline-Stichprobenprüfung entfallen zudem keine Prüfkosten. Die Potential-/Risikoanalyse ist für das Szenario insgesamt ohne Tendenz. Insgesamt ist die Umsetzung der Inline-Stichprobenprüfung nicht wirtschaftlich vorteilhaft möglich.

Mit der Atline-Prüfung ist keine Senkung der Fehlerkosten in der Prozesskette möglich. Die mögliche Einsparung an Prüfkosten ist in diesem Fall auf die vergleichsweise hohen Kosten von Materialqualifizierungen bzw. Bemusterungen zurückzuführen. Die Bewertungen der Potential-Risikoanalyse fallen für dieses Szenario sehr positiv aus; können jedoch die mangelnde absolute Vorteilhaftigkeit nicht ausgleichen.

*Zusammenfassung der technologischen und wirtschaftlichen Bewertung*

Die wirtschaftliche Bewertung ist eine direkte Konsequenz der technologischen Bewertung aus Kapitel 6.6.4, da die Taktzeiten zur Prüfung und Erkennungswahrscheinlichkeiten der Stack-Merkmale eingeflossen sind. Lediglich das Szenario der Inline-100%-Prüfung ist wirtschaftlich vorteilhaft umsetzbar.

Nachfolgend werden die wirtschaftlich zu berücksichtigen Potentiale und Risiken der Inline-100%-Prüfung zusammengefasst. Die erwarteten Einflüsse sind in Tabelle 44 aufgeführt. Insgesamt wird eine Verminderung der Rendite durch das Überwiegen der Risiken erwartet.

Tabelle 44: Erwarteter Einfluss zu berücksichtigender Potentiale und Risiken der Konzeptanpassungen auf die Wirtschaftlichkeit

| Potentiale/Risiken: Inline-100%-Konzeptanpassungen | | Einfluss auf Wirtschaftlichkeit |
|---|---|---|
| Potentiale | Data Mining zur Prozessanalyse | ⬈ |
| Potentiale | Ergänzende Prüfung der oberflächigen Merkmale mit Flächenkamera (statt Zeilenkamera) | ⮕ |
| Risiken | Aufwändige Integration der Vakuumtechnik | ⬊ |
| Risiken | Nachprüfungen bei Grenzfällen der Klassifikation | ⬊ |

**Legende**:

⬈ höhere Rendite

⮕ kein Einfluss (Kosten = Nutzen)

⬊ verminderte Rendite

Eine abschließende Bewertung der Wirtschaftlichkeit kann somit erst nach den Konzeptanpassungen und einer nachfolgenden Anfrage am Lieferantenmarkt getroffen werden. Zur Bewertung kann im entwickelten Software-Tool die Kapitalwertmethode mit folgendem Vorgehen genutzt werden:

1. Festsetzung des Renditeziels, das übertroffen werden muss

2. Rückwärtsermittlung der hierfür zur Verfügung stehender Investitionsbeträge je Periode

3. Entsprechende Planung und Vereinbarung der Zahlungsmeilensteine im Lieferantenterminplan (z. B. anhand der technischen Meilensteine Konstruktionsfreigabe, betriebsbereite Übergabe und Endabnahme, vgl. Abbildung 139)

## 8.4    Konzeptanpassungen und Vorgehen zur Serienintegration

Entsprechend der technologischen und wirtschaftlichen Bewertung kommt le-diglich die Konzeptvariante der Inline-100%-Prüfung für eine Umsetzung in der Serienfertigung in Betracht. In diesem Kapitel werden die Ableitungen zu not-wendigen Konzeptanpassungen in Hardware (Kapitel 8.4.1), Software (Kapi-tel 8.4.2) und Produktionsdatenerfassung (Kapitel 8.4.3) aus den Untersuchun-gen dieser Arbeit dargestellt. Diese stellen die Grundlage für die Lieferantenan-frage und Detaillierung eines finalen Integrationskonzeptes dar. Abschließend (Kapitel 8.4.4) werden die weiteren Industrialisierungsschritte unter Berücksich-tigung der Kriterien der Methodenreife 2 dargestellt.

### 8.4.1  Hardware

Die Konzeptanpassungen dienen der Integration in die bestehenden Fügeanla-gen (vgl. Abbildung 22) der Stackfertigung; der angepasste Ablauf mit den zu-geordneten Hauptfunktionen ist in Abbildung 132 dargestellt. Die Anpassungen resultieren einerseits aus Erkenntnissen der Potential-/Risikoanalyse, die im Prototypen-Prüfsystem nicht abgebildet werden konnten. Ergänzend kommen Erkenntnisse aus der Technologieentwicklung und -validierung hinzu. Nachfol-gend werden die Anpassungen für die Einzelkomponenten des Prüfkonzepts beschrieben.

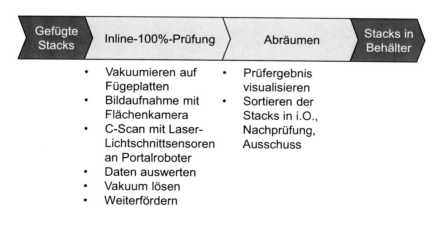

Abbildung 132: Einordnung der Inline-100%-Prüfung in den Ablauf der Stack-fertigung und Hauptfunktionen je Prozessschritt

*Integration der Vakuumtechnik mit vorhandenen Fügeplatten*

Das Integrationskonzept der Inline-100%-Prüfung sieht eine Prüfung im laufenden Produktionsprozess vor. Um ein gleichbleibendes Vakuum für die Stackprüfung zu erzeugen, kommt eine Vakuumfolie (8) zum Einsatz, die in einem Rahmen (4) gespannt ist, wie in Abbildung 133 dargestellt.

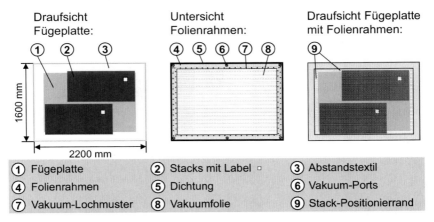

Abbildung 133: Schematische Darstellung des Konzepts zum Vakuumieren der Stacks auf den Fügeplatten

Das Vakuum für die Prüfung wird über Vakuum-Ports im Folienrahmen (6) in ein Abstandstextil (3) im Randbereich der Fügeplatten (1) weiter in die Stacks (2) geleitet. Diese müssen dementsprechend am Rand des Abstandstextils (9) anliegen oder leicht überlappen, so dass das Vakuumieren schnell und gleichmäßig erfolgen kann. Eine umlaufende Dichtung (5) dichtet den Rahmen zu den Kanten der Fügeplatten ab. Die Folie wird ebenfalls über Vakuum am Rahmen fixiert; hierbei kommt ein Lochmuster (7) zum Einsatz, welches gleichzeitig die Abdichtung gewährleistet.

Der Folienwechsel kann entsprechend des Wartungsintervalls (bis zu ca. 5-mal je 24 Stunden) in den Fertigungspausen durch Instandhaltungsmitarbeiter erfolgen. Durch die Fixierung mittels Unterdruck am Rahmen wird ein zügiger Folienwechsel ermöglicht; zudem werden keine ergänzenden Hilfsmaterialen wie z. B. dichtendes Klebeband benötigt.

*Portalroboter mit Laser-Lichtschnitt-Sensoren*

Die Laser-Lichtschnittsensoren werden entsprechend des Konzepts der Proto-typen-Prüfzelle durch einen Portalroboter (6) bewegt, wie in Abbildung 134 dar-gestellt.

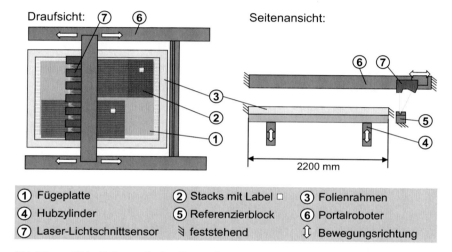

| ① Fügeplatte | ② Stacks mit Label □ | ③ Folienrahmen |
| ④ Hubzylinder | ⑤ Referenzierblock | ⑥ Portalroboter |
| ⑦ Laser-Lichtschnittsensor | ⍁ feststehend | ⇕ Bewegungsrichtung |

Abbildung 134: Schematische Darstellung der Parallelanordnung von Laser-Lichtschnittsensoren für die Inline-100%-Prüfung

Es kommen mehrere parallel angeordnete Laser-Lichtschnittsensoren (7) zum Einsatz, die einen Scan über die gesamte Breite der Fügeplatte ermöglichen. Zur Realisierung dieses „Laservorhangs" ist auch die Koppelung mehrere Steu-ereinheiten erforderlich. An die Messfläche mit den Stacks (2), die in oberer Position der Hubzylinder (4) zwischen Fügeplatte (1) und Folienrahmen (3) durch Vakuum fixiert sind, schließt sich ein Referenzierblock an (5). Dieser er-laubt die Prüfung und nach Bedarf Justierung der Laser-Lichtschnittsensoren in Nähe des Portalroboters (6) zu seiner Ruheposition. Für jeden Laser-Licht-schnittsensor ist eine Höhen- und Neigungsverstellung vorzusehen.

*Flächenkamera*

Auf Basis der Erkenntnisse aus Kapitel 6.1.2 ist eine Flächenkamera im Prüf-konzept zu realisieren. Wichtig für reproduzierbare bzw. automatisiert bewert-bare Aufnahmen sind gleichbleibende Belichtungsverhältnisse. Die gesamte

Prüffläche muss hierzu gleichmäßig ausgeleuchtet werden. Zur Vermeidung von Reflexionen ist der Einsatz eines Polfilters zu prüfen. Die Auswertung der Kamerabilder wird ergänzend als Informationsquelle für die Laser-Lichtschnitt-Scans genutzt. Nachfolgende Informationen können wie beschrieben verwendet werden:

- Identifikation der Fügeplatten über ein angebrachtes Label für die Zuordnung der Referenzscans
- Informationen über die zu messenden Bereiche zur energieeffizienten Steuerung je nach Belegungsgrad der Fügeplatten
- Teileidentifikation anhand des Stack-Labels zum Laden der Sollvorgaben für die Prüfung aus dem Datenmodell (vgl. Abbildung 138)

Als Alternative zur Identifikation der Fügeplatten kann die Radio-Frequency Identification (RFID) Technik genutzt werden. Hierzu ist ein Transponder an jeder Fügeplatte zu befestigen, der vor jeder Prüfung ausgelesen wird.

*Gesamtkonzept und Taktzeit zur Prüfung*

Die mindestens empfohlenen Auflösungen der Einzelkomponenten finden sich in Tabelle 22. Das Gesamtkonzept ist schematisch in Abbildung 135 dargestellt.

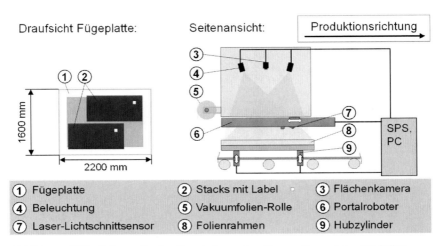

Abbildung 135: Schematische Darstellung des Gesamtkonzepts der Inline-100%-Prüfung

Im laufenden Prozess werden die zu prüfenden Stacks (2) auf einer Fügeplatte
(1) durch die Fördereinheit der Anlage zugeführt. Zur Prüfung wird die Fügeplatte pneumatisch mittels Hubzylindern (9) von unten gegen den feststehenden
Folienrahmen gedrückt, so dass die Messungen von den Schwingungen der
Fügeanlagen entkoppelt sind. Nach Erreichen eines festgelegten Vakuumdrucks wird zunächst ein Bild durch die Flächenkamera (3) mit Beleuchtung (4)
aufgenommen. Anschließend bewegt der Portalroboter (6) die Laser-Lichtschnittsensoren (7) über die Messfläche. Nach der Prüfung wird das Vakuum
mittels kurzem Druckluft-Impuls aufgehoben, so dass die Fügeplatte schnell ab-
gesenkt und weitergefördert werden kann. Die seitlich gelagerte Rolle mit der
Vakuumfolie (5) erlaubt einen zügigen Folienwechsel im Rahmen (8).

Die Taktzeiten je Fügeplatte sind in Abbildung 136 zusammengefasst. Sie basieren auf den Ergebnissen der Messzeitermittlung (vgl. Kapitel 6.6.4) sowie
Versuchen und Hochrechnungen zum Vakuumieren (vgl. Tabelle 73 im Anhang B). Die Zeiten für die Förderbewegungen werden auf Basis der bestehenden Anlagentechnik in den Fügeanlagen der Stackfertigung abgeschätzt. Die
gefoderte Taktzeit von maximal 8 Sekunden pro Stack muss somit über den
Belegungsgrad der Fügeplatten sichergestellt werden. Hierfür muss die
Belegung im Mittel 4 Stacks pro Fügeplatte betragen.

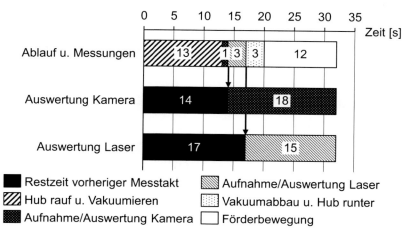

Abbildung 136: Ablauf der Inline-100%-Prüfung und Taktzeit je Fügeplatte

Die Zeiten der Auswertungen sind auf Basis der gemessenen Zeitbedarfe für die entwickelten Auswerteverfahren (vgl. Kapitel 8.4.3) ausreichend bemessen, wenn nach der Förderbewegung die jeweilige Restzeit während des Vakuumierens bis zum Start der nächsten Messung genutzt wird.

Die Stacks werden im nächsten Prozessschritt den Fügeplatten durch Mitarbeiter abgeräumt. Hier ist eine Visualisierung von fehlerhaften Stacks durch eine ohnehin vorhandene Bildschirmanzeige vorzusehen. Diese kann dem Mitarbeiter fehlerhafte oder grenzwertige Stacks mit den Positionen der erkannten Fehler oder Merkmale anzeigen. Dadurch können die Stacks sofort zur Nachprüfung oder als Ausschuss sortiert werden.

### 8.4.2 Software und Steuerungstechnik

Die Software und Steuerungstechnik des Serien-Prüfsystems sind in die bestehenden Anlagen zu integrieren. Hierfür sind zwei Möglichkeiten zu betrachten. Einerseits kann die Integration in Form einer eigenständigen Anlage erfolgen. Alternativ besteht die Möglichkeit der Integration in einer Master-/Slave- Anordnung mit der bestehenden Fügeanlage. Die zentralen Vor- und Nachteile sind in Tabelle 45 zusammengefasst.

Tabelle 45:    Vor- und Nachteile der softwareseitigen Integration des Prüfsystems für zwei Konzeptvarianten

| Variante | Pro | Contra |
|---|---|---|
| Eigenständige Anlage | Direkte Anbindung an Produktionsdatenerfassung | Hohe Komplexität der Systemschnittstellen |
| | | Synchronisation der Statusmeldungen erforderlich |
| Master/Slave (Fügeanlage/ Prüfsystem) | Geringer Aufwand Direkte Ablaufsteuerung | Risiko langer Signallaufzeiten |

Aufgrund der geringen Komplexität der Schnittstellen wird die Master-/Slave-Variante favorisiert. Das Risiko langer Signallaufzeiten kann durch Erneuerung von Steuerungstechnik-Komponenten der Fügeanlage minimiert werden. Das Integrationskonzept ist in Abbildung 137 zusammenfassend dargestellt.

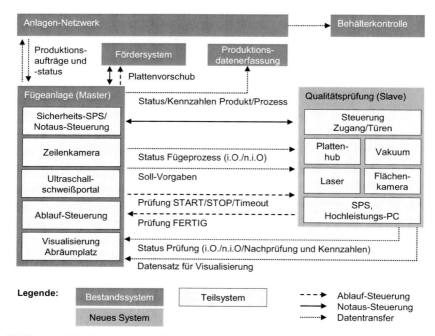

Abbildung 137: Konzept zur Software- und Steuerungstechnik-Integration des Prüfkonzepts in die bestehende Fügeanlage

Es wird unterschieden in die Ablauf- und Notaus-Steuerung sowie den Datentransfer. An der Schnittstelle zum Anlagen-Netzwerk, Fördersystem und der Produktionsdatenerfassung werden alle Signale über die Fügeanlage kanalisiert. Die Teilsysteme der Qualitätsprüfung können ähnlich der Prototypen-Prüfzelle über eine SPS und einen Hochleistungs-PC gesteuert werden. Neu hinzu kommen eine Steuerung des Zugangs, welche die Türen zum Prüfbereich im Automatik-Betrieb der Fügeanlage verriegelt, sowie die Einbindung der Plattenhub- und Vakuumsteuerung.

## 8.4.3 Kennzahlen und Datenmodell zur Produktionsdatenerfassung

Charakteristika der Stacks sollen mithilfe von Kennzahlen in einem Datenmodell gespeichert werden, so dass in den nachfolgenden Prozessen darauf aufbauende Analysen möglich werden. Weitere Anforderungen sind:

* Geringer Rechenaufwand
* Geringer Speicherplatzbedarf
* Hohe Aussagekraft für die Prozessanalyse oder Ergebnisse von Prüfmerkmalen

Auf Basis der entwickelten Auswerteverfahren für das Laser-Lichtschnittverfahren und die Industriekamera können Kennzahlen abgeleitet werden. Hierzu werden die Ausgabedaten so strukturiert, dass sie in einer Datenbank der Stack-Serialnummer zugeordnet werden. Die speicherplatzintensiven Messdaten werden nach der Auswertung gelöscht und nicht übernommen. Eine Auswahl der wichtigsten Kennzahlen je Verfahren und die Einbindung in ein Datenmodell wird im Folgenden zusammenfassend beschrieben.

*Kennzahlen Industriekamera*

Nach Bildverarbeitung der Aufnahmen der Industriekamera (vgl. Kapitel 6.2) lassen sich die in Tabelle 46 zusammengefassten Kennzahlen ableiten.

Tabelle 46:     Übersicht der Industriekamera-Kennzahlen

| Zielmerkmal | Kennzahlen | Zeitbedarf Auswertung | Anzahl Datenbankeinträge |
|---|---|---|---|
| Faserwinkel | Zuschnittorientierung | 2 s | 1 |
| Lagenversatz | MW und max. Versatz an Längsseiten | 2 s | 4 |
| Geometrie | MW, StdAbw der Länge und Breite | | 4 |
| Labelposition, Serialnummer Stack | Koordinaten, Text | 1,5 s | 3 |

Der Zeitbedarf der Auswertung je Stack beträgt insgesamt 5,5 Sekunden, wenn das Bild in den Arbeitsspeicher geladen ist. Hinzu kommen 2,5 Sekunden für die Lageerkennung der einzelnen Stacks auf der Fügeplatte. Somit ist die sequentielle Online-Auswertung der beschriebenen Merkmale knapp im Rahmen der Taktzeit von 8 Sekunden. Für die nicht betrachteten Zielmerkmale muss daher eine parallele Auswertung vorgesehen werden. Die Anzahl der Datenbankeinträge für die betrachteten Zielmerkmale lässt sich auf 12 bis 21 (je nach Anzahl Label pro Stack) abschätzen.

*Kennzahlen Laser-Lichtschnittverfahren*

Die Kennzahlen des Laser-Lichtschnittverfahrens auf Basis der Technologieentwicklung (vgl. Kapitel 6.4) sind in Tabelle 47 zusammenfassend dargestellt. Die Lagenaufbauten mit Einzellagen aus Vlieskomplex sind bezüglich der Zielmerkmale Dickstellen/Falten aufgrund der unterschiedlichen Auswerteverfahren von den reinen Gelegeaufbauten zu unterscheiden.

Tabelle 47:     Übersicht der Kennzahlen aus Laser-Lichtschnittmessungen

| Zielmerkmal | Kennzahlen | Zeitbedarf Auswertung | Anzahl Daten-bankeinträge |
|---|---|---|---|
| Dickstellen, Falten (Gelege) | Klassenverteilung der Faseranhäufungen, Variationskoeffizient | 2 s | 22 |
| Dickstellen (Vlieskomplex) | Relative Dicke, Fläche und Koordinaten | 1 s | 4 je Dickstelle |
| Fügepunktanzahl und -position | Fügepunktanzahl und Koordinaten | 0,5 s | 1 + (2 je Fügepunkt) |

*Fazit Kennzahlen*

Inklusive der Zeit für die Vorverarbeitung von bis zu 4 Sekunden beträgt der Gesamtaufwand für die Auswertung eines zerstörungsfrei geprüften Stacks maximal ca. 7,5 Sekunden. Dementsprechend sind die entwickelten Verfahren ausreichend schnell. Der Speicherbedarf kann im Mittel mit ca. 50 Datenbankeinträgen je Stack abgeschätzt werden. Dies liegt unter der Anzahl an abgespeicherten Prozessparametern und wird somit als ausreichend gering gewertet.

*Datenmodell*

Der Aufbau des Datenmodells zur weiteren Auswertung der zerstörungsfrei charakterisierten Stacks ist in Abbildung 138 dargestellt. Verschiedene Datenbanken werden mit der Datentabelle zur Auswertung (2) verknüpft. Mittels Sachnummer und Änderungsindex (AI) jedes Stacks werden die Sollvorgaben aus der Vorgabewerte-Datenbank (1) abgerufen. Die Daten der zerstörungsfreien Stack-Prüfung werden in die Kennzahlen-Datenbank geschrieben (3). Zudem sind Ausleitungen der Datenbank der Prozessdatenaufzeichnung (4) über die gesamte betrachtete Prozesskette verknüpft.

Das Datenmodell ist ein Baustein der Prozessanalyse, um die Effekte von Stacks mit bestimmten Charakteristika in der nachfolgenden Prozesskette zu bewerten. Ein serienbegleitendes Data-Mining und Auswertungen können auf dieser Basis erfolgen. Nach Bedarf können über die Anbindung der Prozessdatenaufzeichnung (4) zusätzlich auch die Produktdaten der verwendeten Gelege- bzw. Vlieskomplexrollen in die Analysen mit einbezogen werden.

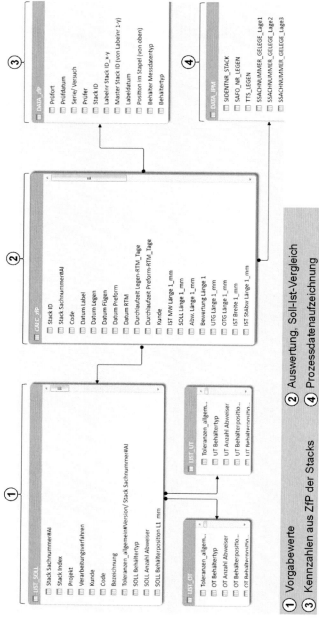

Abbildung 138: Aufbau des Datenmodells (Screenshot)

### 8.4.4 Vorgehen

Das Vorgehen zur Serienintegration kann direkt vom Reifegradmodell (vgl. Kapitel 5.1) abgeleitet werden. Hinzu kommen Arbeitspakete der Anlagenbeschaffung und Produktionsplanung bzw. Fertigungssteuerung. Ein generischer Zeitplan für einen Zeitraum von zwei Jahren ist in Abbildung 139 enthalten. Die weiteren spezifischen Inhalte bzw. zugehörigen Unteraufgaben des Reifegradmodells finden sich im Anhang A in Kapitel 16.1 (Tabelle 50).

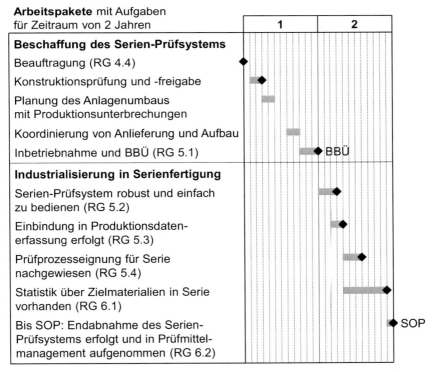

Abbildung 139: Generischer Zeitplan zur Integration des Prüfsystems in die Serienfertigung

# 9  Zusammenfassung

Die Herstellung von CFK-Bauteilen in hohen Stückzahlen ist in der Automobil-industrie in Serie umgesetzt. In der betrachteten Prozesskette zur Herstellung großflächiger schalenförmiger Bauteile sind flache Halbzeuge, sogenannte Stacks aus textilen Einzellagen, das Ausgangsprodukt für die Weiterverarbeitung zu Preforms und Bauteilen.

Ziel der Arbeit ist die Erarbeitung und prototypische Umsetzung eines Prüfkonzepts zur zerstörungsfreien Charakterisierung der Stacks. Die Technologieentwicklung orientiert sich an den Anforderungen und Szenarien zur Serienintegration. Der Fokus wird auf priorisierte Zielmerkmale gelegt, die im Stand der Technik einen hohen Prüfaufwand bedeuten oder bisher nur zerstörend geprüft werden können. Erstmals können für verschiedene Ausprägungen von lokalen Faseranhäufungen Prozessanalysen in den verarbeitenden Prozessen durchgeführt werden. Ergänzend werden die Zuverlässigkeit der Qualitätsbewertung und die wirtschaftlich-technische Umsetzungsperspektive betrachtet. Der Ansatz der Arbeit ist in Abbildung 140 zusammenfassend dargestellt.

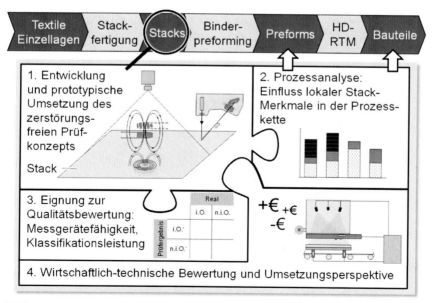

Abbildung 140: Prozesskette und zentrale Schritte der Arbeit

*Prüfkonzept zur zerstörungsfreien Stack-Charakterisierung*

Zur Prüfung werden die Stacks zwischen Prüftisch und einer transparenten Folie vakuumiert. So können die Stacks wiederholgenau komprimiert werden und Höhenunterschiede der biegeschlaffen Halbzeuge durch das Handling ausgeglichen werden. Zudem sind nur im vakuumierten Stack lokale Merkmale wie z. B. Dickstellen oder Falten zuverlässig automatisiert zu erkennen. Auf Basis einer Nutzwertanalyse werden das Laser-Lichtschnittverfahren und das bildgebende Wirbelstromverfahren zur Integration in die Prototypen-Prüfzelle (vgl. Abbildung 141) ausgewählt. Für weitere Untersuchungen wird ein bestehendes Kamerasystem der Stackfertigung genutzt.

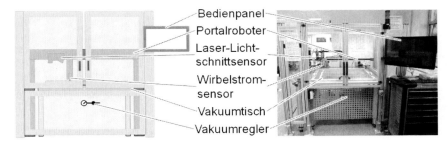

Bedienpanel
Portalroboter
Laser-Lichtschnittsensor
Wirbelstromsensor
Vakuumtisch
Vakuumregler

Abbildung 141: Schematische Darstellung (links) und Foto (rechts) der Prototypen-Prüfzelle

*Technologieentwicklung*

Die Entwicklung erfolgt spezifisch für die jeweilige Prüftechnologie auf Basis von Einflussgrößenanalysen. Je nach Verfahren sind unterschiedliche Entwicklungsschritte zur Messung der Stacks erforderlich. Für das Laser-Lichtschnittverfahren und die Bilder von Industriekameras werden die entwickelten Auswerteverfahren in eigene Software-Toolboxen implementiert.

Anhand des Vergleichs mit etablierten Referenzverfahren zeigt sich, dass die Messungen mittels Laser-Lichtschnittverfahren eine sehr gute Korrelation zum lokalen Flächengewicht erlauben. Zudem können die hieraus abgeleiteten Einflüsse auf das Kompaktierungsverhalten in Versuchen bestätigt werden. Jedoch ist eine Ablösung der Referenzverfahren, wie etwa im Rahmen von Materialqualifizierungen, nicht möglich.

Die Anforderungen der Szenarien zur Serienintegration können lediglich für das Inline-100%-Szenario bei Nutzung des Laser-Lichtschnittverfahrens erfüllt werden. Die Messzeiten des bildgebenden Wirbelstromverfahrens erlauben in der zur Verfügung stehenden Taktzeit nur Prüfungen von Teilbereichen der Stacks, was dem Aufkommen der Merkmale nicht gerecht wird. Zudem limitiert die Eindringtiefe die Anwendung des Verfahrens auf eine Teilmenge des Halbzeugspektrums.

*Technologievalidierung*

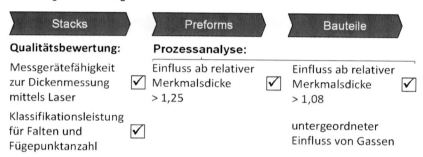

Abbildung 142: Zusammenfassung der Ergebnisse der Technologievalidierung

Die zentralen Ergebnisse der Technologievalidierung sind in Abbildung 142 zusammengefasst. Zur Qualitätsbewertung kann der Nachweis der Messgerätefähigkeit des Prototypen-Prüfsystems für die Dickenmessung von vakuumierten Stacks mittels Laser-Lichtschnittverfahren erbracht werden, wenn der zeitliche Einfluss auf die absoluten Messergebnisse korrigiert wird. Das hierfür entwickelte Verfahren zur Referenzierung kann auf das Konzept des Serien-Prüfsystems übertragen werden. Die Klassifikationsleistung für die Fügepunktanzahl genügt den Anforderungen. Für Faseranhäufungen wie Falten oder Dickstellen lässt sich eine verfahrensbedingte Grenze ermitteln. Somit sind lokale Merkmale mit geringer Ausprägung in Dickenrichtung in Lagenaufbauten mit hoher Gesamtgrammatur nicht eindeutig voneinander unterscheidbar.

Anhand der Versuche zur Prozessanalyse lässt sich der zuvor vermutete Einfluss von Dickstellen in den Folgeprozessen quantifizieren. Anhand der relativen Merkmalsdicken und -flächen können prozessspezifische Toleranzgrenzen abgeleitet werden, für die ein Einfluss zu erwarten ist. Für Gassen lässt sich anhand der Versuche innerhalb der funktionalen Zulässigkeitsgrenzen kein Einfluss im HD-RTM-Prozess nachweisen.

*Wirtschaftlich-technische Umsetzungsperspektive*

Das erarbeitete Modell bedient sich gängiger Methoden der Technologiebewertung und erlaubt den relativen und absoluten Vergleich der Wirtschaftlichkeit für die verschiedenen Szenarien. Das Renditeziel kann lediglich für das Inline-100%-Szenario erreicht werden. Die erarbeiteten Konzeptanpassungen und weitere Planung bilden die Grundlage für eine Anfrage am Lieferantenmarkt und Entscheidungsbasis für den Übertrag in die Serienproduktion. Mit dem entwickelten Software-Tool kann die Bewertung flexibel an veränderte Rahmenbedingungen angepasst werden.

Der erreichte Entwicklungsstand des Prüfkonzepts ist in Abbildung 143 zusammengefasst. Der Auszug der Reifegradkriterien stellt die technischen und wirtschaftlichen Schwerpunkte dar.

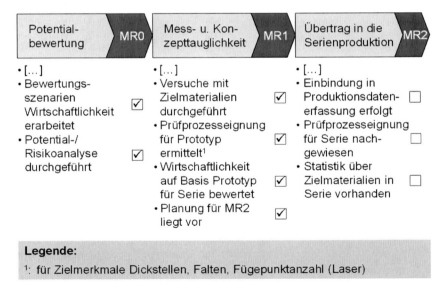

Abbildung 143: Auszug des Reifegradmodells für das Prüfkonzept mit erreichtem Entwicklungsstand

## 10 Ausblick

Die Möglichkeiten zur Weiterentwicklung des Prüfkonzepts sind in Abbildung 144 mit Einordnung in die betrachtete Prozesskette zusammengefasst. Basis hierfür bilden die verfahrens- und merkmalsspezifisch erreichten Methodenreifen (MR0 und MR1) des Reifegradmodells.

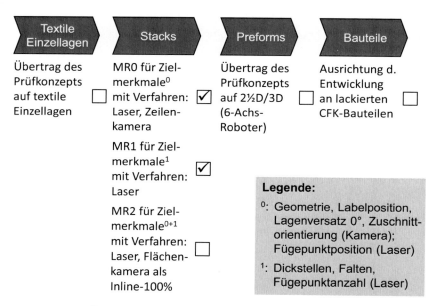

Abbildung 144: Übersicht möglicher Weiterentwicklungspfade des Prüfkonzepts

*Übertrag in die Serienproduktion - Methodenreife 2 für Stacks*

Die Entscheidung über die Weiterentwicklung der Methodenreife für Stacks, d. h. die Industrialisierung als Inline-100%-Prüfung kann erst nach Lieferantenanfrage erfolgen. Die Höhe der zur Verfügung stehenden Investitionsgelder zur Erreichung des Renditeziels ist aus der Bewertung mittels Kapitalwertmethode bekannt, so dass auf Basis des entwickelten Bewertungsmodells über die Umsetzung entschieden werden kann.

Zum Übertrag des Prüfkonzepts in die Serienproduktion sind nachfolgend beschriebene technische Anpassungen erforderlich. Statt der vorhandenen Zeilenkamera in der Serienfertigung ist eine Flächenkamera mit Beleuchtung als Voraussetzung für die Weiterentwicklung des Verfahrens zu beschaffen. In dem Fall können voraussichtlich nachfolgend aufgelistete Zielmerkmale ergänzend mithilfe des Prüfkonzepts geprüft werden:

- Geometrie
- Labelposition
- Lagenversatz 0°
- Zuschnittorientierung
- Verschmutzungen
- Hilfsfadenfehler

Nach Erfüllung der nachfolgend genannten Voraussetzungen kann das bildgebende Wirbelstromverfahren für die Prüfung von Gassen weiterentwickelt werden. Die Sensorik ist weiter zu verbessern, um höhere Eindringtiefen zu realisieren. Zudem sind Konzepte zur Reduzierung der Taktzeiten für die Prüfung zu entwickeln. Hier ist beispielhaft die Reduzierung der Auflösung zu nennen, welche in ersten Versuchen (vgl. [NSU+16]) zu vielversprechenden Ergebnissen führt.

Für die Prüfung des Lagenaufbaus empfiehlt sich die umfassende Untersuchung des Wirbelstrom-Rotationsprüfverfahrens. Eine Machbarkeitsstudie (vgl. [NSU+16]) zeigt hierzu Ansätze und aktuelle Limitierungen, z. B. aufgrund der Eindringtiefe und Abhängigkeit von der Prüfposition.

*Übertrag auf textile Einzellagen*

Die Prüfung textiler Einzellagen ist mit der entwickelten Prototypen-Prüfzelle grundsätzlich ohne weitere Anpassungen möglich. Es ist zu beachten, dass sich die ermittelten Messabweichungen des Laser-Lichtschnittsensors im Falle von UD-Gelege- oder Vlieskomplex-Einzellagen stärker auswirken als für komplette Stackaufbauten. Hiervon betroffen sind außerdem z. B. Carbonfaser-Gewebe, die in lackierten Karosseriebauteilen zur Anwendung kommen. Somit ist die Eignung der Sensorik für diesen Anwendungsfall neu zu bewerten. Ergänzend ist die Verwendung einer alternativen Vakuumfolie (vgl. Kapitel 6.3.2) zu prüfen.

*Übertrag auf 2½D bzw. 3D zur Preformprüfung*

In der betrachteten Prozesskette ist ein Übertrag des Prüfkonzepts auf die schalenförmigen Preforms denkbar. Hierbei ist die Sensorik durch einen 6-Achs-Roboter zu führen. Die Effektivität der Fixierung mittels Vakuum ist zu prüfen, da die Binderpreforms eine hohe Steifigkeit besitzen. Vorhandene Lagerschalen der Preforms können als Auflage genutzt werden; anstelle von Vakuumfolie ist der Einsatz von flexiblen und vielfach verwendbaren Membranen in einem konturangepassten Rahmen vorstellbar.

Das Laser-Lichtschnittverfahren kann zur Prüfung der gesamten Oberfläche genutzt werden. Die entwickelten Auswerteverfahren sind in dem Fall für mehrfach gekrümmte Oberflächen zu adaptieren.

Ergänzend ist der Einsatz des bildgebenden Wirbelstromverfahrens zur Hot-Spot Prüfung kleiner Flächen denkbar. Der limitierten Eindringtiefe des Entwicklungsstands der Sensorik kann zur Preformprüfung durch eine beidseitige Prüfung begegnet werden.

*Strategische Ausrichtung für alle Entwicklungspfade*

In allen beschriebenen Fällen ist die Ausrichtung der Verfahrensentwicklung an lackierten CFK-Bauteilen zu empfehlen. Grund hierfür ist das höhere Einsparpotential von Fehlerkosten, da die n.i.O. Anmutung der Bauteiloberfläche aufgrund von lokalen Halbzeugmerkmalen oftmals erst nach dem Lackierprozess sichtbar wird. Durch das Lackieren steigen zudem die Material- und Fertigungskosten der Bauteile, so dass insgesamt höhere Einsparpotentiale durch frühe Fehlererkennung in der Prozesskette realisiert werden können.

*Zukünftige Handlungsfelder*

Die Weiterentwicklung des Prüfkonzepts kann für alle identifizierten Handlungsfelder auf Basis des Reifegradmodells der Methodenreife erfolgen. Vergleichbare Handlungsfelder können sich bei der Betrachtung anderer Prozessketten oder Industriezweige ergeben. Der Ansatz der vorliegenden Arbeit kann daher nicht zuletzt in der betrachteten CFK-Prozesskette einen Beitrag zur wirtschaftlichen Fertigung von Bauteilen aus Halbzeugen in hohen Stückzahlen leisten.

## 11 Summary

The production of CFRP components in high quantities is implemented in series production in the automotive industry. In the considered process chain for the production of large-area shell-shaped components, flat semi-finished products, so-called stacks of single textile plies, are the starting product for further processing into preforms and car body parts.

The aim of this work is the development and prototypical implementation of a testing concept for the non-destructive characterization of stacks. Technology development is based on the requirements and scenarios for series integration. The focus is on prioritized target characteristics, which in the state of technology mean a high testing effort or can only be tested destructively. For the first time, process analyses can be carried out in the subsequent processes for various manifestations of local fiber accumulations. In addition, the reliability of the quality assessment and the economic and technical implementation perspective are considered. The approach of this work is summarized in Abbildung 145.

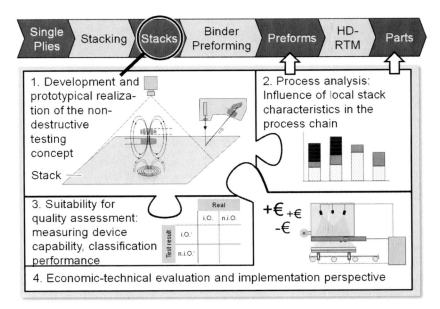

Abbildung 145: Process chain and key steps of this work

*Test concept for non-destructive stack characterization*

For testing, the stacks are vacuumed between the test table and a transparent film. In this way, the stacks can be compressed repeatedly accurate and height differences of the flexible semi-finished products from handling can be compensated. In addition, only in the vacuumed stack local features such as thick spots or folds can be reliably detected automatically. On the basis of a utility analysis, the laser light section and the imaging eddy current methods are selected for integration into the prototype test cell (see Abbildung 146). An existing line scan camera system of the stack production is used for further investigations.

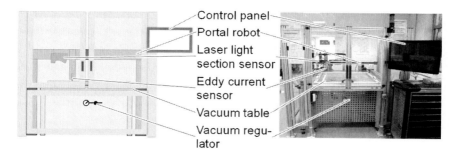

Abbildung 146: Schematic representation (left) and photo (right) of the prototype test cell

*Technology development*

The development is carried out specifically for each test technology on the basis of influencing variable analyses. Depending on the testing method, different development steps are required to measure the stacks. For the laser light section method and the images of industrial cameras, the developed evaluation methods are implemented in own software toolboxes.

The comparison with established reference methods shows that the measurements by means of laser light section method allow a very good correlation to the local areal weight. In addition, the influences derived from this on the compaction behaviour can be confirmed in experiments. However, it is not possible to replace the reference methods, such as in the context of material qualification.

The requirements of the series integration scenarios can only be met for the Inline-100% scenario when using the laser light section method. The measuring times of the imaging eddy current method allow only tests of sub-areas of the stacks in the available cycle time, which does not meet the emergence of the characteristics. In addition, the penetration depth limits the application of the method to a subset of the semi-finished product spectrum.

*Technology validation*

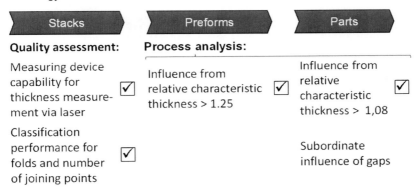

Abbildung 147: Summary of the results of technology validation

The key results of technology validation are summarized in Abbildung 147. For quality assessment, the proof of the measuring instrument capability of the prototype test system for the thickness measurement of vacuumed stacks can be provided by means of laser light section method, if the temporal influence on the absolute measurement results is corrected. The method of referencing developed for this purpose can be transferred to the concept of the serial test system. The classification performance for the number of joining points meets the requirements. For fiber accumulations such as folds or thick spots, a process-related boundary can be determined. Thus, local features with low expression in the thickness direction in stack layups with high total grammage are not clearly distinguishable from each other.

On the basis of the experiments for process analysis, the previously presumed influence of thick spots in the subsequent processes can be quantified. Using the relative characteristic thicknesses and lateral dimensions, process-specific tolerance limits can be derived for which an influence is to be expected. For gaps, no influence in the HD-RTM process can be demonstrated by the experiments within the functional permissible limits.

*Economic-technical implementation perspective*

The developed model uses common methods of technology evaluation and allows the relative and absolute comparison of cost-effectiveness for the different scenarios. The return target can only be achieved for the Inline-100% scenario. The developed concept adjustments and further planning form the basis for a request on the supplier market and the basis for decision-making for the transfer to series production. With the developed software tool, the evaluation can be flexibly adapted to changing conditions.

The development status of the test concept is depicted in Abbildung 148. The excerpt of the maturity criteria represents the technical and economic priorities.

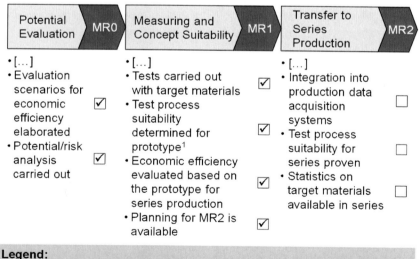

Abbildung 148: Extract of the maturity model for the test concept with the level of development achieved

## 12 Outlook

The possibilities for further development of the test concept are summarized in Abbildung 149 with placement in the considered process chain. The basis for this is the method- and characteristic-specific method maturity level (MR0 and MR1) of the maturity model.

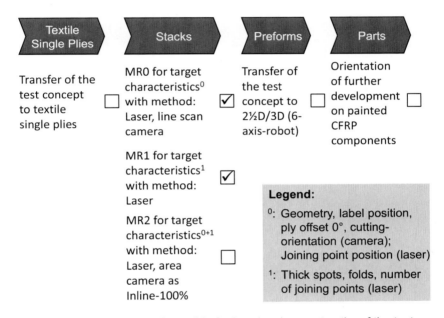

Abbildung 149:  Overview of possible further development paths of the test concept

*Transfer to series production - Method maturity level 2 (MR2) for stacks*

The decision on the further development of method maturity for stacks, i.e. industrialization as an Inline-100% check, can only be made after supplier request. The amount of investment funds available to achieve the return target is known from the evaluation using the capital value method, so that the implementation into series production can be decided on the basis of the developed evaluation model.

Technical adjustments are required to transfer the test concept to series production. Instead of the existing line scan camera in series production, an area camera with lighting must be procured as a prerequisite for the further development of the process. In this case, the following target characteristics can probably additionally be examined with the test concept:

- Geometry
- Label position
- Ply offset 0°
- Cutting orientation
- Dirt
- Knitting thread faults

After fulfilling the following conditions, the imaging eddy current method for the inspection of gaps can be further developed. The sensor technology must be further improved in order to realize higher penetration depths. In addition, concepts to reduce cycle times for testing need to be developed. The reduction of the resolution, which leads to promising results in the first experiments (cf. [NSU+16]), is an example here.

For the examination of the layer structure, a comprehensive examination of the eddy current rotation test procedure is recommended. A feasibility study (see [NSU+16]) shows approaches and current limitations, e.g. due to the penetration depth and dependence on the testing position.

*Transfer to textile single plies*

The testing of textile single plies is possible with the developed prototype test cell without further adjustments. It should be noted that the determined measurement deviations of the laser light section sensor have a greater effect in the case of UD non-crimp fabrics or nonwoven single plies than for complete stack layups. This also affects, for example, carbon fiber woven fabrics, which are used in painted body parts. Thus, the suitability of the sensors for this use case has to be reassessed. In addition, the use of an alternative vacuum film (see chapter 6.3.2) must be examined.

*Transfer to 2½D or 3D for preform testing*

In the considered process chain, a transfer of the test concept to the shell-shaped preforms is conceivable. The sensor technology must be guided by a 6-axis robot. The effectiveness of the fixation by means of vacuum must be checked, since the binder preforms have a high stiffness. Existing storage shells of the preforms can be used as a support; instead of vacuum film, the use of flexible and multi-use membranes in a contour-adapted frame is imaginable.

The laser light section method can be used to test the entire surface. The developed evaluation methods must be adapted in this case for multiple curved surfaces.

In addition, the use of the imaging eddy current method for hot spot testing of small areas is conceivable. The limited penetration depth of the development level of the sensors can be met for preform testing by means of a two-sided test.

*Strategic alignment for all development paths*

In all cases described, the alignment of the process development on painted CFRP components is recommended. The reason for this is the higher savings potential of error costs, since the n.o.k. appearance of the part surface due to local semi-finished product characteristics is often only visible after the painting process. Painting also increases the material and production costs of the components, so that overall higher savings potentials can be realized through early fault detection in the process chain.

*Future fields of action*

The further development of the test concept can be carried out for all identified fields of action on the basis of the model of the method maturity. Comparable fields of action may arise when looking at other process chains or industries. The approach of the present work can therefore contribute to the cost-economic production of components made of semi-finished products in high quantities, not least in the considered CFRP process chain.

# 13 Verzeichnisse

## 13.1 Abkürzungen

| | |
|---|---|
| abs. | absolut |
| AIAG | Automotive Industry Action Group |
| Al | Aluminium |
| ANOVA | Analysis of Variance<br>(engl. für Varianzanalyse) |
| Az. | Anzahl |
| BBÜ | Betriebsbereite Übergabe |
| BMW | Bayerische Motoren Werke AG |
| bzw. | beziehungsweise |
| CF | Kohlenstofffaser |
| CFK | kohlenstofffaserverstärkte Kunststoffe |
| CFL | Kohlenstofffaser Lagenaufbau |
| COV | Coefficient of Variation<br>(engl. für Variationskoeffizient) |
| CT | Computertomografie |
| Cu | Kupfer |
| d. h. | das heißt |
| DGZfP | Deutsche Gesellschaft für zerstörungsfreie Prüfung |
| DKD | Deutscher Kalibrierdienst |
| DMC | Data Matrix Code |

| | |
|---|---|
| engl. | Englisch |
| ETW | Eintrittswahrscheinlichkeit |
| Fa. | Firma |
| GF | Glasfaser |
| GPS | Geometrische Produktspezifikation |
| GUI | Graphical User Interface (engl. für grafische Benutzeroberfläche) |
| HD-RTM | Hochdruck-RTM |
| HSS | High Speed Steel (engl. für Schnellarbeitsstahl) |
| i.O. | in Ordnung |
| JCGM | Joint Committee for Guides in Metrology |
| max. | maximal |
| MD | Multidirektional |
| MR | Methodenreife |
| MSA | Messsystemanalyse |
| MW | Mittelwert |
| n. r. | nicht relevant |
| n.i.O. | nicht in Ordnung |
| Nr. | Nummer |
| PAN | Polyacrylnitril |
| PC | Personal Computer |
| Pos. | Position |

| QS | Qualitätssicherung |
| --- | --- |
| Ref. | Referenz |
| rel. | relativ |
| RG | Reifegrad |
| ROI | Return on Investment (Technologiebewertung)<br>Region of Interest (Bildverarbeitung) |
| RTM | Resin Transfer Moulding |
| SOP | Start of Production<br>(engl. für Produktionsstart eines Fahrzeugs) |
| SPS | speicherprogrammierbare Steuerung |
| StdAbw | Standardabweichung |
| TCO | Total Cost of Ownership<br>(engl. für Gesamtkosten des Betriebs) |
| TRL | Technology Readiness Level<br>(engl. für Technologiereifegrad) |
| u. | und |
| u. a. | unter anderem |
| UD | unidirektional |
| VDA | Verband der Automobilindustrie |
| vgl. | vergleiche |
| WW | Wechselwirkung |
| z. B. | zum Beispiel |
| ZfP | Zerstörungsfreie Prüfverfahren |

## 13.2 Abbildungen

## 13.3 Tabellen

## 14 Literatur

[AL09]      Advani, S. G.; Laird, G. W.:
            Opportunities and Challenges of Multiscale Modeling and Simula-
            tion in Polymer Composite Processing
            International Journal of Material Forming 2 (2009), Suppl. 1, S.
            39–44, doi: 10.1007/s12289-009-0601-y.

[Aut10]     Automotive Industry Action Group (Ed.):
            Measurement Systems Analysis : Reference Manual
            4. Ed. – Southfield, Michigan, USA: Automotive Industry Action
            Group, 2010.

[AVK13]     AVK - Industrievereinigung Verstärkte Kunststoffe e. V. (Hrsg.):
            Handbuch Faserverbundkunststoffe/Composites : Grundlagen,
            Verarbeitung, Anwendungen
            4. Aufl. – Wiesbaden, s.l.: Springer Fachmedien Wiesbaden,
            2013.

[BA99]      Bickerton, S.; Advani, S. G.:
            Characterization and modeling of race-tracking in liquid composite
            molding processes
            Composites Science and Technology 59 (1999), H. 15, S. 2215–
            2229, doi: 10.1016/S0266-3538(99)00077-9.

[BB15]      Burger, W.; Burge, M. J.:
            Digitale Bildverarbeitung : Eine algorithmische Einführung mit
            Java
            3. Aufl. – Berlin: Springer Vieweg, 2015.

[BBA+21]    Bancora, S.; Binetruy, C.; Advani, S.; Comas-Cardona, S.:
            Characterization of mesoscale geometrical features of a preform
            using spectral Moiré analysis on pressure print
            Composites Part A: Applied Science and Manufacturing 150
            (2021), Art. 106608, doi: 10.1016/j.compositesa.2021.106608.

[BBS03]    Bickerton, S.; Buntain, M.; Somashekar, A.:
           The viscoelastic compression behavior of liquid composite mol-
           ding preforms
           Composites Part A: Applied Science and Manufacturing 34
           (2003), H. 5, S. 431–444, doi: 10.1016/S1359-835X(03)00088-5.

[Ber16]    Bergmann, J.:
           Analyse und anlagentechnische Verbesserung des Nasspressver-
           fahrens
           Dresden: TUDpress, 2016 ; Zugl.: Diss. Technische Universität
           Dresden, 2015.

[BG05]     Brody, J. C.; Gillespie, J. W. Jr.:
           Reactive and non-reactive binders in glass/vinyl ester composites
           Polymer Composites 26 (2005), H. 3, S. 377–387, doi:
           10.1002/pc.20068.

[BHH05]    Box, G. E. P.; Hunter, J. S.; Hunter, W. G.:
           Statistics for Experimenters : Design, Innovation, and Discovery
           2. Ed. – Hoboken, New Jersey, USA: Wiley-Interscience, 2005.

[BHL15]    Brabandt, D.; Hettich, S.; Lanza, G.:
           Messtechnik für die Qualitätssicherung von Carbonfaser-Preforms
           Lightweight Design 8 (2015), H. 6, S. 20–25, doi: 10.1007/s35725-
           015-0049-6.

[BMW13]    BMW - Bayerische Motoren Werke AG:
           Merkmalsklassifizierung von Faserverbundbauteilen
           Nicht veröffentlichte Firmenschrift. Landshut, 2013.

[BMW14]    BMW - Bayerische Motoren Werke AG:
           Layout und Prozessplan der CFK-Stackfertigung
           Nicht veröffentlichte Firmenschrift. Wackersdorf, 2014.

[BMW20a]  BMW - Bayerische Motoren Werke AG:
          Erster seiner Art und Innovationstreiber für nachhaltige Mobilität:
          Schon 200 000 BMW i3 produziert. : Fertigungsjubiläum im BMW
          Group Werk Leipzig – Erstes rein elektrisch angetriebenes Groß-
          serienmodell der BMW Group erfreut sich auch nach fast sieben-
          jähriger Bauzeit einer großen Nachfrage.
          München, 2020, URL: https://www.bmwgroup-
          werke.com/leipzig/de/aktuelles/Produktion_200000_BMW_i3.html.

[BMW20b]  BMW - Bayerische Motoren Werke AG:
          Werke - Innovationspark Wackersdorf - CFK-Verarbeitung
          München, 2020, URL: https://www.bmwgroup-werke.com/regens-
          burg/de/unser-werk/innovationspark-wackersdorf/CFK-Verarbei-
          tung.html.

[BNC+16]  Bardl, G.; Nocke, A.; Cherif, C.; Pooch, M.; Schulze, M.; Heuer,
          H.; Schiller, M.; Kupke, R.; Klein, M.:
          Automated detection of yarn orientation in 3D-draped carbon fiber
          fabrics and preforms from eddy current data
          Composites Part B: Engineering 96 (2016), S. 312–324, doi:
          10.1016/j.compositesb.2016.04.040.

[BPF12]   Beyerer, J.; Puente León, F.; Frese, C.:
          Automatische Sichtprüfung : Grundlagen, Methoden und Praxis
          der Bildgewinnung und Bildauswertung
          Berlin; Heidelberg: Springer Vieweg, 2012.

[BRM+14]  Buschle, F.; Reisen, K.; Marquart, M.; Greb, C.; Reinhart, G.;
          Gries, T.:
          Technologiereifebewertung Faserdirektablage zur CFK-Herstel-
          lung
          ZWF Zeitschrift für wirtschaftlichen Fabrikbetrieb 109 (2014), H. 9,
          S. 616–620, doi: 10.3139/104.111206.

[BSG+00]  Bickerton, S.; Sozer, E.; Graham, P.; Advani, S. G.:
          Fabric structure and mold curvature effects on preform permeabi-
          lity and mold filling in the RTM process. Part I. Experiments
          Composites Part A: Applied Science and Manufacturing 31
          (2000), H. 5, S. 423–438, doi: 10.1016/S1359-835X(99)00087-1.

[Bun18]	Bundesministerium des Inneren/Bundesverwaltungsamt (Hrsg.):
	Qualitative Bewertungsmethoden
	In: Bundesministerium des Inneren/Bundesverwaltungsamt
	(Hrsg.): Handbuch für Organisationsuntersuchungen und Perso-
	nalbedarfsermittlung
	Berlin; Köln: Bundesministerium des Inneren; Bundesverwaltungs-
	amt, 2018, S. 316–326, URL: https://www.orghand-
	buch.de/OHB/DE/ohb_pdf.pdf?__blob=publicationFile&v=29.

[BWG07]	Bickerton, S.; Walbran, W. A.; Govignon, Q.:
	Observations of Stress and Laminate Thickness Variations in
	LCM Processes
	In: Kageyama, K.; Ishikawa, T.; Takeda, N.; Ho-jo, M.; Sugimoto,
	S.; Ogasawara, T. (Eds.): Proceedings of The Sixteenth Internati-
	onal Conference on Composite Materials, July 8-13, 2007: Kyoto,
	Japan : A giant step towards environmental awareness; from
	Green Composites to Aerospace. – Kyoto, Japan, 2007, URL:
	https://www.iccm-central.org/Proceedings/ICCM16procee-
	dings/contents/pdf/MonJ/MoJA2-01ge_bickertons223341.pdf.

[CEN04]	CEN TR 14748:
	Zerstörungsfreie Prüfung – Vorgehensweise zur Qualifizierung
	von zerstörungsfreien Prüfungen
	Berlin: Beuth, 2004.

[Che11]	Cherif, C. (Hrsg.):
	Textile Werkstoffe für den Leichtbau : Techniken, Verfahren ; Ma-
	terialien, Eigenschaften
	Berlin; Heidelberg: Springer, 2011.

[DBZ12]	Dickert, M.; Berg, D.; Ziegmann, D.:
	Influence of Binder Activation and Fabric Design on the Permeabi-
	lity of Non-Crimp Carbon Fabrics
	11th International Conference on Flow Processing in Composite
	Materials : FPCM-11 ; July 9 - 12, 2012. – Auckland, Neuseeland,
	09.07.2012.

[DCD+17]    Davila, Y.; Crouzeix, L.; Douchin, B.; Collombet, F.; Grunevald, Y.-H.:
            Spatial Evolution of the Thickness Variations over a CFRP Laminated Structure
            Applied Composite Materials 24 (2017), H. 5, S. 1201–1215, doi: 10.1007/s10443-016-9573-5.

[DGP10]     Daum, A.; Greife, W.; Przywara, R.:
            BWL für Ingenieure und Ingenieurinnen : Was man über Betriebswirtschaft wissen sollte
            Wiesbaden: Vieweg+Teubner, 2010.

[DIN01]     DIN EN 13473-2:
            Verstärkungen – Spezifikation für Multiaxialgelege – Teil 2: Prüfverfahren und allgemeine Produktanforderungen
            Berlin: Beuth, 2001.

[DIN02a]    DIN 53804-1 [zurückgezogen]:
            Statistische Auswertungen – Teil 1: Kontinuierliche Merkmale
            Berlin: Beuth, 2002.

[DIN02b]    DIN EN ISO 4921:
            Stricken und Wirken – Grundbegriffe – Fachwörterverzeichnis
            Berlin: Beuth, 2002.

[DIN05a]    DIN 1319-2:
            Grundlagen der Messtechnik – Teil 2: Begriffe für Messmittel
            Berlin: Beuth, 2005.

[DIN05b]    DIN CEN/TS 15053 [zurückgezogen]:
            Zerstörungsfreie Prüfung – Empfehlungen für Arten von Inhomogenitäten in Prüfungsstücken für Prüfungen
            Berlin: Beuth, 2005.

[DIN15a]    DIN EN ISO 9000:
            Qualitätsmanagementsysteme – Grundlagen und Begriffe
            Berlin: Beuth, 2015.

[DIN15b]    DIN EN ISO 9001:
            Qualitätsmanagementsysteme – Anforderungen
            Berlin: Beuth, 2015.

[DIN15c]   DIN SPEC 8100:
           Textilien – Verstärkungstextilien – Automatische Prüfung der Dra-
           pierbarkeit an Gelegen und Geweben für endlosfaserverstärkte
           Werkstoffe
           Berlin: Beuth, 2015.

[DIN16]    DIN EN 13018:
           Zerstörungsfreie Prüfung – Sichtprüfung – Allgemeine Grundlagen
           Berlin: Beuth, 2016.

[DIN18]    DIN EN ISO 14253-1:
           Geometrische Produktspezifikationen (GPS) – Prüfung von Werk-
           stücken und Meßgeräten durch Messen – Teil 1: Entscheidungs-
           regeln für den Nachweis von Konformität oder Nichtkonformität
           mit Spezifikationen
           Berlin: Beuth, 2018.

[DIN19a]   DIN EN ISO 9092:
           Vliesstoffe – Wörterbuch
           Berlin: Beuth, 2019.

[DIN19b]   DIN EN ISO 15549:
           Zerstörungsfreie Prüfung – Wirbelstromprüfung – Allgemeine
           Grundlagen
           Berlin: Beuth, 2019.

[DIN20]    DIN EN 16603 Teil 11:
           Raumfahrttechnik – Definition des Technologie-Reifegrades (TRL)
           und der Beurteilungskriterien
           Berlin: Beuth, 2020.

[DIN82]    DIN 53804 Teil 3 [zurückgezogen]:
           Statistische Auswertungen – Ordinalmerkmale
           Berlin: Beuth, 1982.

[DIN85a]   DIN 53804 Teil 2 [zurückgezogen]:
           Statistische Auswertungen – Zählbare (diskrete) Merkmale
           Berlin: Beuth, 1985.

[DIN85b]     DIN 53804 Teil 4 [zurückgezogen]:
             Statistische Auswertungen – Attributmerkmale
             Berlin: Beuth, 1985.

[DIN87]      DIN 65147 Teil 2:
             Luft- und Raumfahrt – Kohlenstoffasern – Gewebe aus Kohlen-
             stoffilamentgarn – Technische Lieferbedingungen
             Berlin: Beuth, 1987.

[DIN89]      DIN 55350 Teil 12:
             Begriffe der Qualitätssicherung und Statistik – Merkmalsbezo-
             gene Begriffe
             Berlin: Beuth, 1989.

[DIN95]      DIN 1319-1:
             Grundlagen der Meßtechnik – Teil 1: Grundbegriffe
             Berlin: Beuth, 1995.

[DIN96a]     DIN 1319-3:
             Grundlagen der Meßtechnik – Teil 3: Auswertung von Messungen
             einer einzelnen Meßgröße – Meßunsicherheit
             Berlin: Beuth, 1996.

[DIN96b]     DIN EN ISO 5084:
             Textilien – Bestimmung der Dicke von Textilien und textilen Er-
             zeugnissen
             Berlin: Beuth, 1996.

[DIN97a]     DIN EN ISO 9073-2:
             Textilien – Prüfverfahren für Vliesstoffe – Teil 2: Bestimmung der
             Dicke
             Berlin: Beuth, 1997.

[DIN97b]     DIN EN 12127:
             Textilien – Textile Flächengebilde – Bestimmung der flächenbezo-
             genen Masse unter Verwendung kleiner Proben
             Berlin: Beuth, 1997.

[DIN98]     DIN 53885:
            Textilien – Bestimmung der Zusammendrückbarkeit von Textilien
            und textilen Erzeugnissen
            Berlin: Beuth, 1998.

[DIN99a]    DIN EN ISO 8785:
            Geometrische Produktspezifikation (GPS) – Oberflächenunvoll-
            kommenheiten – Begriffe, Definitionen und Kenngrößen
            Berlin: Beuth, 1999.

[DIN99b]    DIN 65673:
            Luft- und Raumfahrt – Faserverstärkte Kunststoffe – Garn-, Ge-
            webe- und Prepregfehler – Definitionen
            Berlin: Beuth, 1999.

[DKD12]     DKD-Fachausschuss Messunsicherheit:
            Praxisgerechte Ermittlung der Messunsicherheit : Grundlagen und
            Vorgehensweisen für einfache Modelle ohne Korrelation ; Leitfa-
            den Version 5.3
            Braunschweig; Berlin: Die PTB in Braunschweig; Die PTB in Ber-
            lin, 2012, URL: https://www.ptb.de/cms/fileadmin/internet/dienst-
            leistungen/dkd/03_MU-Leitfaden-T1_V5-1-Februar_2012.pdf.

[DS14]      Dietrich, E.; Schulze, A.:
            Prüfprozesseignung : Prüfmittelfähigkeit und Messunsicherheit im
            aktuellen Normenumfeld
            4. Aufl. – München: Hanser, 2014.

[DSS11]     Demant, C.; Streicher-Abel, B.; Springhoff, A.:
            Industrielle Bildverarbeitung : Wie optische Qualitätskontrolle wirk-
            lich funktioniert
            3. Aufl. – Berlin: Springer, 2011.

[EK14]      Eickenbusch, H.; Krauss, O.:
            Kohlenstofffaserverstärkte Kunststoffe im Fahrzeugbau : Ressour-
            ceneffizienz und Technologien
            Berlin: VDI Zentrum Ressourceneffizienz GmbH, 2014, URL:
            https://www.ressource-deutsch-land.de/fileadmin/user_up-
            load/downloads/kurzanalysen/2014-Kurzanalyse-03-VDI-ZRE-
            CFK.pdf.

[End03]  Endruweit, A.:
Investigation of the Influence of Local Inhomogeneities in the Textile Permeability on the Resin Flow in Liquid Composites Moulding Processes
Dissertation. Zürich, Techn. Hochsch., 2003.

[Erm07]  Ermanni, P.:
Composites Technologien
Skript zur ETH-Vorlesung 151-0307-00L, Version 4.0
Zürich, Schweiz: ETH, 2007, URL: https://docplayer.org/7227257-Composites-technologien.html.

[FB15]  Finck, C.; Bichlmeier, J.:
Baugruppe und Verfahren zum Schneiden von Halbzeugen für faserverstärkte Kunststoffteile
Deutsche Offenlegungsschrift DE 10 2015 203 043 A1. Veröffentlichungsdatum 25.08.2016.

[Fra11]  Fraunhofer-Institut für Zerstörungsfreie Prüfverfahren IZFP:
Leichter bauen durch zerstörungsfreie Prüfung
Innovation Report : Magazin für den Carbon-Faser-Verbundleichtbau (2011), H. 2, S. 14, URL: https://pdfslide.tips/download/link/cfk-valley-stade-brochure1.

[Fra12]  Fraunhofer-Institut für Zerstörungsfreie Prüfverfahren IZFP:
EddyCus MPECs industrial - Multi Parameter Eddy Current System : Technische Dokumentation EddyCus MPECs
Nicht veröffentlichte Firmenschrift. Dresden, 2012.

[Fri13]  Friedrich, H. E.:
Leichtbau in der Fahrzeugtechnik
Wiesbaden: Springer Vieweg, 2013.

[FZR99]  Flemming; Ziegmann; Roth:
Faserverbundbauweisen : Fertigungsverfahren mit duroplastischer Matrix
Berlin; Heidelberg: Springer, 1999.

[GBB12]     Gan, J. M.; Bickerton, S.; Battley, M.:
            Quantifying variability within glass fibre reinforcements using an
            automated optical method
            Composites Part A: Applied Science and Manufacturing 43
            (2012), H. 8, S. 1169–1176, doi: 10.1016/j.composi-
            tesa.2012.03.024.

[GGG+16]    Große, C. U.; Goldammer, M.; Grager, J.-C.; Heichler, G.; Jahnke,
            P.; Jatzlau, P.; Kiefel, D.; Mosch, M.; Oster, R.; Sause, M. G. R.;
            Stößel, R.; Ulrich, M.:
            Comparison of NDT Techniques to Evaluate CFRP - Results Ob-
            tained in a MAIzfp Round Robin Test
            19th WCNDT 2016 : World Conference on Non-Destructive Tes-
            ting ; 13 - 17 June, Munich, Germany. – München: Deutsche Ge-
            sellschaft für Zerstörungsfreie Prüfung e.V., 2016, URL:
            https://www.ndt.net/article/wcndt2016/papers/fr1d2.pdf.

[Gho16]     Gholizadeh, S.:
            A review of non-destructive testing methods of composite materi-
            als
            Procedia Structural Integrity 1 (2016), S. 50–57, doi:
            10.1016/j.prostr.2016.02.008.

[Gra18]     Graf, J.:
            Ein Vorgehensmodell zur automatisierten und qualitätskonformen
            Handhabung textiler Halbzeuge
            München: Utz, 2018 ; Zugl.: Diss., München, Technische Universi-
            tät München, 2018.

[Gri10a]    Gries, T.:
            Faserverbundwerkstoffe I : Werkstoffe
            Vorlesungsfolien. Aachen: Institut für Textiltechnik, RWTH Aachen
            University, 2010.

[Gri10b]    Gries, T.:
            Textiltechnik III : Strick- und Wirkmaschinen
            Vorlesungsskript. Aachen: Institut für Textiltechnik, RWTH Aachen
            University, 2010.

[GS15]      Grellmann, W.; Seidler, S. (Hrsg.):
            Kunststoffprüfung
            3. Aufl. – München: Hanser, 2015.

[GVW19]     Gries, T.; Veit, D.; Wulfhorst, B.:
            Textile Fertigungsverfahren : Eine Einführung
            3. Aufl. – München: Hanser, 2019.

[GW92]      Goeje, M. P. de; Wapenaar, K.:
            Non-destructive inspection of carbon fibre-reinforced plastics u-
            sing eddy current methods
            Composites 23 (1992), H. 3, S. 147–157, doi: 10.1016/0010-
            4361(92)90435-W.

[GWE09]     Gonzalez, R. C.; Woods, R. E.; Eddins, S. L.:
            Digital image processing using MATLAB
            2. Ed. – [Natick, Mass., USA]: Gatesmark Publishing, 2009.

[Hän05]     Hänsch, F. S.:
            Vermeidung von Anlaufstellen bei der Gewebeherstellung durch
            ein lernfähiges System
            Aachen: Shaker, 2005 ; Zugl.: Aachen, Techn. Hochsch., Diss.,
            2004.

[Hel01]     Hellier, C. J.:
            Handbook of nondestructive evaluation
            New York, NY [u.a.]: McGraw-Hill, 2001.

[HM11]      Henning, F.; Moeller, E.:
            Handbuch Leichtbau : Methoden, Werkstoffe, Fertigung
            München; Wien: Hanser, 2011.

[HMS+12]    Heuss, R.; Müller, N.; Sintern, W. v.; Starke, A.; Tschiesner, A.:
            Lightweight, heavy impact : How carbon fiber and other lightweight
            materials will develop across industries and specifically in automo-
            tive
            Berlin; Köln; Düsseldorf; Hamburg; München: McKinsey, 2012,
            URL: https://www.mckinsey.com/~/media/mckinsey/dotcom/cli-
            ent_service/automotive%20and%20assembly/pdfs/light-
            weight_heavy_impact.ashx.

[HSH+20]   Hermann, T.; Schelte, A.; Henke, T.; Kelly, P. A.; Bickerton, S.:
           Non-destructive injectability measurements for fibre preforms and
           semi-finished textiles
           Composites Part A: Applied Science and Manufacturing 138
           (2020), S. 106018, doi: 10.1016/j.compositesa.2020.106018.

[HSK12]    Heuer, H.; Schulze, M.; Klein, M.:
           Abbildende Wirbelstromsensoren zur hochauflösenden berüh-
           rungslosen Abbildung von elektrischen Eigenschaften schlecht lei-
           tender Objekte
           16. GMA/ITG-Fachtagung Sensoren und Messsysteme 2012,
           22.5. - 23.5., Nürnberg, Germany. – Wunstorf: AMA Service
           GmbH, 2012, URL: https://www.ama-science.org/proceedings/get-
           File/Amp1.

[HSP+15]   Heuer, H.; Schulze, M.; Pooch, M.; Gäbler, S.; Nocke, A.; Bardl,
           G.; Cherif, C.; Klein, M.; Kupke, R.; Vetter, R.; Lenz, F.; Kliem, M.;
           Bülow, C.; Goyvaerts, J.; Mayer, T.; Petrenz, S.:
           Review on quality assurance along the CFRP value chain – Non-
           destructive testing of fabrics, preforms and CFRP by HF radio
           wave techniques
           Composites Part B: Engineering 77 (2015), S. 494–501, doi:
           10.1016/j.compositesb.2015.03.022.

[Imb13]    Imbert, M.:
           Development of Non-destructive Air Permeability Measurements
           for Carbon Fibre Textiles
           Masterarbeit. Nantes, Frankreich: GeM – Institut de Recherche en
           Génie Civil et Mécanique, Ecole Centrale de Nantes, 2013.

[ISO00]    ISO 3374:
           Reinforcement products – Mats and fabrics – Determination of
           mass per unit area
           Geneva: International Organisation for Standardization, 2000.

[ISO12]    ISO 22514-7:
           Statistical methods in process management — Capability and per-
           formance — Part 7: Capability of measurement processes
           Geneva: International Organisation for Standardization, 2012.

[Jäh12]     Jähne, B.:
            Digitale Bildverarbeitung und Bildgewinnung
            7. Aufl. – Berlin [u.a.]: Springer Vieweg, 2012.

[Jah16]     Jahnke, P.:
            ZfP zur Analyse von CFK-Bauteilen in der Fahrzeugentwicklung
            und -produktion
            VDI-TUM Expertenforum, München. – Garching: Technische Uni-
            versität München, 15.09.2016, URL: https://in-
            dico.frm2.tum.de/event/33/contributions/532/attach-
            ments/87/118/7_BMW_DrKoch_VDI-TUM_ZfP-Leicht-
            bau_CFK.pdf.

[JCG08]     JCGM 100:
            Evaluation of measurement data – Guide to the expression of
            uncertainty in measurement
            Sèvres: Joint Committee for Guides in Metrology, 2008.

[JMN+96]    Jähne, B.; Massen, R.; Nickolay, B.; Scharfenberg, H.:
            Technische Bildverarbeitung : Maschinelles Sehen
            Berlin; Heidelberg: Springer, 1996.

[Käh04]     Kähler, W.-M.:
            Statistische Datenanalyse : Verfahren verstehen und mit SPSS
            gekonnt einsetzen
            3. Aufl. – Wiesbaden: Vieweg+Teubner, 2004.

[KBC11]     Kelly, P. A.; Bickerton, S.; Cheng, J.:
            Transverse Compression Properties of Textile Materials
            Advanced Materials Research 332-334 (2011), S. 697–701, doi:
            10.4028/www.scientific.net/AMR.332-334.697.

[Kes06]     Kessler, R. W. (Hrsg.):
            Prozessanalytik : Strategien und Fallbeispiele aus der industriellen
            Praxis
            Weinheim: Wiley-VCH, 2006.

[KGL+11]    Klingele, J.; Greb, C.; Linke, M.; Gries, T.:
            Auftrag und Aktivierung von Bindern
            Lightweight Design 4 (2011), H. 6, S. 54–61, doi: 10.1365/s35725-
            011-0068-x.

[Kle09]    Kleppmann, W.:
           Taschenbuch Versuchsplanung : Produkte und Prozesse optimie-
           ren
           6. Aufl. – München [u.a.]: Hanser, 2009.

[Kli14]    Klingele, J.:
           Produktorientierte Auswahl von Verfahren zur Vorfixierung textiler
           Preforms
           Aachen: Shaker, 2014 ; Zugl.: Aachen, Techn. Hochsch., Diss.,
           2014.

[KNK+18]   Kracke, C.; Nonn, A.; Koch, C. H.; Nebe, M.; Schmidt, E.; Bicker-
           ton, S.; Gries, T.; Mitschang, P.:
           Interaction of textile variability and flow channel distribution sys-
           tems on flow front progression in the RTM process
           Composites Part A: Applied Science and Manufacturing 106
           (2018), S. 70–81, doi: 10.1016/j.compositesa.2017.12.010.

[KNM+16]   Koch, C. H.; Nonn, A.; Maidl, F.; Maurer, T.; Töpker, J.; Bickerton,
           S.; Ladstätter, E.:
           Influence of Textile Architecture by Processing Carbon Fiber Ba-
           sed Non-Crimp Fabrics in Automotive Serial Application Using
           High-Pressure-RTM
           In: Proceedings of the 17th European Conference on Composite
           Materials : ECCM17 - 17th European Conference on Composite
           Materials, 26-30th June 2016, Munich, Germany. – Augsburg: MAI
           Carbon Cluster Management GmbH, 2016.

[Kno14]    Knof, M.:
           Leichtbau durch Isotropes Carbonfaservlies
           29. Hofer Vliesstofftage. – Hof, 05.11.2014, URL:
           https://www.hofer-vliesstofftage.de/vortraege/2014/2014_2.pdf.

[Koc11]     Kochan, A.:
            Untersuchungen zur zerstörungsfreien Prüfung von CFK-Bautei-
            len für die fertigungsbegleitende Qualitätssicherung im Automobil-
            bau
            Disssertation. Dresden, Technischen Universität Dresden, 2011,
            URL: https://tud.qucosa.de/api/qucosa%3A25791/attach-
            ment/ATT-0/.

[Koc13]     Koch, C. H.:
            Reifegradstatus $H_2O$-Permeabilitätsprüfstand für textile Halbzeuge
            aus Kohlenstofffasern
            Nicht veröffentlichte Firmenschrift. Landshut, 2013.

[Koc21]     Koch, C. H.:
            Eigenschaftsprofil von Carbonfasergelegen und deren Wirkzu-
            sammenhänge in der automobilen Großserienproduktion
            München: Hut, 2021 ; Zugl.: Diss., München, Technische Universi-
            tät München, 2020.

[Koc98]     Koch, A. W.:
            Optische Meßtechnik an technischen Oberflächen : Praxisorien-
            tierte lasergestützte Verfahren zur Untersuchung technischer Ob-
            jekte hinsichtlich Form, Oberflächenstruktur und Beschichtung
            Renningen-Malmsheim: expert, 1998.

[KWL13]     Kuntz, J.; Wessels, J.; Lehners, F.:
            Method for measuring and/or testing waviness of a planar textile
            US-amerikanisches Patent US 8,573,035 B2. Veröffentlichungs-
            datum 5.11.2013.

[LHK+10]    Lee, S. H.; Han; Kim; Yun; Song; Youn, J. R.; Han, J. H.; Kim, S.
            Y.; Song, Y. S.:
            Compression and Relaxation Behavior of Dry Fiber Preforms for
            Resin Transfer Molding
            Journal of Composite Materials 44 (2010), H. 15, S. 1801–1820,
            doi: 10.1177/0021998310369583.

[Loe06]     Loendersloot, R.:
            The Structure - Permeability Relation of Textile Reinforcements
            PhD-Thesis. Enschede, Niederlande, University of Twente, 2006,
            URL: https://research.utwente.nl/files/6070352/thesis_Lo-
            endersloot.pdf.

[LVP+03]    Lomov, S. V.; Verpoest, I.; Peeters, T.; Roose, D.; Zako, M.:
            Nesting in textile laminates: geometrical modelling of the laminate
            Composites Science and Technology 63 (2003), H. 7, S. 993–
            1007, doi: 10.1016/S0266-3538(02)00318-4.

[Mar17]     Marquart, M.:
            Innovatives Preformingverfahren zur Herstellung endlosfaserver-
            stärkter CFK-Schalenbauteile
            Aachen: Shaker, 2017 ; Zugl.: Diss., RWTH Aachen University,
            2016.

[Mer12]     Mersmann, C.:
            Industrialisierende Machine-Vision-Integration im Faserverbund-
            leichtbau
            Aachen: Apprimus-Verl., 2012 ; Zugl.: Aachen, Techn. Hochsch.,
            Diss., 2012.

[Mic06]     Michaeli, W.:
            Einführung in die Kunststoffverarbeitung
            5. Aufl. – München [u.a.]: Hanser, 2006.

[Mie11]     Miene, A.:
            Die digitale Bildanalyse zur Qualitätssicherung und Fehlerbewer-
            tung in der Prozesskette
            Arbeitskreis Prüfverfahren für Fasern, Faserverbundwerkstoffe
            und ihre Verarbeitung. – Bremen, 13.07.2011.

[MLK01]     Mook, G.; Lange, R.; Koeser, O.:
            Non-destructive characterisation of carbon-fibre-reinforced plas-
            tics by means of eddy-currents
            Composites Science and Technology 61 (2001), H. 6, S. 865–873,
            doi: 10.1016/S0266-3538(00)00164-0.

[MMR+14] Myrach, P.; Maierhofer, C.; Reischel, M.; Rahammer, M.; Holt-
mann, N.:
Untersuchung der Auflösungsgrenzen der Lockin-Thermografie
zur Prüfung von Faserverbundwerkstoffen
DGZfP Jahrestagung 2014, 26. - 28. Mai in Potsdam. – Berlin:
Deutsche Gesellschaft für Zerstörungsfreie Prüfung e.V., 2014,
URL: http://jt2014.dgzfp.de/portals/jt2014/BB/di3c3.pdf.

[MMS08] Mook, G.; Michel, F.; Simonin, J.:
Wirbelstrom-Sensorarrays für den Blick unter die Oberfläche : 10.
Kolloquium Werkstoff- und Bauteilprüfung in der Schweißtechnik
In: ZfP in Forschung, Entwicklung und Anwendung : St. Gallen,
28.-30. April 2008 / DACH Jahrestagung 2008. – Berlin: Deutsche
Gesellschaft für Zerstörungsfreie Prüfung e.V., 2008, URL:
https://www.ndt.net/article/dgzfp2008/Inhalt/mo3b1.pdf.

[MNR04] Meyendorf, N. G. H.; Nagy, P. B.; Rokhlin, S. I.:
Nondestructive Materials Characterization : With Applications to
Aerospace Materials
Berlin [u.a.]: Springer, 2004.

[Moo11] Mook, G.:
Zerstörungsfreie Charakterisierung von carbonfaserverstärkten
Kompositen mit Hilfe des Wirbelstromverfahrens
In: ZfP in Anwendung, Entwicklung und Forschung : Berlin, 21.-
23. Mai 2001 ; DGZfP-Jahrestagung 2001 Zerstörungsfreie Mate-
rialprüfung. – Berlin: Deutsche Gesellschaft für Zerstörungsfreie
Prüfung e.V., 2011, URL: https://www.ndt.net/article/dgzfp01/pa-
pers/v37/v37.htm.

[Moo15] Mook, G.:
Wirbelstromprüfung von CFK
Seminar des Fachausschusses Oberflächenrissprüfung. – Kassel,
15.10.2015, URL: https://www.ovgu.de/iwfzfp/Down-
load/Publ/2015_Kassel_CFK.pdf.

[Mor05] Morgan, P.:
Carbon fibers and their composites
Boca Raton: CRC Press Taylor & Francis Group, 2005.

[MPS11]      Mook, G.; Pohl, J. Michel, F.; Simonin, J.:
Hochauflösende Verfahren zur zerstörungsfreien Prüfung
Journal of Mechanical Engineering of the National Technical University of Ukrain "Kyiv Polytechnic Institute" 61 (2011), H. 1, S. 11–17, URL:
https://ela.kpi.ua/bitstream/123456789/4054/1/11.pdf.

[MS10]      Mook, G.; Simonin, J.:
Wirbelstromarrays für hohe Bildschärfe
In: DGZfP-Jahrestagung, 10.-12.05.2010, Erfurt. – Berlin: Deutsche Gesellschaft für Zerstörungsfreie Prüfung e.V., 2010, URL:
http://jt2010.dgzfp.de/Portals/jt2010/BB/p24.pdf.

[MS18]      Möhrle, M. G.; Specht, D.:
Definition: Technologiebewertung
Gabler Wirtschaftslexikon, 2018, URL: https://wirtschaftslexikon.gabler.de/definition/technologiebewertung-47362/version-270627.

[MSL14]      Mesogitis, T. S.; Skordos, A. A.; Long, A. C.:
Uncertainty in the manufacturing of fibrous thermosetting composites : A review
Composites Part A: Applied Science and Manufacturing 57 (2014), S. 67–75, doi: 10.1016/j.compositesa.2013.11.004.

[Neu05]      Neumann, B.:
Bildverarbeitung für Einsteiger : Programmbeispiele mit Mathcad
Berlin; Heidelberg: Springer, 2005.

[Neu14a]      Neubecker, R.:
Fähigkeitsbewertung klassifizierender Bildverarbeitungssysteme für Prüfaufgaben – Teil 1
tm - Technisches Messen 81 (2014), H. 9, S. 422–430, doi: 10.1515/teme-2014-1037.

[Neu14b]      Neubecker, R.:
Fähigkeitsbewertung klassifizierender Bildverarbeitungssysteme für Prüfaufgaben – Teil 2
tm - Technisches Messen 81 (2014), H. 10, S. 499–510, doi: 10.1515/teme-2014-1046.

[NKM+16]   Nonn, A.; Koch, C. H.; Maurer, T.; Bickerton, S.; Greb, C.; Gries, T.:
Investigation into the Variability of Carbon Fiber Non-Crimp Fabrics and Its Influence on the RTM-Process
In: TUM; LCC; Carbon Composites; Mai Carbon (Eds.): ECCM 17 / 17th European Conference on Composite Materials, 26-30th June 2016, Munich, Germany. – Berlin: Eventmobi, 2016, URL: http://eventmobi.com/api/events/12519/documents/download/49c26a8a-6db0-46d0-a776-2260022010d7.pdf/as/MON-3_STO_3.21-07.pdf.

[NLF+06]   Nordlund, M.; Lundström, T.; Frishfelds, V.; Jakovics, A.:
Permeability network model for non-crimp fabrics
Composites Part A: Applied Science and Manufacturing 37 (2006), H. 6, S. 826–835, doi: 10.1016/j.compositesa.2005.02.009.

[NMB14]    Neitzel, M.; Mitschang, P.; Breuer, U.:
Handbuch Verbundwerkstoffe : Werkstoffe, Verarbeitung, Anwendung
2. Aufl. – München: Hanser, 2014.

[NSU+16]   Nonn, A.; Schmidt, E.; Ulrich, M.; Gries, T.:
Non-Destructive Testing of Flat Carbon Fiber Semi-Finished Products
In: Aachen-Dresden-Denkendorf International Textile Conference : Dresden, November 24-25, 2016 : proceedings / ed.: Dipl.-Ing. Annett Dörfel, Institute of Textile Machinery and High Performance Material Technology (ITM), Technische Universität Dresden, Dresden, Germany. – Dresden, 2016.

[Ort08]    Orth, A.:
Entwicklung eines Bildverarbeitungssystems zur automatisierten Herstellung faserverstärkter Kunststoffstrukturen
Aachen: Shaker, 2008 ; Zugl.: Aachen, Techn. Hochsch., Diss., 2007.

[Ots79]     Otsu, N.:
            A Threshold Selection Method from Gray-Level Histograms
            IEEE Transactions on Systems, Man, and Cybernetics 9 (1979),
            H. 1, S. 62–66, doi: 10.1109/TSMC.1979.4310076.

[Pap18]     Pape, U.:
            Definition: Investitionsrechnung
            Gabler Wirtschaftslexikon, 2018, URL: https://wirtschaftslexi-
            kon.gabler.de/definition/investitionsrechnung-41465/version-
            264829.

[PBF+07]    Pahl, G.; Beitz, W.; Feldhusen, J.; Grote, K.-H.:
            Konstruktionslehre : Grundlagen erfolgreicher Produktentwick-
            lung ; Methoden und Anwendung
            7. Aufl. – Berlin; Heidelberg: Springer, 2007.

[Per12]     Perterer, M.:
            Schadensidentifikation und -bewertung von CFK-Bauteilen mittels
            phasenmodulierter Thermographie
            Dissertation. München: Lehrstuhl für Leichtbau, Technische Uni-
            versität München, 2012, URL: https://mediatum.ub.tum.de/down-
            load/1106484/1106484.pdf.

[Pix15]     Pixargus GmbH:
            Integrierte 100-Prozent-Kontrolle löst die visuelle Prüfung ab : In-
            line-Prüfung von Carbonfaser-Gelegen bewährt sich bei der Ferti-
            gung von Karosserieteilen
            Carbon Composites Magazin (2015), H. 2, S. 39, URL:
            https://www.carbon-connected.de/Group/Carbon.Composites.Ma-
            gazin2/Dokumente/File/Down-
            load/B3CBD778DA199247859AC151E0B116D5.

[PKW+08]    Potter, K.; Khan, B.; Wisnom, M.; Bell, T.; Stevens, J.:
            Variability, fibre waviness and misalignment in the determination
            of the properties of composite materials and structures
            Composites Part A: Applied Science and Manufacturing 39
            (2008), H. 9, S. 1343–1354, doi: 10.1016/j.composi-
            tesa.2008.04.016.

[Pot09]     Potter, K. D.:
            Understanding the origins of defects and variability in composites
            manufacture
            ICCM17, Edinburgh, UK, 27.-31.07.2009
            Edinburgh, UK, 2009, URL: http://www.iccm-central.org/Procee-
            dings/ICCM17proceedings/papers/P1.5%20Potter.pdf.

[PS10]      Pfeifer, T.; Schmitt, R.:
            Fertigungsmesstechnik
            3. Aufl. – München: Oldenbourg, 2010.

[PS21]      Pischinger, S.; Seiffert, U. (Hrsg.):
            Vieweg Handbuch Kraftfahrzeugtechnik
            9. Aufl. – Wiesbaden: Springer Vieweg, 2021.

[Rie07]     Riegert, G.:
            Induktions-Lockin-Thermografie - ein neues Verfahren zur zerstö-
            rungsfreien Prüfung
            Dissertation. Stuttgart: Institut für Kunststofftechnik, Universität
            Stuttgart, 2007, URL: http://elib.uni-stuttgart.de/opus/voll-
            texte/2007/3095/pdf/Diss_Riegert_2007.pdf.

[Rie17]     Rieber, G. M.:
            Einfluss von textilen Parametern auf die Permeabilität von Mul-
            tifilamentgeweben für Faserverbundkunststoffe
            Dissertation. Kaiserslautern: Institut für Verbundwerkstoffe, Techn.
            Univ., 2017.

[RM16]      Revol, V.; Madrigal, A. M.:
            Fast and reliable non-destructive inspection of composites
            JEC Composites Magazine (2016), H. 106, S. 53-54.

[Rob14]     Roberz, J.:
            Apodius Vision System : Apodius GmbH - Maßgeschneiderte
            Prüfsysteme für Ihre Faserverbundproduktion
            Nicht veröffentlichte Firmenschrift. Aachen, 2014.

[RS10]      Reinhart, G.; Schindler, S.:
            Reife von Produktionstechnologien
            ZWF Zeitschrift für wirtschaftlichen Fabrikbetrieb 105 (2010), 7-8,
            S. 710–714, doi: 10.3139/104.110366.

[RS11]      Reinhart, G.; Schilp, J.:
            Innovative Handhabungs- und Qualitätssicherungskonzepte für
            die Automatisierung der Faserverbundfertigung
            1. Augsburger Produktionstechnik-Kolloquium 2011. – Augsburg,
            18.05.2011, URL: https://www.dlr.de/dlr/Portaldata/1/Re-
            sources/bilder/portal/augsburg/Innovative_Handhabungs-
            _und_Qualitaetssicherungskonzepte_fuer_die_Automatisie-
            rung.pdf.

[SAK16]     Swery, E. E.; Allen, T.; Kelly, P.:
            Automated tool to determine geometric measurements of woven
            textiles using digital image analysis techniques
            Textile Research Journal 86 (2016), H. 6, S. 618–635, doi:
            10.1177/0040517515595031.

[SBH10]     Siebertz, K.; Bebber, D. v.; Hochkirchen, T.:
            Statistische Versuchsplanung : Design of Experiments (DoE)
            Heidelberg: Springer, 2010.

[Sch17a]    Schlott, S.:
            Innovativer Leichtbau ist eine Schlüsseltechnologie
            ATZ - Automobiltechnische Zeitschrift 119 (2017), H. 5, S. 24–27,
            doi: 10.1007/s35148-017-0037-5.

[SEB+02]    Stadtfeld, M.; Erninger, S.; Bickerton, S.; Advani, S. G.:
            An Experimental Method to Continuously Measure Permeability of
            Fiber Preforms as a Function of Fiber Volume Fraction
            Journal of Reinforced Plastics and Composites 21 (2002), H. 10,
            S. 879–899, doi: 10.1177/073168440202101102.

[SGH08]     Schmitt, R.; Gries, T.; Herrmann, A. S.:
            FALCON - Fiber Automatic Live Control : Aufbau eines Inline-
            Prüfsystems zur automatisierten Konfektion faserverstärkter
            Kunststoffstrukturen ; Schlussbericht ; Verbundprojekt des Förder-
            programms InnoNet von BMWi mit VDI/VDE-IT ; Zeitraum: 01. Mai
            2006 bis 30. April 2008
            Aachen, 2008, doi: 10.2314/GBV:602237203.

[Sie10]      Siemer, U.:
             Einsatz der Thermografie als zerstörungsfreies Prüfverfahren in
             der Automobilindustrie : Entwicklung einer Ingenieurplattform
             Aachen: Shaker, 2010 ; Zugl.: Saarbrücken, Univ., Diss., 2010.

[Sie14]      Siebenpfeiffer, W. (Hrsg.):
             Leichtbau-Technologien im Automobilbau : Werkstoffe, Fertigung,
             Konzepte
             Wiesbaden: Springer Vieweg, 2014.

[SK11]       Schuh, G.; Klappert, S. (Hrsg.):
             Technologiemanagement
             2. Aufl. – Berlin [u.a.]: Springer, 2011.

[SP15]       Schmitt, R.; Pfeifer, T.:
             Qualitätsmanagement : Strategien, Methoden, Techniken
             5. Aufl. – München [u.a.]: Hanser, 2015.

[Spi14]      Spiessberger, C.:
             Lockin-Thermografie in der CFK Prozesskette : Anwendungsmög-
             lichkeiten und Grenzen
             Control 2014 : Qualitätssicherung für den Leichtbau ; Messen und
             Prüfen entlang der gesamten Prozesskette, 06.-09.05.2014. –
             Stuttgart, 2014.

[SS10]       Sharma, S.; Siginer, D. A.:
             Permeability Measurement Methods in Porous Media of Fiber
             Reinforced Composites
             Applied Mechanics Reviews 63 (2010), H. 2, Art. 020802, doi:
             10.1115/1.4001047.

[SSH+11]     Schindlbeck, M.; Schade, M.; Honickel, E.; Finckh, C.; Beck, S.:
             Bayerische Motoren Werke AG - CFK Basiswissen : Einführung in
             die CFK-Kunststofftechnik
             Nicht veröffentlichte Firmenschrift. Landshut, 2011.

[SSS08]      Schuh, G.; Stölzle, W.; Straube, F.:
             Anlaufmanagement in der Automobilindustrie erfolgreich umset-
             zen : ein Leitfaden für die Praxis
             Berlin; Heidelberg: Springer, 2008.

[Str10]      Strauf Amabile, M.:
             Optisches Prüfsystem zur Untersuchung von Fehlern in Wirkwa-
             ren
             Aachen: Shaker, 2010 ; Zugl.: Aachen, Techn. Hochsch., Diss.,
             2009.

[SWK+16]     Schirmaier, F. J.; Weidenmann, K. A.; Kärger, L.; Henning, F.:
             Characterisation of the draping behaviour of unidirectional non-
             crimp fabrics (UD-NCF)
             Composites Part A: Applied Science and Manufacturing 80
             (2016), S. 28–38, doi: 10.1016/j.compositesa.2015.10.004.

[SX99]       Su, J.; Xu, B.:
             Fabric wrinkle evaluation using laser triangulation and neural net-
             work classifier
             Optical Engineering 38 (1999), H. 10, S. 1688–1693, doi:
             10.1117/1.602220.

[TC13]       Theden, P.; Colsman, H.:
             Qualitätstechniken : Werkzeuge zur Problemlösung und ständigen
             Verbesserung
             5. Aufl. – München: Hanser, 2013.

[Tec14]      Tecklenburg, G. (Hrsg.):
             Karosseriebautage Hamburg : 13. ATZ-Fachtagung
             Wiesbaden: Springer Vieweg, 2014.

[TF12]       Tiefel, T.; Frühbeißer, M.:
             Portfolio-Ansätze für das strategische Technologie- und Innovati-
             onsmanagement : eine "State-of-the-Art"-Analyse
             Köln: TÜV-Media, 2012.

[VDA09]      VDA - Verband der Automobilindustrie e.V.:
             Produktentstehung, Reifegradabsicherung für Neuteile : Metho-
             den, Messgrößen, Dokumentationen, Checklisten; VDA/QMC-Pro-
             jektdokumentation
             2. Aufl. – Oberursel: VDA, Qualitäts Management-Center, 2009.

[VDA11]   VDA - Verband der Automobilindustrie e.v.:
          VDA Band 5: Prüfprozesseignung, Eignung von Messsystemen,
          Mess- und Prüfprozessen, Erweiterte Messunsicherheit, Konformi-
          tätsbewertung
          2. Aufl. aktualisierter Nachdr. – Berlin: VDA, Qualitäts Manage-
          ment-Center, 2011.

[VDA15]   VDA - Verband der Automobilindustrie e.v.:
          Qualitätsbezogene Kosten : Fehlerkosten und Fehlerverhütungs-
          kosten, Umfang und Umsetzung
          Berlin: VDA, Qualitäts Management-Center, 2015.

[VDA16a]  VDA - Verband der Automobilindustrie e.v.:
          VDA Band 16: Dekorative Oberflächen von Anbau- und Funktions-
          teilen im Außen- und Innenbereich von Automobilen : Beurtei-
          lungsbedingungen, Merkmalsdefinitionen und Fehleransprache,
          Annahmekriterien
          3. Ausg. – Berlin: VDA, Qualitäts Management-Center, 2016.

[VDA16b]  VDA - Verband der Automobilindustrie e.v.:
          Anlage zum VDA Band 16: Merkmalsdefinition/Fehleransprache
          3. Ausg. – Berlin: VDA, Qualitäts Management-Center,
          17.10.2016.

[VDI17]   VDI/VDE/VDMA 2632 Blatt 3:
          Industrielle Bildverarbeitung – Abnahme klassifizierender Bildver-
          arbeitungssysteme
          Düsseldorf: Verein Deutscher Ingenieure, 2017.

[VS12]    Voegele, A.; Sommer, L.:
          Kosten- und Wirtschaftlichkeitsrechnung für Ingenieure : Kosten-
          management im Engineering
          München: Hanser, 2012.

[WSP+18]  Weber, J.; Schaefer, C.; Papenfuß, U.; Pape, U.:
          Definition: Wirtschaftlichkeitsrechnung
          Gabler Wirtschaftslexikon, 2018, URL: https://wirtschaftslexi-
          kon.gabler.de/definition/wirtschaftlichkeitsrechnung-47130/ver-
          sion-270398.

[Wül15]     Wüllner, A.:
            Die Herausforderungen der BMW i Serie : Leichtbau in der Karos-
            serieentwicklung - Chancen für Zulieferer
            19. Zulieferforum ArGeZ Arbeitsgemeinschaft Zulieferindustrie :
            Zukunftskonzepte für die Automobil- und Zulieferindustrie. –
            Frankfurt am Main, 28.01.2015, URL:
            https://docplayer.org/44217112-Die-herausforderungen-der-bmw-
            i-serie-leichtbau-in-der-karosserieentwicklung-chancen-fuer-zulie-
            ferer.html.

[Wul96]     Wulfhorst, B.:
            Qualitätssicherung in der Textilindustrie : Methoden und Strate-
            gien
            München; Wien: Hanser, 1996.

[ZPS+15]    Zambal, S.; Palfinger, W.; Stöger, M.; Eitzinger, C.:
            Accurate fibre orientation measurement for carbon fibre surfaces
            Pattern Recognition 48 (2015), H. 11, S. 3324–3332, doi:
            10.1016/j.patcog.2014.11.009.

# 15 Betreute studentische Arbeiten

Teile dieser Arbeit basieren auf den Ergebnissen der von mir betreuten studentischen Arbeiten.

[Ash17]     Ashraf, M. J.:
            Untersuchung der Einflüsse von Merkmalen in CF-Stacks auf 3D-
            Preforms und Bewertung der Wirkzusammenhänge
            Masterarbeit. Aachen: Institut für Textiltechnik, RWTH Aachen
            University, 2017.

[Ata17]     Atanasyan, A.:
            Industriepraktikum bei der BMW AG
            Praktikumsbericht. Aachen, RWTH Aachen University, 2017.

[Det15]     Detzner, A.:
            Inbetriebnahme einer Prüfzelle für optische Topografie-Messung
            und Versuche zur Qualitätssicherung von Carbonfaser-Halbzeu-
            gen
            Masterarbeit. München: Lehrstuhl für Carbon Composites, Techni-
            sche Universität München, 2015.

[Kal16]     Kallenberg, C.:
            Entwicklung eines Modells zur Wirtschaftlichkeitsbetrachtung der
            Inline-Qualitätssicherung zweidimensionaler Carbonfaser-Halb-
            zeuge mittels einer Prüfzelle
            Bachelorarbeit. Aachen: Institut für Textiltechnik, RWTH Aachen
            University, 2016.

[Lec15]     Lechthaler, L.:
            Experimentelle Untersuchung des bildgebenden Wirbelstromver-
            fahrens für 2D Carbonfaserhalbzeuge
            Bachelorarbeit. Aachen: Institut für Textiltechnik, RWTH Aachen
            University, 2015.

[Sch16a]    Schiller, A.:
            Entwicklung eines Datenmodells zur Auswertung von Eigenschaf-
            ten und Merkmalen zweidimensionaler Carbonfaser-Halbzeuge
            Bachelorarbeit. Aachen: Institut für Textiltechnik, RWTH Aachen
            University, 2016.

[Sch16b]    Schmidt, E.:
            Validierung eines Wirbelstrom-Rotationsprüfverfahrens zur zerstö-
            rungsfreien Prüfung des Lagenaufbaus von Carbonfaserstacks
            Interdisziplinäre Projektarbeit. Dresden: Institut für Textilmaschi-
            nen und Textile Hochleistungswerkstofftechnik, Technische Uni-
            versität Dresden, 2016.

[Sch17b]    Schmidt, E.:
            Detektion von lokalen textilen Merkmalen in Kohlenstofffaser-
            Stacks und Bewertung des Einflusses auf den Injektionsprozess
            Diplomarbeit. Dresden: Institut für Textilmaschinen und Textile
            Hochleistungswerkstofftechnik, Technische Universität Dresden,
            2017.

[Sch15]     Schubert, J.:
            Entwicklung eines Luftpermeabilitäts-Messverfahrens zur zerstö-
            rungsfreien Charakterisierung von Halbzeugen aus Kohlenstofffa-
            sern
            Interdisziplinäre Projektarbeit. Dresden: Institut für Textilmaschi-
            nen und Textile Hochleistungswerkstofftechnik, Technische Uni-
            versität Dresden, 2015.

[Szu15]     Szuta, R.:
            Spannrahmenauszugsversuche an Carbonfaserstacks bei der
            BMW Group am Standort Landshut
            Praktikumsbericht. Stade: PFH Private Hochschule Göttingen,
            2015.

[Win15]     Windhaus, T.:
            Untersuchung zerstörungsfreier Prüfverfahren zur Qualitätssiche-
            rung textiler Carbonfaser-Halbzeuge in der automobilen Großseri-
            enproduktion
            Masterarbeit. Aachen: Institut für Textiltechnik, RWTH Aachen
            University, 2015.

# 16 Anhang A: Prüfkonzept

Der Anhang A beinhaltet Ergänzungen zur Erarbeitung des Prüfkonzepts (entsprechend der Verweise aus Kapitel 5). Hierzu zählen die Detaillierung der Reifegradkriterien, ergänzende Informationen zu den Zielmerkmalen und Materialaufbauten sowie zugrunde liegende Ergebnisse der durchgeführten Analysen bzw. Vorversuche.

## 16.1 Reifegradkriterien

Tabelle 48:        Reifegradkriterien RG 0–2 (MR0)

| RG Nr. | Reifegradkriterien<br>Zugeordnete Kontrollpunkte nach [Sie10] | | Bewer-tung | Kapitel-verweise |
|--------|----------------------------|--------------------------------|--------|--------|
| 0.1 | Stand der Technik recherchiert | | ☑ | 3.2 |
| 0.2 | Marktscreening durchgeführt | | ☑ | 4.2 |
| 0.2.a | Referenzverfahren | je Prüfmerkmal, Aussagefähigkeit **benannt** | | |
| 0.3 | Anforderungen für Prototypen-Prüfsystem definiert | | | |
| 0.3.a | Prüfgegenstand, Bauteil | Bearbeitungszustand, Teilenummer, Material, Geometrie, Fertigungsverfahren, Abmessungen **benannt** | | |
| 0.3.b | zu prüfende Merkmale | Zeichnungsvorgaben / Toleranzen, interne Richtlinien **benannt** | | |
| 0.3.c | zu prüfende Bereiche | Zeichnung/-svorgabe, Region of interest (ROI) **benannt** | | |
| 0.3.d | Fehlerbeschreibung | Art, Lage, Abmessungen, Fehlerfolge (zeitlich) **beschrieben**; Registrierschwelle, Zulässigkeitsgrenze (Fertigungsqualität / Beanspruchungsqualität, kritische Fehlergröße **benannt** | ☑ | 5.2 |
| 0.3.e | Referenzteile | für jedes Merkmal, Grenzfehler **benannt** | | |
| 0.3.f | Prüfzeitpunkt | Prozesskette, Prozessschritt **benannt** | | |
| 0.3.g | Prüfanforderungen | Pseudofehlerrate, Fehlererkennbarkeit, Taktzeit, Zugänglichkeit, Umwelteinflüsse, Serienintegriert, Prozesskette, Labor **benannt** | | |

| RG Nr. | Reifegradkriterien Zugeordnete Kontrollpunkte nach [Sie10] | | Bewertung | Kapitelverweise |
|---|---|---|---|---|
| 0.3.h | Messprinzip | Messgröße **vorgeschlagen**; physikalischer Zusammenhang **beschrieben** | | |
| 0.3.i | Verfügbarkeit | Standzeiten / Ausfallraten, Service-Verfügbarkeit **gefordert** | | |
| 0.3.j | Bedienkonzept | manuell/teilautomatisert / vollautomatisch (Mechanik, Auswertung) **gefordert** | | |
| **1.1** | **Erste technologische Ergebnisse zur Messbarkeit der Prüfmerkmale liegen vor** | | ☑ | 5.5.3 |
| 1.1.a | Referenzteile | für jedes Merkmal **bereitgestellt** | | |
| 1.1.b | Messprinzip | Messgröße **benannt**; physikalischer Zusammenhang **bestätigt** | | |
| 1.1.c | Prinziptauglichkeit | Prüfmerkmale, Fehlererkennbarkeit **bestätigt**; Fehlerklassifizierung (Art, Ort, Verteilung, Größe) **abgeschätzt** | | |
| **1.2** | **Bewertungsszenarien Wirtschaftlichkeit erarbeitet** | | ☑ | 5.5.1 |
| 1.2.a | Prüfumfang | Stichprobe, 100%-Prüfung **benannt** | | |
| 1.2.b | Kostenpotential | Prüfkosten, Fehlerkosten **benannt** | | |
| **1.3** | **Potential-/Risikoanalyse durchgeführt** | | ☑ | 5.5.3 |
| **1.4** | **Prototypen-Prüfsystem beauftragt** | | ☑ | n. r. |
| **2.1** | **Inbetriebnahme und Betriebsbereite Übergabe (BBÜ) des Prototypen-Prüfsystems** | | ☑ | n. r. |
| **2.2** | **Planung für MR1 liegt vor** | | ☑ | 6 (Tabelle 12) 7 (Tabelle 24) |

Tabelle 49:        Reifegradkriterien RG 3–4 (MR1)

| RG Nr. | Reifegradkriterien<br>Zugeordnete Kontrollpunkte nach [Sie10] | | Bewer-tung | Kapitel-verweise |
|---|---|---|---|---|
| 3.1 | Prototypen-Prüfsystem robust und einfach zu bedienen | | ☑ | 6 |
| 3.1.a | Bedienkonzept (Mechanik) | manuell / teilautomatisert / vollautomatisch **abgeschätzt** | | |
| 3.1.b | Eigenschaften Messgeräte | Verfügbarkeit, Parametrierung, Auflösung, Genauigkeit **erprobt** | | |
| 3.1.c | Messprinzip | Physikalischer Zusammenhang **untersucht**; Einflussgrößen **benannt** | | |
| 3.2 | Standzeit und Wartung definiert | | ☑ | n. r. |
| 3.2.a | Verfügbarkeit | Standzeiten / Ausfallraten, Service-Verfügbarkeit **abgeschätzt** | | |
| 3.3 | Messdatenoutput definiert | | ☑ | n. r. |
| 3.3.a | Bedienkonzept (Auswertung) | manuell / teilautomatisert / vollautomatisch **abgeschätzt** | | |
| 3.4 | Prüfanweisung erstellt | | ☑ | 17.6 |
| 3.4.a | Prüfanweisung | Verantwortlichkeiten, Qualifikation, Prüfausrüstung / Prüfgerätespezifikation, Justier- / Prüfdurchführung / Arbeitsablauf, Prüfparameter inkl. Spannweiten, Festlegung Eingriffsgrenzen, Anforderungen an das Prüfpersonal, Ergebnisdokumentation (Berichtsinhalte, Berichtsform, Berichtsverteiler, Archivierung (Dauer, Ort, Zugang)), Reaktionsplan bei n.i.O.-Stichprobe, Prüfmittelüberwachung, Sicherheitsvorkehrungen, Störungsplan (Benachrichtigungsliste, Service-Hotline) **liegt im Entwurf vor** | | |
| 3.5 | Versuche mit Zielmaterialien durchgeführt | | ☑ | 7.1 |
| 3.5.a | Referenzverfahren | je Prüfmerkmal **verglichen**; Aussagefähigkeit **bestätigt** | | |
| 3.5.b | Prinziptauglichkeit | Fehlerklassifizierung (Art, Ort, Verteilung, Größe) **bestätigt** | | |

| RG Nr. | Reifegradkriterien<br>Zugeordnete Kontrollpunkte nach [Sie10] | | Bewer-tung | Kapitel-verweise |
|---|---|---|---|---|
| **3.6** | **Prüfprozesseignung für Prototyp ermittelt** | | | |
| 3.6.a | Prüfanforderungen | Taktzeit **abgeschätzt** | | |
| 3.6.b | Referenzteile | Grenzteile **bereitgestellt** | | |
| 3.6.c | Geräte-Messunsicherheit; Einflussgrößenanalyse | Kalibrierunsicherheit, Wiederholunsicherheit, Linearitätsunsicherheit **abgeschätzt**; Ishikawa-Diagramm (Einflussgrößenanalyse) **erstellt**; weitere Beiträge aus Fehlereinflussanalyse **abgeschätzt** | ☑ | 7.2 |
| 3.6.d | Fehlererkennbarkeit | Erkennbarkeitsgrenzen des Merkmals, an Referenzteilen mit Grenzfehlern **bestätigt** | | |
| 3.6.e | Messunsicherheit (metrische Merkmale) | Stichprobenumfang, Vergleichsunsicherheit, weitere Beiträge aus Fehlereinflussanalyse, Gesamtunsicherheit, Prüfprozesseignung **abgeschätzt** | | |
| 3.6.f | Fehlererkennbarkeit (attributive Merkmale) | Stichprobenumfang, Fehlererkennungsrate, Pseudofehlerrate **abgeschätzt** | | |
| **4.1** | **Anforderungen für Serien-Prüfsystem definiert** | | | |
| 4.1.a | Verfügbarkeit | Standzeiten / Ausfallraten, Service-Verfügbarkeit **gefordert** | | |
| 4.1.b | Qualifizierung | Qualifizierungsinhalte, Qualifizierungssystem (verbindliche Regelung zur Qualifikation, Eignungsvoraussetzungen, Schulungszeiträume, Dokumentation der Qualifikation) festgelegt; Qualifizierungsmaßnahmen **geplant** | ☑ | n. r. |
| 4.1.c | Lastenheft | **erstellt** | | |
| **4.2** | **Wirtschaftlichkeit auf Basis Prototyp für Serie bewertet** | | ☑ | 8.3 |
| **4.3** | **Planung für MR2 liegt vor** | | ☑ | 8.4 |
| **4.4** | **Serien-Prüfsystem beauftragt** | | ☐ | n. r. |

Tabelle 50:       Reifegradkriterien RG 5–6 (MR2)

| RG Nr. | Reifegradkriterien<br>Zugeordnete Kontrollpunkte nach [Sie10] | | Bewer-tung | Kapitel-verweise |
|---|---|---|---|---|
| 5.1 | Inbetriebnahme und BBÜ des Serien-Prüfsystems | | ☐ | n. r. |
| 5.2 | Serien-Prüfsystem robust und einfach zu bedienen | | ☐ | - |
| 5.2.a | Bedienkonzept (Mechanik) | manuell / teilautomatisert / vollau-tomatisch **umgesetzt / bestätigt** | | |
| 5.2.b | Eigenschaften Messgeräte | Verfügbarkeit, Parametrierung, Auflösung, Genauigkeit **optimiert / bestätigt** | | |
| 5.3 | Einbindung in Produktionsdatenerfassung erfolgt | | ☐ | - |
| 5.3.a | Bedienkonzept (Auswertung) | manuell / teilautomatisert / vollau-tomatisch **umgesetzt / bestätigt** | | |
| 5.4 | Prüfprozesseignung für Serie nachgewiesen | | ☐ | - |
| 5.4.a | Prüfanforderungen | Taktzeit **bestätigt** | | |
| 5.4.b | Geräte-Messunsicherheit; Einflussgrößenanalyse | Kalibrierunsicherheit, Wiederho-lunsicherheit, Linearitätsunsicher-heit **bestätigt**; Gerätestabilität **abgeschätzt**; Ishikawa-Diagramm (Einflussgrößenanalyse), weitere Beiträge aus Fehlereinflussana-lyse **bestätigt**; Prüfmittelfähigkeit **bestätigt** | | |
| 5.4.c | Messunsicherheit (metrische Merkmale) | Stichprobenumfang **festgelegt**; Vergleichsunsicherheit, weitere Beiträge aus Fehlereinflussana-lyse, Gesamtunsicherheit, Prüf-prozesseignung **bestimmen / bestätigen** | | |
| 5.4.d | Fehlererkennbarkeit (attributive Merkmale) | Stichprobenumfang **festgelegt**; Fehlererkennungsrate, Pseudo-fehlerrate **bestimmen / bestätigen** | | |
| 5.4.e | Prüfmittelüberwachung | Absicherung / Überwachung - Stabilität (mit Kontrollprobensatz - nicht alternd), Kalibrierung (Rück-führung auf nationale Normale) **geplant** | | |

| RG Nr. | Reifegradkriterien<br>Zugeordnete Kontrollpunkte nach [Sie10] | | Bewertung | Kapitelverweise |
|---|---|---|---|---|
| 6.1 | Statistik über Zielmaterialien in Serie vorhanden | | ☐ | - |
| 6.1.a | Geräte-Messunsicherheit | Gerätestabilität **bestätigt** | | |
| 6.2 | Endabnahme Serien-Prüfsystem erfolgt und in Prüfmittelmanagement aufgenommen | | | |
| 6.2.a | Verfügbarkeit | Standzeiten / Ausfallraten, Service-Verfügbarkeit **bestätigt** | | |
| 6.2.b | Prüfmittelüberwachung | Absicherung / Überwachung - Stabilität (mit Kontrollprobensatz - nicht alternd), Kalibrierung (Rückführung auf nationale Normale) **bestätigt** | | |
| 6.2.c | Prüfanweisung | Verantwortlichkeiten, Qualifikation, Prüfausrüstung / Prüfgerätespezifikation, Justier- / Prüfdurchführung / Arbeitsablauf, Prüfparameter inkl. Spannweiten, Festlegung Eingriffsgrenzen, Anforderungen an das Prüfpersonal, Ergebnisdokumentation (Berichtsinhalte, Berichtsform, Berichtsverteiler, Archivierung (Dauer, Ort, Zugang)), Reaktionsplan bei n.i.O.-Stichprobe, Prüfmittelüberwachung, Sicherheitsvorkehrungen, Störungsplan (Benachrichtigungsliste, Service-Hotline) **liegt in Endfassung vor** | ☐ | - |
| 6.2.d | Qualifizierung | Qualifizierungsinhalte **bestätigt**; Qualifizierungssystem (verbindliche Regelung zur Qualifikation, Eignungsvoraussetzungen, Schulungszeiträume, Dokumentation der Qualifikation) **angewendet**; Qualifizierungsmaßnahmen **durchgeführt** | | |

## 16.2 Übersicht der Zielmerkmale

Tabelle 51:       Zielmerkmale mit Zulässigkeiten, Einteilung und Gewichtung

| Merkmals-bezeichnung | Zulässigkeit/ Toleranz im Stack (Stand der Technik) | Referenz-Stacks | | Typ | | | Gewichtung aus Präferenzmatrix |
|---|---|---|---|---|---|---|---|
| | | Entnahme aus Produktion | Künstliche Herstellung | Funktionales Merkmal | Geometrisches Merkmal | Lokales Merkmal | |
| Dickstellen | zu definieren | X | X | | | X | 14,2 |
| Falten | nicht zulässig | | X | (X) | | X | 13,9 |
| Gassen | max. 5 mm Gassen-breite funktional, zu definieren für Pre-form-/RTM-Prozess | | X | (X) | | X | 13,8 |
| Lagenaufbau | keine Abweichung zulässig | | X | X | | | 10,3 |
| Faserwinkel | ± 2° Zuschnittorien-tierung | X | | X | X | | 10,1 |
| Welligkeiten | in Dickenrichtung bis max. 5 mm Höhe bei Bezugslänge 40 mm | | X | (X) | | X | 9,6 |
| Verschmutzungen | nicht zulässig | X | | | | X | 6,9 |
| Fügepunktanzahl/-position | kein fehlender Füge-punkt, ± 15 mm Po-sitionsabweichung | | X | | X | | 5,3 |
| Lagenversatz | max. 10 mm von Au-ßenkontur | X | | | X | | 4,8 |
| Geometrie | - 5 mm / + 10 mm | X | | | X | | 4,7 |
| Hilfsfadenfehler | Ø max. 25 mm | X | | | | X | 4,1 |
| Labelposition | ± 10 mm | X | | | X | | 2,2 |

## 16.3 Ergebnisse der Nutzwertanalysen

Tabelle 52:    Nutzwertanalyse Zielmerkmale

**Prüfbarkeit der Zielmerkmale**

| | Gewichtung | Radiologisch | | | | Optisch | | | | | | | |
|---|---|---|---|---|---|---|---|---|---|---|---|---|---|
| | | Röntgenprüfung | | Computertomografie | | Sichtprüfung | | Kamerasysteme | | Lasermesstechnik | | Shearografie | |
| | | Erfüllungs-grad | Gew. x Erf.'grad | Erfüllungs-grad | Gew. x Erf.'grad | Erfüllungs-grad | Gew. x Erf.'grad | Erfüllungs-grad | Gew. x Erf.'grad | Erfüllungs-grad | Gew. x Erf.'grad | Erfüllungs-grad | Gew. x Erf.'grad |
| Dickstellen (Oberfläche + Volumen) | 14,2 | 4 | 56,7 | 6 | 85,1 | 3 | 42,5 | 4 | 56,7 | 6 | 85,1 | 3 | 42,5 |
| Falten (Oberfläche + Volumen) | 13,9 | 7 | 97,4 | 10 | 139,1 | 6 | 83,5 | 5 | 69,6 | 6 | 83,5 | 3 | 41,7 |
| Gassen (Oberfläche + Volumen) | 13,8 | 8 | 110,6 | 10 | 138,2 | 4 | 55,3 | 6 | 82,9 | 5 | 69,1 | 4 | 55,3 |
| Lagenaufbau (Oberfläche + Volumen) | 10,3 | 4 | 41,3 | 6 | 61,9 | 1 | 10,3 | 1 | 10,3 | 1 | 10,3 | 1 | 10,3 |
| Faserwinkel (Oberfläche) | 10,1 | 4 | 40,2 | 5 | 50,3 | 2 | 20,1 | 5 | 50,3 | 2 | 20,1 | 2 | 20,1 |
| Welligkeiten (Oberfläche + Volumen) | 9,6 | 6 | 57,6 | 10 | 96,1 | 3 | 28,8 | 3 | 28,8 | 5 | 48,0 | 2 | 19,2 |
| Verschmutzungen (Oberfläche) | 6,9 | 3 | 20,7 | 4 | 27,6 | 3 | 20,7 | 5 | 34,6 | 5 | 34,6 | 2 | 13,8 |
| Fügepunktanzahl-position (Oberfläche) | 5,3 | 4 | 21,2 | 5 | 26,5 | 2 | 10,6 | 5 | 26,5 | 3 | 15,9 | 2 | 10,6 |
| Lagenversatz (Oberfläche) | 4,8 | 4 | 19,4 | 5 | 24,2 | 2 | 9,7 | 5 | 24,2 | 5 | 24,2 | 1 | 4,8 |
| Geometrie (Oberfläche) | 4,7 | 4 | 18,7 | 5 | 23,3 | 2 | 9,3 | 5 | 23,3 | 5 | 23,3 | 3 | 14,0 |
| Hilfsfadenfehler (Oberfläche) | 4,1 | 3 | 12,4 | 5 | 20,6 | 0 | 0,0 | 0 | 0,0 | 0 | 0,0 | 1 | 4,1 |
| Labelposition (Oberfläche) | 2,2 | 1 | 2,2 | 3 | 6,7 | 2 | 4,5 | 5 | 11,2 | 1 | 2,2 | 1 | 2,2 |
| Summe | | | 498,5 | | 699,8 | | 295,4 | | 418,5 | | 416,4 | | 238,9 |
| Rang | | | 3 | | 1 | | 6 | | 4 | | 5 | | 7 |

| | Gewichtung | Elektrisch | | Mechanisch | | Thermisch | | | | Akustisch | | | |
|---|---|---|---|---|---|---|---|---|---|---|---|---|---|
| | | Wirbelstromprüfung | | Luftpermeabilität | | Thermografie (passiv) | | Thermografie (aktiv) | | Ultraschallprüfung | | Schallemissionsanalyse | |
| | | Erfüllungs-grad | Gew. x Erf.'grad | Erfüllungs-grad | Gew. x Erf.'grad | Erfüllungs-grad | Gew. x Erf.'grad | Erfüllungs-grad | Gew. x Erf.'grad | Erfüllungs-grad | Gew. x Erf.'grad | Erfüllungs-grad | Gew. x Erf.'grad |
| Dickstellen (Oberfläche + Volumen) | 14,2 | 8 | 113,5 | 4 | 56,7 | 0 | 0,0 | 2 | 28,4 | 0 | 0,0 | 0 | 0,0 |
| Falten (Oberfläche + Volumen) | 13,9 | 8 | 111,3 | 2 | 27,8 | 0 | 0,0 | 3 | 41,7 | 0 | 0,0 | 0 | 0,0 |
| Gassen (Oberfläche + Volumen) | 13,8 | 8 | 110,6 | 2 | 27,6 | 0 | 0,0 | 3 | 41,5 | 0 | 0,0 | 0 | 0,0 |
| Lagenaufbau (Oberfläche + Volumen) | 10,3 | 4 | 41,3 | 2 | 20,6 | 0 | 0,0 | 0 | 0,0 | 0 | 0,0 | 0 | 0,0 |
| Faserwinkel (Oberfläche) | 10,1 | 4 | 40,2 | 0 | 0,0 | 0 | 0,0 | 1 | 10,1 | 0 | 0,0 | 0 | 0,0 |
| Welligkeiten (Oberfläche + Volumen) | 9,6 | 6 | 57,6 | 1 | 6,9 | 0 | 0,0 | 2 | 19,2 | 0 | 0,0 | 0 | 0,0 |
| Verschmutzungen (Oberfläche) | 6,9 | 2 | 13,8 | 0 | 0,0 | 0 | 0,0 | 1 | 6,9 | 0 | 0,0 | 0 | 0,0 |
| Fügepunktanzahl-position (Oberfläche) | 5,3 | 5 | 26,5 | 0 | 0,0 | 0 | 0,0 | 2 | 10,6 | 0 | 0,0 | 0 | 0,0 |
| Lagenversatz (Oberfläche) | 4,8 | 4 | 19,4 | 0 | 0,0 | 0 | 0,0 | 1 | 4,8 | 0 | 0,0 | 0 | 0,0 |
| Geometrie (Oberfläche) | 4,7 | 3 | 14,0 | 0 | 0,0 | 0 | 0,0 | 2 | 9,3 | 0 | 0,0 | 0 | 0,0 |
| Hilfsfadenfehler (Oberfläche) | 4,1 | 0 | 0,0 | 0 | 0,0 | 0 | 0,0 | 0 | 0,0 | 0 | 0,0 | 0 | 0,0 |
| Labelposition (Oberfläche) | 2,2 | 0 | 0,0 | 0 | 0,0 | 0 | 0,0 | 1 | 2,2 | 0 | 0,0 | 0 | 0,0 |
| Summe | | | 548,2 | | 139,8 | | 0,0 | | 174,8 | | 0,0 | | 0,0 |
| Rang | | | 2 | | 9 | | 10 | | 8 | | 10 | | 10 |

Tabelle 53:  Nutzwertanalyse Prüfumgebung

**Anforderungen aus der Prüfumgebung**

| | | Radiologisch | | | | Optisch | | | | | | | |
| | | Röntgenprüfung | | Computertomografie | | Sichtprüfung | | Kamerasysteme | | Lasermesstechnik | | Shearografie | |
| | Gewich-tung | Erfüllungs-grad | Gew. x Erf.'grad | Erfüllungs-grad | Gew. x Erf.'grad | Erfüllungs-grad | Gew. x Erf.'grad | Erfüllungs-grad | Gew. x Erf.'grad | Erfüllungs-grad | Gew. x Erf.'grad | Erfüllungs-grad | Gew. x Erf.'grad |
|---|---|---|---|---|---|---|---|---|---|---|---|---|---|
| Robustheit Unempfindlichkeit (Hallenklima etc.) | 12,5 | 0 | 0,0 | 0 | 0,0 | 5 | 62,5 | 2 | 25,0 | 2 | 25,0 | 4 | 50,0 |
| Maximale Stackgeometrie prüfbar | 9,5 | 2 | 18,9 | 1 | 9,5 | 3 | 28,4 | 4 | 37,9 | 4 | 37,9 | 3 | 28,4 |
| Bildgebendes Verfahren | 7,8 | 3 | 23,5 | 5 | 39,1 | 0 | 0,0 | 3 | 23,5 | 3 | 23,5 | 3 | 23,5 |
| Inline Messung möglich | 7,2 | 1 | 7,2 | 0 | 0,0 | 5 | 36,2 | 5 | 36,2 | 3 | 21,7 | 3 | 21,7 |
| Doppelt gekrümmte (3D Oberflächen) messbar | 7,1 | 3 | 21,4 | 4 | 28,5 | 4 | 28,5 | 4 | 28,5 | 4 | 28,5 | 3 | 21,4 |
| Möglichkeit der Verfahrenskombination | 5,8 | 1 | 5,8 | 1 | 5,8 | 5 | 29,2 | 5 | 29,2 | 4 | 23,4 | 3 | 17,5 |
| **Summe** | | | 76,9 | | 82,9 | | 184,8 | | 180,3 | | 159,9 | | 162,5 |
| **Rang** | | | 10 | | 9 | | 1 | | 2 | | 4 | | 3 |

| | | Elektrisch | | Mechanisch | | Thermisch | | | | Akustisch | | | |
| | | Wirbelstromprüfung | | Luftpermeabilität | | Thermografie (passiv) | | Thermografie (aktiv) | | Ultraschallprüfung | | Schallemissionsanalyse | |
| | Gewich-tung | Erfüllungs-grad | Gew. x Erf.'grad | Erfüllungs-grad | Gew. x Erf.'grad | Erfüllungs-grad | Gew. x Erf.'grad | Erfüllungs-grad | Gew. x Erf.'grad | Erfüllungs-grad | Gew. x Erf.'grad | Erfüllungs-grad | Gew. x Erf.'grad |
|---|---|---|---|---|---|---|---|---|---|---|---|---|---|
| Robustheit Unempfindlichkeit (Hallenklima etc.) | 12,5 | 3 | 37,5 | 2 | 25,0 | 4 | 50,0 | 3 | 37,5 | 2 | 25,0 | 3 | 37,5 |
| Maximale Stackgeometrie prüfbar | 9,5 | 3 | 28,4 | 1 | 9,5 | 5 | 47,3 | 4 | 37,9 | 2 | 18,9 | 1 | 9,5 |
| Bildgebendes Verfahren | 7,8 | 3 | 23,5 | 0 | 0,0 | 1 | 7,8 | 3 | 23,5 | 3 | 23,5 | 2 | 15,7 |
| Inline Messung möglich | 7,2 | 2 | 14,5 | 2 | 14,5 | 1 | 7,2 | 2 | 14,5 | 3 | 21,7 | 0 | 0,0 |
| Doppelt gekrümmte (3D Oberflächen) messbar | 7,1 | 3 | 21,4 | 0 | 0,0 | 3 | 21,4 | 3 | 21,4 | 2 | 14,3 | 1 | 7,1 |
| Möglichkeit der Verfahrenskombination | 5,8 | 4 | 23,4 | 2 | 11,7 | 2 | 11,7 | 2 | 11,7 | 3 | 17,5 | 1 | 5,8 |
| **Summe** | | | 148,6 | | 60,6 | | 145,4 | | 146,4 | | 120,9 | | 75,6 |
| **Rang** | | | 5 | | 12 | | 7 | | 6 | | 8 | | 11 |

Tabelle 54: Nutzwertanalyse Wirtschaftlichkeit

**Wirtschaftliche Anforderungen**

| | Gewichtung | Radiologisch | | | | Sichtprüfung | | Optisch | | | | | |
| --- | --- | --- | --- | --- | --- | --- | --- | --- | --- | --- | --- | --- | --- |
| | | Röntgenprüfung | | Computertomografie | | | | Kamerasysteme | | Lasermesstechnik | | Shearografie | |
| | | Erfüllungsgrad | Gew. x Erf.'grad | Erfüllungsgrad | Gew. x Erf.'grad | Erfüllungsgrad | Gew. x Erf.'grad | Erfüllungsgrad | Gew. x Erf.'grad | Erfüllungsgrad | Gew. x Erf.'grad | Erfüllungsgrad | Gew. x Erf.'grad |
| Kurze Taktzeit der Prüfung | 13,5 | 1 | 13,5 | 0 | 0,0 | 3 | 40,6 | 5 | 67,7 | 3 | 40,6 | 5 | 67,7 |
| Kurze Prüfnebenzeiten | 10,5 | 2 | 20,9 | 0 | 0,0 | 4 | 41,8 | 4 | 41,8 | 3 | 31,4 | 4 | 41,8 |
| Kein Zeitaufwand für Auswertung der Ergebnisse | 8,8 | 1 | 8,8 | 1 | 8,8 | 5 | 43,8 | 4 | 35,1 | 4 | 35,1 | 4 | 35,1 |
| Integrationskosten gering | 7,7 | 1 | 7,7 | 0 | 0,0 | 5 | 38,5 | 3 | 23,1 | 3 | 23,1 | 3 | 23,1 |
| Beschaffungskosten gering | 6,9 | 0 | 0,0 | 0 | 0,0 | 5 | 34,6 | 3 | 20,8 | 2 | 13,8 | 1 | 6,9 |
| Schulungskosten gering | 2,6 | 1 | 2,6 | 0 | 0,0 | 4 | 10,5 | 3 | 7,8 | 3 | 7,8 | 2 | 5,2 |
| Summe | | | 53,5 | | 8,8 | | 209,8 | | 196,3 | | 151,8 | | 179,8 |
| Rang | | | 11 | | 12 | | 1 | | 2 | | 5 | | 3 |

| | Gewichtung | Elektrisch | | Mechanisch | | Thermisch | | | | Akustisch | | | |
| --- | --- | --- | --- | --- | --- | --- | --- | --- | --- | --- | --- | --- | --- |
| | | Wirbelstromprüfung | | Luftpermeabilität | | Thermografie (passiv) | | Thermografie (aktiv) | | Ultraschallprüfung | | Schallemissionsanalyse | |
| | | Erfüllungsgrad | Gew. x Erf.'grad | Erfüllungsgrad | Gew. x Erf.'grad | Erfüllungsgrad | Gew. x Erf.'grad | Erfüllungsgrad | Gew. x Erf.'grad | Erfüllungsgrad | Gew. x Erf.'grad | Erfüllungsgrad | Gew. x Erf.'grad |
| Kurze Taktzeit der Prüfung | 13,5 | 2 | 27,1 | 4 | 54,2 | 4 | 54,2 | 3 | 40,6 | 3 | 40,6 | 1 | 13,5 |
| Kurze Prüfnebenzeiten | 10,5 | 3 | 31,4 | 5 | 52,3 | 3 | 31,4 | 1 | 10,5 | 2 | 20,9 | 1 | 10,5 |
| Kein Zeitaufwand für Auswertung der Ergebnisse | 8,8 | 1 | 8,8 | 2 | 17,5 | 2 | 17,5 | 2 | 17,5 | 3 | 26,3 | 1 | 8,8 |
| Integrationskosten gering | 7,7 | 2 | 15,4 | 2 | 15,4 | 2 | 15,4 | 1 | 7,7 | 2 | 15,4 | 1 | 7,7 |
| Beschaffungskosten gering | 6,9 | 2 | 13,8 | 2 | 13,8 | 2 | 13,8 | 3 | 20,8 | 3 | 20,8 | 2 | 13,8 |
| Schulungskosten gering | 2,6 | 2 | 5,2 | 2 | 5,2 | 2 | 5,2 | 2 | 5,2 | 2 | 5,2 | 2 | 5,2 |
| Summe | | | 101,7 | | 158,5 | | 137,5 | | 102,3 | | 129,2 | | 59,5 |
| Rang | | | 9 | | 4 | | 6 | | 8 | | 7 | | 10 |

## 16.4 Ergänzende Ergebnisse der Potential-/Risikoanalyse

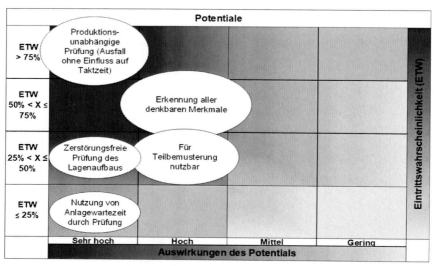

Abbildung 150: Potentiale der Inline-Stichprobenprüfung

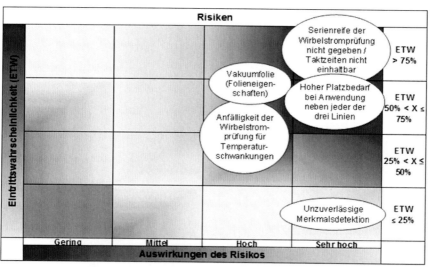

Abbildung 151: Risiken der Inline-Stichprobenprüfung

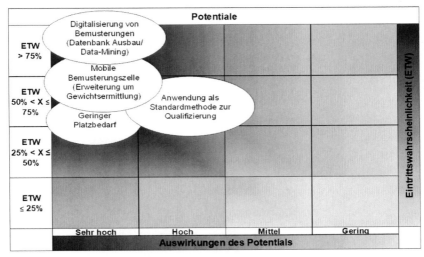

Abbildung 152: Potentiale der Atline-Prüfung

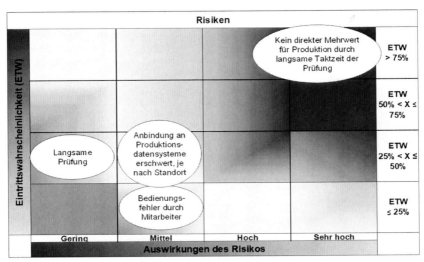

Abbildung 153: Risiken der Atline-Prüfung

## 16.5 Vorversuche mit ausgewählten Prüfverfahren

Tabelle 55:    Laser-Lichtschnittverfahren – Vorversuch zur Eignung der
               Sensorik für Messaufgabe

| | Stichpunktartige Beschreibung/Bild |
|---|---|
| Versuchsziel | • Nachweis der Eignung des Laser-Lichtschnittsensors für Messung von Stacks unter Vakuumfolie |
| Versuchs-umgebung | • Prüftisch aus Plexiglas mit Stack-Vakuumaufbau<br>• Keyence LJ-V7200 an portabler Linearachse<br> |
| Materialien | • Ausschnitt aus Stack CFL-4 (vgl. Abbildung 154) |
| Durchführung | 1. Vakuumieren des Stack-Zuschnitts auf 0,1 bar Absolutdruck<br>2. Bildgebende Messungen entlang der Linearachse<br>3. Visualisierung und Bewertung der Ergebnisse |
| Ergebnisse und Bewertung | |

30 mm (Ø Fügepunkt)

| | Stichpunktartige Beschreibung/Bild |
|---|---|
| | • Messergebnis trotz spiegelnder Oberfläche scharf<br><br>• Verkippung des Versuchsaufbaus im Randbereich aufgrund fehlender Möglichkeit zur Ausrichtung<br><br>• Fließkanäle zwischen den Fasern der Decklage, geringe Höhenunterscheide und Fügepunkt gut bis sehr gut (orientierungsabhängig) erkennbar<br><br>• Lagenversatz an der Kante des Stacks messbar<br><br>→ Bestätigung der Eignung des Keyence LJ-V7200 Sensors für die Prüfaufgabe<br><br>→ Einfluss der Stack-Orientierung auf Messergebnis zu untersuchen |
| Ableitungen für Prototypen-Prüfsystem | • Ausrichtmöglichkeit für Laser-Lichtschnittsensor und/oder Verfahren zum Ausgleich einer möglichen Verkippung bei der Messung vorzusehen |

Tabelle 56:     Bildgebendes Wirbelstromverfahren– Vorversuchsreihe zur
                Eignung der Sensorik

| | Stichpunktartige Beschreibung/Bild |
|---|---|
| Versuchsziel | • Nachweis der Eignung der Wirbelstromsensorik des Fraunhofer IZFP für die Detektion von innenliegenden Zielmerkmalen in Stacks<br><br>• Test des Vakuum-Prüftischs für das Prototypen-Prüfsystem |
| Versuchs-umgebung | • Fraunhofer EddyCus® MPECS industrial Wirbelstromportal<br><br><br><br>• Prüftisch aus Aluminium mit Lochmuster zur Vakuumverteilung und klappbarem Deckel mit Vakuumfolie |
| Materialien | • Stacks CFL-2, CFL-3, CFL-4 (vgl. Abbildung 154) |
| Durchführung | 1. Vorbereitung von Referenz-Stacks mit in Lage und Größe bekannten Merkmalen<br><br>2. Vakuumieren der Stacks auf 0,05 bar bis 0,1 bar Absolutdruck<br><br>3. Bildgebende Messungen der Referenz-Stacks<br><br>4. Visualisierung und Bewertung der Ergebnisse |

| | Stichpunktartige Beschreibung/Bild |
|---|---|
| **Ergebnisse und Bewertung** | |

| Merkmal | Daten | Eindringtiefe (Max.) | Wertung | Reale Fotografie | C-Scan |
|---|---|---|---|---|---|
| Gassen | Qual. | 5. Lage | ++ | | |
| | Qty. | 4. Lage | O | | |
| Faseran-häufungen | Qual. | 4. Lage | + | | |
| | Qty. | 3. Lage | O | | |
| Falten | Qual. | 5. Lage | + | | |
| | Qty. | 4. Lage | - | | |
| Textur | Qual. | 4. Lage | + | | |
| | Qty. | ? | O | | |

++ sehr gut + gut
O bedingt gut - nicht möglich ? unbekannt
**Qual.** = Qualitative Detektion **Qty.** = Quantitative Detektion

→ Wirbelstromsensorik des Fraunhofer IZFP grundsätzlich für die Detektion einiger Zielmerkmale geeignet, jedoch limitiert in Bezug auf die Eindringtiefe

→ Quantitative Detektion, d. h. Bestimmung der Merkmalsgröße noch nicht abschließend bewertbar

→ Vakuumtisch erfüllt seine Funktion gut (ohne Vakuum: Eindringtiefe nur bis maximal 2. Lage), ist jedoch noch schwer zu handhaben

**Ableitungen für Prototypen-Prüfsystem**

- Sensoren neuer Generation (V2) zur Vergrößerung der Eindringtiefe zu testen

- Reproduzierbare Einstellmöglichkeit für Sensorrotation ist vorzusehen

- Gasdruckfeder zum Offenhalten des Deckels während des Probenwechsels an Prüftisch zu montieren

## 16.6 Materialübersicht Stack-Lagenaufbauten

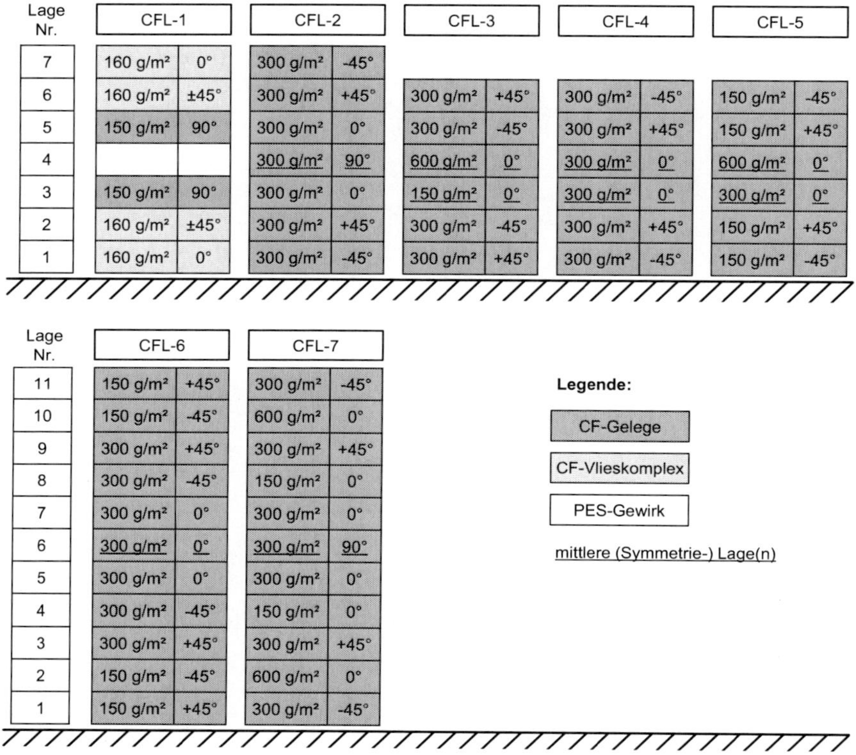

| Lage Nr. | CFL-1 | | CFL-2 | | CFL-3 | | CFL-4 | | CFL-5 | |
|---|---|---|---|---|---|---|---|---|---|---|
| 7 | 160 g/m² | 0° | 300 g/m² | -45° | | | | | | |
| 6 | 160 g/m² | ±45° | 300 g/m² | +45° | 300 g/m² | +45° | 300 g/m² | -45° | 150 g/m² | -45° |
| 5 | 150 g/m² | 90° | 300 g/m² | 0° | 300 g/m² | -45° | 300 g/m² | +45° | 150 g/m² | +45° |
| 4 | | | 300 g/m² | 90° | 600 g/m² | 0° | 300 g/m² | 0° | 600 g/m² | 0° |
| 3 | 150 g/m² | 90° | 300 g/m² | 0° | 150 g/m² | 0° | 300 g/m² | 0° | 300 g/m² | 0° |
| 2 | 160 g/m² | ±45° | 300 g/m² | +45° | 300 g/m² | -45° | 300 g/m² | +45° | 150 g/m² | +45° |
| 1 | 160 g/m² | 0° | 300 g/m² | -45° | 300 g/m² | +45° | 300 g/m² | -45° | 150 g/m² | -45° |

| Lage Nr. | CFL-6 | | CFL-7 | |
|---|---|---|---|---|
| 11 | 150 g/m² | +45° | 300 g/m² | -45° |
| 10 | 150 g/m² | -45° | 600 g/m² | 0° |
| 9 | 300 g/m² | +45° | 300 g/m² | +45° |
| 8 | 300 g/m² | -45° | 150 g/m² | 0° |
| 7 | 300 g/m² | 0° | 300 g/m² | 0° |
| 6 | 300 g/m² | 0° | 300 g/m² | 90° |
| 5 | 300 g/m² | 0° | 300 g/m² | 0° |
| 4 | 300 g/m² | -45° | 150 g/m² | 0° |
| 3 | 300 g/m² | +45° | 300 g/m² | +45° |
| 2 | 150 g/m² | -45° | 600 g/m² | 0° |
| 1 | 150 g/m² | +45° | 300 g/m² | -45° |

**Legende:**

CF-Gelege

CF-Vlieskomplex

PES-Gewirk

mittlere (Symmetrie-) Lage(n)

Abbildung 154: Lagenaufbauten der Stacks für die technologische Bewertung des Prüfkonzepts

Die Materialaufbauten CFL-1 bis CFL-5 aus Abbildung 154 sind repräsentativ für das verwendete Halbzeugspektrum in der betrachten Prozesskette. Die Lagenaufbauten CFL-6 und CFL-7 stellen aufgrund ihrer Lagenanzahl die schwierigsten Fälle in Bezug auf die Prüfbarkeit von Falten in der untersten Lage dar.

## 17 Anhang B: Technologieentwicklung

Im Anhang B sind ergänzende Versuchsdaten und Auswertungen zur Technologie- und Prototypen-Entwicklung enthalten (entsprechend der Verweise aus Kapitel 6). Ergänzend sind Auszüge der Prüfanweisung und die verwendete Software zur Messdatenauswertung dokumentiert.

### 17.1 Laser-Lichtschnittverfahren: Ergänzende Versuchsdaten und Auswertungen

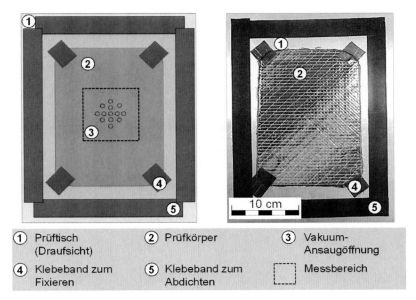

Abbildung 155: Schematische Darstellung (links) und Foto (rechts) des Versuchsaufbaus zum Folienvergleich

Tabelle 57:      Versuchseinstellungen Folienvergleich

| Nr./Gruppe | Folie | Beschreibung |
|---|---|---|
| 0/- | keine Folie | Referenzversuch ohne Folie und Vakuum |
| 1/A | Vac-Pak® HS8171 | Nylon, 50 μm, grün, transparent |
| 2/A | Dahlar® Release Bag 921, doppelt | Polyolefin, 75 μm, weiß, transluzent |
| 3/A | Dahlar® Release Bag 921 | Bei #2 werden zwei Dahlar®-Folien direkt übereinander abgelegt. Bei #3 wird eine Folie verwendet. |
| 4/A | Stretchlon® 850 | Nylon, 50 μm, orange, transparent |
| 5/B | Hostaphan® RNK 19 μm | Polyethylenterephthalat (PET), 19 μm, hochtransparent und geringe Streuung. |
| 6/A | Wrightlon® 7400 | Nylon, 25 μm, grün, transparent |
| 7/C | UV-Schutz Verpackungsfolie | Polyethylen-Flachfolie, 150 μm, weiß, intransparent |
| 8/B | Lumirror® 40.01 71 μm | Polyester (PE), 71 μm, hochtransparent und geringe Streuung. |
| 9/E | Vac-Pak mit Cyclododecan (hauchdünn) | Cyclododecan ist ein flüchtiges Mattierungsspray. Aufsprühen erzeugt einen, weißen, feinporigen, amorphen Belag, der nach kurzer Zeit rückstandfrei verdunstet. |
| 10/E | Vac-Pak mit Cyclododecan (deutlich sichtbar) | Das Spray wird auf eine Vac-Pak-Folie (s. #1) aufgetragen. Im Vergleich zu #9 wird die Menge Cyclododecan in #10 deutlich erhöht. |
| 11/D | Hostaphan® RNK 7 μm | Polyethylenterephthalat (PET), 7 μm, hochtransparent und geringe Streuung. |
| 12/D | Verpackungsfolie/ Frischhaltefolie | Polyethylen-Stretchfolie, 20 μm, transparent |
| 13/B | Lumirror® 40.01 36 μm | Polyester (PE), 36 μm, hochtransparent und geringe Streuung. |

Tabelle 58:  Quantitative Auswertung des Vakuum-Folienvergleichs

| Nr. | Folie | Dicke | Entropie | Kontrast 45° | Kontrast -45° | Kontrast 90° | Kontrast 0° | ∑ Kontrast |
|---|---|---|---|---|---|---|---|---|
| 0 | keine Folie | 3,95 | 13,9 → | 95,9 | 61,5 | 25,3 | 11,0 ← | 193,7 |
| 1 | Vac-Pac® HS 8171 | 2,36 ↗ | 12,9 | 37,0 | 25,2 | 10,7 | 2,2 ↑ | 75,2 |
| 2 | Dahlar® Release Bag 921, doppelt | 2,36 ↗ | 12,8 | 32,1 | 26,2 | 7,9 | 1,8 ↗ | 68,0 |
| 3 | Dahlar® Release Bag 921 | 2,34 ↑ | 13,0 | 37,9 | 29,3 | 10,8 | 1,8 ↑ | 79,8 |
| 4 | Stretchlon® 850 | 2,36 ↗ | 12,8 | 44,1 | 24,9 | 8,8 | 2,0 ↑ | 79,7 |
| 5 | Hostaphan® RNK 19 µm | 2,38 ↗ | 13,4 | 60,7 | 41,6 | 12,9 | 3,6 ↑ | 118,8 |
| 6 | Wrightlon® 7400 | 2,35 ↑ | 13,0 | 39,8 | 24,9 | 11,3 | 2,3 ↑ | 78,2 |
| 7 | UV-Schutz Verpackungsfolie | 2,39 ← | 12,3 | 52,2 | 6,7 | 8,9 | 2,5 ↑ | 70,2 |
| 8 | Lumirror® 40.01 71 µm | 2,42 ↗ | 13,5 | 53,3 | 51,4 | 22,2 | 3,6 ↖ | 130,5 |
| 9 | Vac-Pac mit wenig Cyclododecan | 2,48 → | 13,9 | 36,6 | 31,5 | 11,7 | 5,4 ↑ | 85,2 |
| 10 | Vac-Pac mit viel Cyclododecan | 2,56 → | 13,7 | 30,2 | 22,4 | 12,3 | 4,8 ↗ | 69,8 |
| 11 | Hostaphan® RNK 7 µm | 2,37 ↗ | 13,4 | 67,2 | 40,8 | 12,0 | 3,6 ↑ | 123,5 |
| 12 | Verpackungsfolie/ Frischhaltefolie | 2,36 ↗ | 13,5 | 87,3 | 47,7 | 12,5 | 3,4 ↖ | 150,9 |
| 13 | Lumirror® 40.01 36 µm | 2,40 ↗ | 13,5 | 58,3 | 53,9 | 19,9 | 3,4 ↖ | 135,6 |

Tabelle 59:        Versuchsparameter Folienvergleich

| Lagenauf-<br>bau | Probekörper,<br>Stichprobenumfang | Messfläche,<br>Vakuum | Auflösung,<br>Messmodus |
|---|---|---|---|
| CFL-2<br>(vgl. Abbil-<br>dung 154) | 1 Preform (2D),<br>130 × 200 mm$^2$;<br>n = 3 x 2 je Folie | 100 × 100 mm$^2$,<br>50 mbar | 0,25 × 0,25 mm$^2$,<br>Punktscan |

Tabelle 60:        Versuchsparameter Messmodus und Auflösung

| Lagenauf-<br>bau | Probekörper,<br>Stichprobenumfang | Messfläche,<br>Vakuum | Auflösung,<br>Messmodus |
|---|---|---|---|
| CFL-2<br>(vgl. Abbil-<br>dung 154) | 1 Stack,<br>360 × 375 mm$^2$;<br>n = 2 je Modus/Auflösung | 400 × 400 mm$^2$,<br>50 mbar | siehe<br>Tabelle 14 |

Tabelle 61:        Versuchsparameter Druck, Laserabstand, Orientierung

| Lagenauf-<br>bau | Probekörper,<br>Stichprobenumfang | Messfläche,<br>Vakuum | Auflösung,<br>Messmodus |
|---|---|---|---|
| CFL-2<br>(vgl. Abbil-<br>dung 154) | 3 Stacks<br>370 × 370 mm$^2$;<br>n = 3 je Faktorstufe | 400 × 400 mm$^2$,<br>Umgebungs-<br>druck (1 bar) –<br>Druck auf Stack<br>(s. Tabelle 15) | 0,5 × 0,5 mm$^2$,<br>Linienscan |

## 17.2 Laser-Lichtschnittverfahren: Ergänzende Abbildungen, Auswerteparameter und Berechnungen zur Messdatenauswertung

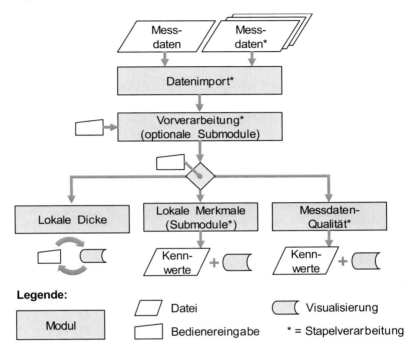

**Legende:**

Abbildung 156: Ablauf zur Auswertung der Messdaten und Modulstruktur des Laser-Lichtschnittverfahrens

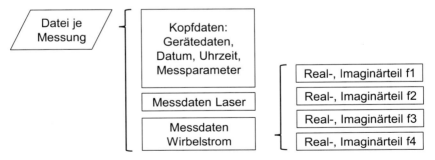

Abbildung 157: Schematische Darstellung der Datenstruktur der Prototypen-Prüfzelle

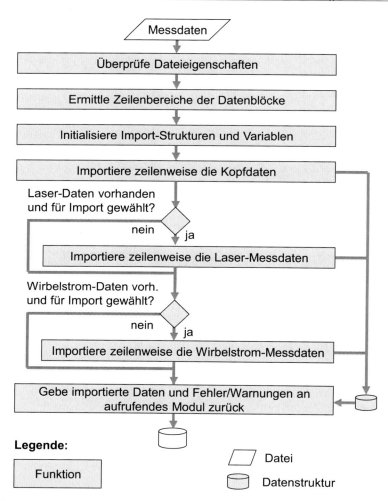

Abbildung 158: Ablaufdiagramm des Datenimport-Moduls

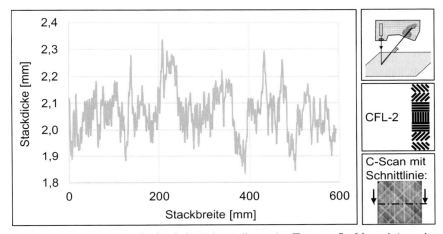

Abbildung 159: Beispielhafte Schnittdarstellung der Topografie-Messdaten eines Stacks


Tabelle 62:     Größen der Operatorfenster für die Filterung der Vakuum-
                Lochbohrungen in Abhängigkeit der Auflösung

| Auflösung [mm²] | ≤ (0,25 x 0,25) | ≤ (0,5 x 0,5) | ≤ (1 x 1) | > (1 x 1) |
|---|---|---|---|---|
| Fenstergröße [px²] | 21 x 21 | 11 x 11 | 6 x 6 | 3 x 3 |


Tabelle 63:     Parameter zur reproduzierbaren automatisierten Messdaten-
                auswertung

| Mess-/Auswerteparameter | Wert |
|---|---|
| Auflösung der Messung | ≤ 1 x 1 mm² |
| Größe der Rastermatrix | z = 3 mm, d. h. 9 mm² je Rasterelement |

Tabelle 64:     Klassengrenzen der relativen Grammaturerhöhung für untersuchte Gelege-Lagenaufbauten (vgl. Abbildung 154)

| Lagenaufbau → | Ausprägung ↓ | CFL-2 | CFL-3 | CFL-4 | CFL-5 | CFL-6 | CFL-7 |
|---|---|---|---|---|---|---|---|
| **Grammatur Lagenaufbau [g/m²] →** | | 2.100 | 1.950 | 1.800 | 1.500 | 2.700 | 3.600 |
| **Merkmals-Lage ↓** | **Ausprägung ↓** | **Lokale relative Grammaturerhöhung** | | | | | |
| 150 g/m² | 125% | ↓ 1,02 | ↓ 1,02 | → 1,02 | ↓ 1,03 | ↓ 1,01 | ↓ 1,01 |
| | 150% | ↓ 1,04 | ↓ 1,04 | ↓ 1,04 | ↓ 1,05 | ↓ 1,03 | ↓ 1,02 |
| | 175% | ↓ 1,05 | ↓ 1,06 | ↓ 1,06 | ↓ 1,08 | ↓ 1,04 | ↓ 1,03 |
| | 200% | ↓ 1,07 | ↓ 1,08 | ↓ 1,08 | ↘ 1,10 | ↓ 1,06 | ↓ 1,04 |
| | 225% | ↓ 1,09 | ↓ 1,10 | ↘ 1,10 | ↘ 1,13 | ↓ 1,07 | ↓ 1,05 |
| | 250% | ↘ 1,11 | ↘ 1,12 | ↘ 1,13 | ↘ 1,15 | ↓ 1,08 | ↓ 1,06 |
| | 275% | ↘ 1,13 | ↘ 1,13 | ↘ 1,15 | ↘ 1,18 | ↓ 1,10 | ↓ 1,07 |
| | 300% | ↘ 1,14 | ↘ 1,15 | ↘ 1,17 | → 1,20 | ↘ 1,11 | ↓ 1,08 |
| 300 g/m² (davon identisch zu 150 g/m²) | 125% | ↓ 1,04 | ↓ 1,04 | ↓ 1,04 | ↓ 1,05 | ↓ 1,03 | ↓ 1,02 |
| | 150% | ↓ 1,07 | ↓ 1,08 | ↓ 1,08 | ↘ 1,10 | ↓ 1,06 | ↓ 1,04 |
| | 175% | ↘ 1,11 | ↘ 1,12 | ↘ 1,13 | ↘ 1,15 | ↓ 1,08 | ↓ 1,06 |
| | 200% | ↘ 1,14 | ↘ 1,15 | → 1,17 | → 1,20 | ↘ 1,11 | ↓ 1,08 |
| | 225% | ↘ 1,18 | ↘ 1,19 | → 1,21 | → 1,25 | ↘ 1,14 | ↘ 1,10 |
| | 250% | → 1,21 | → 1,23 | → 1,25 | → 1,30 | ↘ 1,17 | ↘ 1,13 |
| | 275% | → 1,25 | → 1,27 | → 1,29 | → 1,35 | ↘ 1,19 | ↘ 1,15 |
| | 300% | → 1,29 | → 1,31 | → 1,33 | ↗ 1,40 | → 1,22 | ↘ 1,17 |
| 600 g/m² (davon identisch zu 150 g/m² und 300 g/m²) | 125% | ↓ 1,07 | ↓ 1,08 | ↓ 1,08 | ↘ 1,10 | ↓ 1,06 | ↓ 1,04 |
| | 150% | ↘ 1,14 | ↘ 1,15 | → 1,17 | → 1,20 | ↘ 1,11 | ↘ 1,08 |
| | 175% | → 1,21 | → 1,23 | → 1,25 | → 1,30 | ↘ 1,17 | ↘ 1,13 |
| | 200% | → 1,29 | → 1,31 | → 1,33 | ↗ 1,40 | → 1,22 | ↘ 1,17 |
| | 225% | → 1,36 | → 1,38 | → 1,42 | ↗ 1,50 | → 1,28 | → 1,21 |
| | 250% | ↗ 1,43 | ↗ 1,46 | → 1,50 | ↗ 1,60 | → 1,33 | → 1,25 |
| | 275% | ↗ 1,50 | ↗ 1,54 | ↗ 1,58 | ↗ 1,70 | → 1,39 | → 1,29 |
| | 300% | ↗ 1,57 | ↗ 1,62 | ↗ 1,67 | ↑ 1,80 | ↗ 1,44 | → 1,33 |
| | 325% | ↗ 1,64 | ↗ 1,69 | ↗ 1,75 | ↑ 1,90 | ↗ 1,50 | → 1,38 |
| | 350% | ↗ 1,71 | ↗ 1,77 | ↑ 1,83 | ↑ 2,00 | ↗ 1,56 | ↗ 1,42 |

Tabelle 65: Formeln zur Berechnung der oberen Klassengrenzen der relativen Grammaturerhöhung für Faseranhäufungen

| Formeln | |
|---|---|
| | $$\Delta x_{(1;150]} = \frac{\left(150\,\frac{g}{m^2} \cdot b\right)}{G_{Stack}}$$ |
| | $$\Delta x_{(150;300]} = \frac{\left(300\,\frac{g}{m^2} \cdot b\right)}{G_{Stack}}$$ |
| | $$\Delta x_{(300;600]} = \frac{\left(600\,\frac{g}{m^2} \cdot b\right)}{G_{Stack}}$$ |
| | $$x_{o;i,(1;150]} = 1 + i \cdot \Delta x_{(1;150]}$$ |
| | $$x_{o;j,(150;300]} = x_{o;i=8,(1;150]} + j \cdot \Delta x_{(150;300]}$$ |
| | $$x_{o;k,(300;600]} = x_{o;j=4,(150;300]} + k \cdot \Delta x_{(300;600]}$$ |

**Formelzeichen**

| | | |
|---|---|---|
| $\Delta x$: | Intervallbreite der relativen Grammaturerhöhung | |
| $b = 25$ | Vorgabe für Intervallbreite | [%] |
| $G_{Stack}$: | Nenn-Grammatur des Stack-Lagenaufbaus | $[\frac{g}{m^2}]$ |
| $x_o$: | obere Klassengrenze je Einzellagen-Grammatur | |
| $i, j, k$: | Zählvariablen je Einzellagen-Grammatur (s. Indizes), so dass identischen Ausprägungen anhand der jeweils leichteren Grammatur beschrieben sind (vgl. Tabelle 64) | |

**Indizes**

| | |
|---|---|
| (1;150]: | für Einzellagen-Grammatur 150: $i \in [1, 8]$ |
| (150;300]: | für Einzellagen-Grammatur 300: $j \in [1, 4]$ |
| (300;600]: | für Einzellagen-Grammatur 600: $k \in [1, 6]$ |

## 17.3  Industriekamera: Ergänzende Abbildungen zur Messdatenauswertung

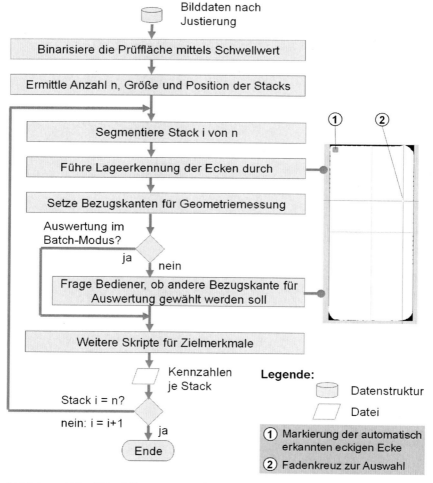

Abbildung 160: Ablaufdiagramm zur Lageerkennung und Referenzierung der Stacks

## 17.4 Bildgebendes Wirbelstromverfahren: Ergänzende Versuchsdaten und Auswertungen

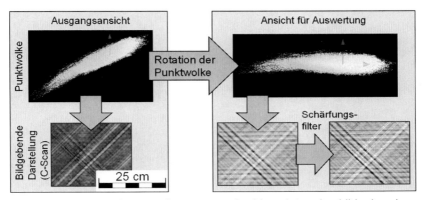

Abbildung 161: Vorgehen zur Auswertung der Messdaten des bildgebenden Wirbelstromverfahrens

Tabelle 66:      Bewertung der Sichtbarkeit des Merkmals in der Auswertung des bildgebenden Wirbelstromverfahrens

| Sichtbarkeit der Merkmale | Punktebewertung | Beispiel |
|:---:|:---:|:---:|
| Gut | 2 | 25 cm |
| Schlecht | 1 | 25 cm |
| Nicht sichtbar | 0 | 25 cm |

Tabelle 67:     Übersicht über die Ausprägung der untersuchten Merkmale
                und deren Gewichtungsfaktoren

| Merkmalsausprägung (Klasse) | Gassen | Linienförmige Dickstellen | Gewichtungsfaktor |
|---|---|---|---|
| 1 | ≤ 2,5 mm | ≤ 2,5 mm | 3 |
| 2 | ≤ 5 mm | ≤ 5 mm | 2 |
| 3 | ≤ 8 mm | ≤ 8 mm | 1 |

Tabelle 68:     Übersicht über die Gewichtungsfaktoren in Abhängigkeit der
                Lage des Merkmals

| Lage (von oben) | 1 | 2 | 3 | 4 | 5 | 6 | 7 |
|---|---|---|---|---|---|---|---|
| Gewichtungsfaktor | 1 | 2 | 3 | 4 | 5 | 6 | 7 |

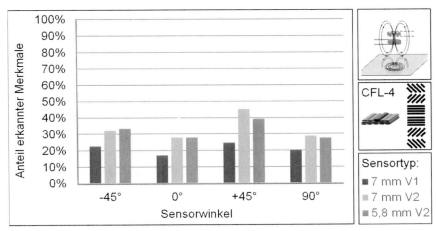

Abbildung 162:  Auswertungen der Messungen des Zielmerkmals linienförmige
Dickstellen für Lagenaufbau CFL-4

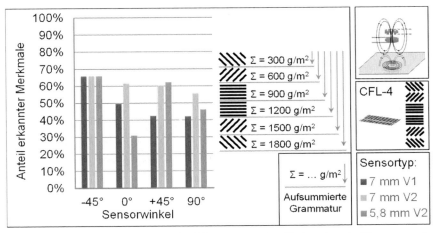

Abbildung 163:  Auswertungen der Messungen des Zielmerkmals Gassen und
summierte Grammatur für Lagenaufbau CFL-4

Tabelle 69:     Auswertungen der Messungen des Zielmerkmals linienförmige Dickstellen je Einzellagen der Lagenaufbauten CFL-2/3/4

**Lagenaufbau CFL-2: linienförmige Dickstellen**

Punktebewertung für Klasse 1 | 2 | 3

| Sensorwinkel | Sensor | 1. Lage | | | 2. Lage | | | 3. Lage | | | 4. Lage | | | 5. Lage | | | 6. Lage | | | 7. Lage | | | Summe | Anteil |
|---|---|---|---|---|---|---|---|---|---|---|---|---|---|---|---|---|---|---|---|---|---|---|---|---|
| -45° | 7 mm V1 | 2 | 2 | 2 | 2 | 2 | 2 | 1 | 1 | 1 | 1 | 0 | 1 | 1 | 1 | 0 | 0 | 0 | 1 | 0 | 0 | 0 | 101 | 30% |
| | 7 mm V2 | 2 | 2 | 2 | 2 | 2 | 2 | 1 | 1 | 1 | 0 | 0 | 0 | 1 | 1 | 1 | 0 | 0 | 2 | 0 | 0 | 0 | 96 | 29% |
| | 5,8 mm V2 | 2 | 2 | 2 | 2 | 2 | 2 | 2 | 2 | 2 | 0 | 0 | 0 | 1 | 1 | 1 | 1 | 1 | 2 | 0 | 0 | 0 | 144 | 43% |
| 0° | 7 mm V1 | 1 | 1 | 1 | 2 | 2 | 2 | 1 | 1 | 1 | 0 | 0 | 1 | 1 | 1 | 1 | 0 | 0 | 1 | 0 | 0 | 0 | 88 | 26% |
| | 7 mm V2 | 2 | 2 | 2 | 2 | 2 | 2 | 1 | 1 | 1 | 0 | 0 | 0 | 1 | 1 | 1 | 0 | 0 | 2 | 0 | 1 | 1 | 117 | 35% |
| | 5,8 mm V2 | 2 | 2 | 2 | 1 | 1 | 1 | 1 | 1 | 1 | 0 | 0 | 0 | 0 | 1 | 1 | 1 | 1 | 2 | 0 | 0 | 1 | 106 | 32% |
| +45° | 7 mm V1 | 2 | 2 | 2 | 2 | 2 | 2 | 2 | 2 | 2 | 0 | 0 | 0 | 1 | 1 | 1 | 0 | 0 | 1 | 0 | 0 | 0 | 108 | 32% |
| | 7 mm V2 | 2 | 2 | 2 | 2 | 2 | 2 | 0 | 1 | 1 | 0 | 0 | 1 | 1 | 1 | 0 | 0 | 0 | 2 | 0 | 0 | 0 | 86 | 26% |
| | 5,8 mm V2 | 2 | 2 | 2 | 2 | 2 | 2 | 2 | 2 | 2 | 0 | 0 | 0 | 1 | 1 | 1 | 0 | 0 | 1 | 0 | 0 | 1 | 115 | 34% |
| 90° | 7 mm V1 | 2 | 2 | 2 | 2 | 2 | 2 | 2 | 2 | 2 | 0 | 0 | 1 | 1 | 1 | 1 | 0 | 0 | 1 | 0 | 0 | 0 | 112 | 33% |
| | 7 mm V2 | 2 | 2 | 2 | 2 | 2 | 2 | 2 | 2 | 2 | 0 | 0 | 1 | 1 | 1 | 1 | 0 | 0 | 1 | 0 | 0 | 0 | 112 | 33% |
| | 5,8 mm V2 | 2 | 2 | 2 | 1 | 1 | 1 | 1 | 1 | 1 | 0 | 0 | 0 | 0 | 1 | 1 | 1 | 1 | 2 | 0 | 0 | 0 | 99 | 29% |

**Lagenaufbau CFL-3: linienförmige Dickstellen**

Punktebewertung für Klasse 1 | 2 | 3

| Sensorwinkel | Sensor | 1. Lage | | | 2. Lage | | | 3. Lage | | | 4. Lage | | | 5. Lage | | | 6. Lage | | | Summe | Anteil |
|---|---|---|---|---|---|---|---|---|---|---|---|---|---|---|---|---|---|---|---|---|---|
| -45° | 7 mm V1 | 1 | 1 | 1 | 2 | 2 | 2 | 0 | 1 | 1 | 0 | 0 | 0 | 0 | 0 | 2 | 1 | 1 | 1 | 85 | 34% |
| | 7 mm V2 | 1 | 1 | 1 | 2 | 2 | 2 | 0 | 1 | 1 | 0 | 0 | 0 | 0 | 0 | 1 | 1 | 1 | 1 | 80 | 32% |
| | 5,8 mm V2 | 2 | 2 | 2 | 2 | 2 | 2 | 0 | 1 | 2 | 1 | 1 | 1 | 0 | 0 | 2 | 1 | 2 | 2 | 136 | 54% |
| 0° | 7 mm V1 | 2 | 2 | 2 | 2 | 2 | 2 | 0 | 1 | 1 | 0 | 0 | 0 | 0 | 0 | 1 | 0 | 0 | 0 | 50 | 20% |
| | 7 mm V2 | 2 | 2 | 2 | 2 | 2 | 2 | 0 | 1 | 1 | 1 | 1 | 1 | 0 | 0 | 1 | 0 | 0 | 1 | 80 | 32% |
| | 5,8 mm V2 | 1 | 1 | 1 | 2 | 2 | 2 | 0 | 2 | 2 | 1 | 1 | 1 | 0 | 0 | 1 | 0 | 0 | 1 | 83 | 33% |
| +45° | 7 mm V1 | 2 | 2 | 2 | 2 | 2 | 2 | 2 | 2 | 2 | 1 | 1 | 1 | 0 | 2 | 1 | 0 | 0 | 0 | 121 | 48% |
| | 7 mm V2 | 1 | 1 | 1 | 2 | 2 | 2 | 0 | 0 | 0 | 1 | 1 | 1 | 0 | 2 | 2 | 2 | 2 | 2 | 156 | 62% |
| | 5,8 mm V2 | 1 | 2 | 2 | 2 | 2 | 2 | 1 | 2 | 2 | 0 | 1 | 1 | 0 | 0 | 1 | 0 | 0 | 1 | 83 | 33% |
| 90° | 7 mm V1 | 1 | 1 | 1 | 2 | 2 | 2 | 0 | 1 | 2 | 0 | 0 | 1 | 0 | 0 | 1 | 0 | 0 | 0 | 51 | 20% |
| | 7 mm V2 | 1 | 2 | 2 | 2 | 2 | 2 | 0 | 1 | 1 | 0 | 1 | 1 | 0 | 0 | 1 | 0 | 0 | 1 | 65 | 26% |
| | 5,8 mm V2 | 1 | 2 | 2 | 2 | 2 | 2 | 0 | 1 | 1 | 0 | 1 | 1 | 0 | 0 | 1 | 1 | 1 | 1 | 95 | 38% |

**Lagenaufbau CFL-4: linienförmige Dickstellen**

Punktebewertung für Klasse 1 | 2 | 3

| Sensorwinkel | Sensor | 1. Lage | | | 2. Lage | | | 3. Lage | | | 4. Lage | | | 5. Lage | | | 6. Lage | | | Summe | Anteil |
|---|---|---|---|---|---|---|---|---|---|---|---|---|---|---|---|---|---|---|---|---|---|
| -45° | 7 mm V1 | 1 | 2 | 2 | 2 | 2 | 2 | 0 | 0 | 1 | 0 | 0 | 0 | 0 | 1 | 1 | 0 | 0 | 1 | 57 | 23% |
| | 7 mm V2 | 1 | 2 | 2 | 2 | 2 | 2 | 0 | 0 | 0 | 0 | 0 | 0 | 1 | 1 | 1 | 0 | 1 | 1 | 81 | 32% |
| | 5,8 mm V2 | 2 | 2 | 2 | 2 | 2 | 2 | 0 | 0 | 0 | 0 | 0 | 0 | 1 | 1 | 1 | 0 | 1 | 1 | 84 | 33% |
| 0° | 7 mm V1 | 1 | 1 | 1 | 2 | 2 | 2 | 0 | 1 | 1 | 0 | 0 | 1 | 0 | 0 | 0 | 0 | 0 | 0 | 43 | 17% |
| | 7 mm V2 | 1 | 1 | 1 | 2 | 2 | 2 | 1 | 1 | 1 | 0 | 0 | 1 | 0 | 0 | 0 | 0 | 1 | 1 | 70 | 28% |
| | 5,8 mm V2 | 1 | 1 | 1 | 2 | 2 | 2 | 1 | 1 | 1 | 0 | 0 | 1 | 0 | 0 | 0 | 0 | 1 | 1 | 70 | 28% |
| +45° | 7 mm V1 | 1 | 1 | 1 | 2 | 2 | 2 | 0 | 1 | 1 | 0 | 0 | 0 | 0 | 0 | 1 | 0 | 1 | 1 | 62 | 25% |
| | 7 mm V2 | 2 | 2 | 2 | 2 | 2 | 2 | 2 | 2 | 2 | 1 | 1 | 1 | 0 | 0 | 0 | 0 | 1 | 1 | 114 | 45% |
| | 5,8 mm V2 | 2 | 2 | 2 | 2 | 2 | 2 | 1 | 1 | 2 | 1 | 1 | 1 | 0 | 0 | 0 | 0 | 1 | 1 | 99 | 39% |
| 90° | 7 mm V1 | 1 | 2 | 2 | 2 | 2 | 2 | 0 | 0 | 0 | 0 | 1 | 1 | 0 | 0 | 0 | 0 | 0 | 1 | 51 | 20% |
| | 7 mm V2 | 1 | 2 | 2 | 2 | 2 | 2 | 0 | 1 | 1 | 1 | 1 | 1 | 0 | 0 | 0 | 0 | 0 | 1 | 72 | 29% |
| | 5,8 mm V2 | 2 | 2 | 2 | 2 | 2 | 2 | 0 | 0 | 1 | 1 | 1 | 1 | 0 | 0 | 0 | 0 | 0 | 1 | 69 | 27% |

Tabelle 70:    Auswertungen der Messungen des Zielmerkmals Gassen je Einzellagen der Lagenaufbauten CFL-2/3/4

**Lagenaufbau CFL-2: Gassen**

| Sensorwinkel | Sensor | 1. Lage | | | 2. Lage | | | 3. Lage | | | 4. Lage | | | 5. Lage | | | 6. Lage | | | 7. Lage | | | Summe | Anteil |
|---|---|---|---|---|---|---|---|---|---|---|---|---|---|---|---|---|---|---|---|---|---|---|---|---|
| -45° | 7 mm V1 | 2 | 2 | 2 | 2 | 2 | 2 | 2 | 2 | 2 | 0 | 1 | 1 | 2 | 2 | 2 | 0 | 0 | 1 | 0 | 0 | 0 | 150 | 45% |
| | 7 mm V2 | 2 | 2 | 2 | 2 | 2 | 2 | 2 | 2 | 2 | 0 | 1 | 1 | 2 | 2 | 2 | 1 | 1 | 1 | 0 | 0 | 1 | 187 | 56% |
| | 5,8 mm V2 | 2 | 2 | 2 | 2 | 2 | 2 | 2 | 2 | 2 | 0 | 1 | 1 | 2 | 2 | 2 | 2 | 2 | 2 | 1 | 1 | 1 | 258 | 77% |
| 0° | 7 mm V1 | 2 | 2 | 2 | 2 | 2 | 2 | 2 | 2 | 2 | 0 | 1 | 1 | 2 | 2 | 2 | 0 | 1 | 1 | 0 | 0 | 0 | 162 | 48% |
| | 7 mm V2 | 2 | 2 | 2 | 2 | 2 | 2 | 2 | 2 | 2 | 0 | 1 | 1 | 2 | 2 | 2 | 0 | 1 | 1 | 1 | 0 | 0 | 183 | 54% |
| | 5,8 mm V2 | 2 | 2 | 2 | 2 | 2 | 2 | 2 | 2 | 2 | 0 | 0 | 1 | 2 | 2 | 2 | 0 | 1 | 1 | 0 | 0 | 1 | 161 | 48% |
| +45° | 7 mm V1 | 2 | 2 | 2 | 2 | 2 | 2 | 2 | 2 | 2 | 0 | 0 | 0 | 2 | 2 | 2 | 1 | 2 | 2 | 2 | 2 | 2 | 270 | 80% |
| | 7 mm V2 | 2 | 2 | 2 | 2 | 2 | 2 | 2 | 2 | 2 | 0 | 0 | 1 | 2 | 2 | 2 | 2 | 2 | 2 | 2 | 2 | 2 | 292 | 87% |
| | 5,8 mm V2 | 2 | 2 | 2 | 2 | 2 | 2 | 2 | 2 | 2 | 0 | 0 | 1 | 2 | 2 | 2 | 1 | 2 | 2 | 2 | 2 | 2 | 274 | 82% |
| 90° | 7 mm V1 | 2 | 2 | 2 | 2 | 2 | 2 | 2 | 2 | 2 | 0 | 0 | 0 | 0 | 1 | 1 | 1 | 2 | 2 | 1 | 2 | 2 | 204 | 61% |
| | 7 mm V2 | 2 | 2 | 2 | 2 | 2 | 2 | 2 | 2 | 2 | 0 | 1 | 1 | 2 | 2 | 2 | 1 | 2 | 2 | 2 | 2 | 2 | 282 | 84% |
| | 5,8 mm V2 | 2 | 2 | 2 | 2 | 2 | 2 | 2 | 2 | 2 | 0 | 0 | 0 | 1 | 1 | 1 | 0 | 1 | 1 | 2 | 2 | 2 | 204 | 61% |

**Lagenaufbau CFL-3: Gassen**

| Sensorwinkel | Sensor | 1. Lage | | | 2. Lage | | | 3. Lage | | | 4. Lage | | | 5. Lage | | | 6. Lage | | | Summe | Anteil |
|---|---|---|---|---|---|---|---|---|---|---|---|---|---|---|---|---|---|---|---|---|---|
| -45° | 7 mm V1 | 2 | 2 | 2 | 2 | 2 | 2 | 0 | 0 | 0 | 0 | 0 | 0 | 1 | 1 | 1 | 0 | 1 | 1 | 84 | 33% |
| | 7 mm V2 | 2 | 2 | 2 | 2 | 2 | 2 | 0 | 0 | 0 | 0 | 0 | 0 | 1 | 1 | 1 | 1 | 1 | 1 | 102 | 40% |
| | 5,8 mm V2 | 2 | 2 | 2 | 2 | 2 | 2 | 0 | 0 | 0 | 0 | 0 | 0 | 0 | 0 | 0 | 1 | 2 | 2 | 90 | 36% |
| 0° | 7 mm V1 | 2 | 2 | 2 | 2 | 2 | 2 | 0 | 1 | 1 | 0 | 0 | 1 | 0 | 0 | 0 | 0 | 0 | 0 | 49 | 19% |
| | 7 mm V2 | 2 | 2 | 2 | 2 | 2 | 2 | 1 | 1 | 1 | 1 | 1 | 1 | 1 | 1 | 1 | 0 | 0 | 0 | 108 | 43% |
| | 5,8 mm V2 | 2 | 2 | 2 | 2 | 2 | 2 | 1 | 1 | 1 | 0 | 1 | 1 | 0 | 0 | 0 | 0 | 0 | 0 | 66 | 26% |
| +45° | 7 mm V1 | 2 | 2 | 2 | 2 | 2 | 2 | 0 | 0 | 0 | 0 | 0 | 0 | 0 | 0 | 0 | 0 | 0 | 0 | 36 | 14% |
| | 7 mm V2 | 2 | 2 | 2 | 2 | 2 | 2 | 0 | 0 | 0 | 0 | 0 | 0 | 0 | 0 | 0 | 0 | 0 | 0 | 36 | 14% |
| | 5,8 mm V2 | 2 | 2 | 2 | 2 | 2 | 2 | 0 | 0 | 0 | 0 | 0 | 0 | 0 | 0 | 0 | 0 | 0 | 0 | 36 | 14% |
| 90° | 7 mm V1 | 2 | 2 | 2 | 2 | 2 | 2 | 0 | 0 | 0 | 0 | 0 | 0 | 0 | 0 | 0 | 0 | 0 | 0 | 36 | 14% |
| | 7 mm V2 | 2 | 2 | 2 | 2 | 2 | 2 | 0 | 0 | 0 | 0 | 0 | 0 | 0 | 0 | 0 | 0 | 0 | 0 | 36 | 14% |
| | 5,8 mm V2 | 2 | 2 | 2 | 2 | 2 | 2 | 0 | 0 | 0 | 0 | 0 | 0 | 1 | 1 | 1 | 0 | 0 | 0 | 60 | 24% |

**Lagenaufbau CFL-4: Gassen**

| Sensorwinkel | Sensor | 1. Lage | | | 2. Lage | | | 3. Lage | | | 4. Lage | | | 5. Lage | | | 6. Lage | | | Summe | Anteil |
|---|---|---|---|---|---|---|---|---|---|---|---|---|---|---|---|---|---|---|---|---|---|
| -45° | 7 mm V1 | 2 | 2 | 2 | 2 | 2 | 2 | 2 | 2 | 2 | 2 | 2 | 2 | 0 | 0 | 2 | 1 | 1 | 1 | 166 | 66% |
| | 7 mm V2 | 2 | 2 | 2 | 2 | 2 | 2 | 2 | 2 | 2 | 2 | 2 | 2 | 0 | 0 | 2 | 1 | 1 | 1 | 166 | 66% |
| | 5,8 mm V2 | 2 | 2 | 2 | 2 | 2 | 2 | 2 | 2 | 2 | 2 | 2 | 2 | 0 | 0 | 2 | 1 | 1 | 1 | 166 | 66% |
| 0° | 7 mm V1 | 2 | 2 | 2 | 2 | 2 | 2 | 2 | 2 | 2 | 2 | 2 | 2 | 0 | 0 | 1 | 0 | 0 | 0 | 125 | 50% |
| | 7 mm V2 | 2 | 2 | 2 | 2 | 2 | 2 | 2 | 2 | 2 | 2 | 2 | 2 | 1 | 1 | 2 | 0 | 0 | 0 | 155 | 62% |
| | 5,8 mm V2 | 2 | 2 | 2 | 2 | 2 | 2 | 1 | 1 | 1 | 1 | 1 | 1 | 0 | 0 | 0 | 0 | 0 | 0 | 78 | 31% |
| +45° | 7 mm V1 | 2 | 2 | 2 | 2 | 2 | 2 | 2 | 2 | 2 | 1 | 1 | 1 | 0 | 0 | 1 | 0 | 0 | 1 | 107 | 42% |
| | 7 mm V2 | 2 | 2 | 2 | 2 | 2 | 2 | 2 | 2 | 2 | 1 | 1 | 1 | 1 | 0 | 1 | 1 | 1 | 1 | 152 | 60% |
| | 5,8 mm V2 | 2 | 2 | 2 | 2 | 2 | 2 | 2 | 2 | 2 | 1 | 1 | 1 | 1 | 0 | 2 | 1 | 1 | 1 | 157 | 62% |
| 90° | 7 mm V1 | 2 | 2 | 2 | 2 | 2 | 2 | 2 | 2 | 2 | 1 | 1 | 1 | 0 | 0 | 2 | 0 | 0 | 0 | 106 | 42% |
| | 7 mm V2 | 2 | 2 | 2 | 2 | 2 | 2 | 2 | 2 | 2 | 2 | 2 | 2 | 1 | 0 | 1 | 0 | 0 | 0 | 140 | 56% |
| | 5,8 mm V2 | 2 | 2 | 2 | 2 | 2 | 2 | 2 | 2 | 2 | 1 | 1 | 1 | 1 | 0 | 1 | 0 | 0 | 0 | 116 | 46% |

Punktebewertung für Klasse 1 | 2 | 3

## 17.5 Technologievergleich: Ergänzende Versuchsdaten und Berechnungen

Tabelle 71:     Probentypen für die Referenzversuche

| Probenbe-zeichnung | Geometrie; Verwendung | Probenform | Stanzeisen |
|---|---|---|---|
| Rund 60 mm ohne Loch | Kreis Ø 60 mm; Flächengewicht, Kompaktierung | Ø 60 mm | |
| Rund 60 mm mit Loch | Kreis Ø 60 mm, konzentrisches Loch Ø 5 mm; Flächengewicht | Ø 60 mm | |
| Quadratisch 100 mm | Quadrat Kantenlänge 100 mm; Flächengewicht, Kompaktierung | 50 mm | |

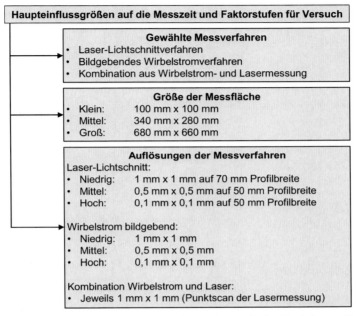

**Haupteinflussgrößen auf die Messzeit und Faktorstufen für Versuch**

**Gewählte Messverfahren**
- Laser-Lichtschnittverfahren
- Bildgebendes Wirbelstromverfahren
- Kombination aus Wirbelstrom- und Lasermessung

**Größe der Messfläche**
- Klein:     100 mm x 100 mm
- Mittel:    340 mm x 280 mm
- Groß:      680 mm x 660 mm

**Auflösungen der Messverfahren**
Laser-Lichtschnitt:
- Niedrig:   1 mm x 1 mm auf 70 mm Profilbreite
- Mittel:    0,5 mm x 0,5 mm auf 50 mm Profilbreite
- Hoch:      0,1 mm x 0,1 mm auf 50 mm Profilbreite

Wirbelstrom bildgebend:
- Niedrig:   1 mm x 1 mm
- Mittel:    0,5 mm x 0,5 mm
- Hoch:      0,1 mm x 0,1 mm

Kombination Wirbelstrom und Laser:
- Jeweils 1 mm x 1 mm (Punktscan der Lasermessung)

Abbildung 164: Haupteinflussgrößen auf die Messzeit der Prototypen-Prüfzelle

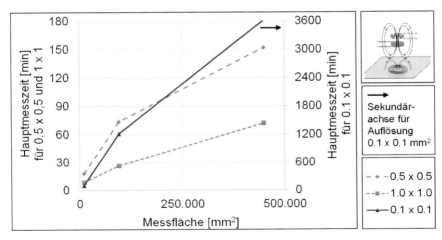

Abbildung 165: Hauptmesszeit des bildgebenden Wirbelstromverfahrens in Abhängigkeit der Messfläche und Auflösung

Tabelle 72:     Formeln zur Hochrechnung der Messzeiten für Mäander-Verfahrmuster

| Formeln | |
|---|---|
| | $$t_{LL\_0,1} = 0,0003 * A + 7,5035$$ $$t_{LL\_0,5} = 0,0002 * A + 8,8787$$ $$t_{LL\_1,0} = 0,0001 * A + 11,386$$ $$t_{WS\_0,1} = 0,4586 * A + 13899$$ $$t_{WS\_0,5} = 0,0168 * A + 1751$$ $$t_{WS\_1,0} = 0,0084 * A + 586,84$$ |
| Formel-zeichen | t:  Hochrechnung der Messzeit                                   [s]<br>A:  Messfläche                                               [mm²] |
| Indizes | LL:     Laser-Lichtschnittverfahren<br>WS:     Bildgebendes Wirbelstromverfahren<br>_0,1:   Auflösung 0,1 x 0,1 mm²<br>_0,5:   Auflösung 0,5 x 0,5 mm²<br>_1,0:   Auflösung 1 x 1 mm² |

Tabelle 73:     Messwerte und Hochrechnung zur Vakuum-Erzeugung für einen Flächenanteil der Stacks von 80 % auf der Messfläche

| Vakuum-Absolutdruck | Gemessene Zeiten Prototyp 680 x 660 mm² | Hochrechnung Serie 2200 x 1600 mm² |
|---|---|---|
| 0,2 bar | 1,3 s | 8,2 s |
| 0,05 bar | 1,9 s | 11,9 s |

## 17.6 Auszüge der Prüfanweisung der Prototypen-Prüfzelle

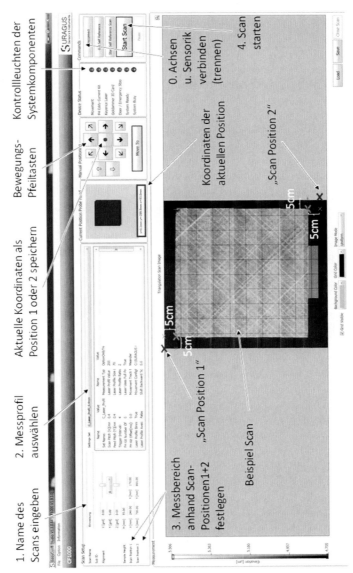

Abbildung 166: Bedienoberfläche der Prototypen-Prüfzelle mit Schritten zur Durchführung eines Scans

Tabelle 74:        Übersicht der Messprofile mit Einstellungen

| Messverfahren | LL | LL | LL | LL | LL | LL | LL | WS | WS | WS | LL+WS |
|---|---|---|---|---|---|---|---|---|---|---|---|
| Messprofil / Einstellungen | 2_Laser_Profil_1x70_400 | 9_Laser_Profil_0.5x7_0_300 | 10_Laser_Profil_0.25x70_250 | 11_Laser_Profil_0.5x70_400 | 12_Laser_Profil_0.1x50_100 | 13_Laser_Profil_0.5x50_400 | 14_Laser_Profil_0.25x50_200 | 6_EC_1x1_400 | 5_EC_0.5x0.5_100 | 15_EC_0.1x0.1_50 | 8_EC+Laser_Pkt._1x1_200 |
| Movement ConfigFile | 400 mm/s | 300 mm/s | 250 mm/s | 400 mm/s | 100 mm/s | 400 mm/s | 200 mm/s | 400 mm/s | 100 mm/s | 50 mm/s | 200 mm/s |
| Scan Pitch (X) | 1.0 | 0.5 | 0.25 | 0.5 | 0.1 | 0.5 | 0.25 | 1.0 | 0.5 | 0.1 | 1 |
| Scan Pitch (Y) | 1.0 | 0.5 | 0.25 | 0.5 | 0.1 | 0.5 | 0.25 | 1.0 | 0.5 | 0.1 | 1 |
| Movement Track Mode | Meander | Meander | Meander | Meander | Meander | Meander | Meander | Meander | Meander | Meander | Meander |
| Trigger Interval | 8 | 4 | 2 | 4 | 1 | 4 | 2 | 1 | 1 | 1 | 8 |
| FH Kit Number Of Program | 0 | 0 | 0 | 0 | 0 | 0 | 0 | 0 | 0 | 0 | 0 |
| Laser Uses Full Profile | ein | ein | ein | ein | ein | ein | ein | ein | ein | ein | aus |
| Laser Profile Binning | ein | ein | ein | ein | ein | ein | ein | ein | ein | ein | ein |
| Laser Averaging | aus | aus | aus | aus | aus | aus | aus | aus | aus | aus | aus |
| Laser Profile Size Mode | full | full | full | full | middle | middle | middle | full | full | middle | full |
| Laser Uses Profile Points | 350 | 350 | 350 | 350 | 250 | 250 | 250 | 350 | 350 | 400 | 350 |
| Laser Profil Value Index | 200 | 200 | 200 | 200 | 200 | 200 | 200 | 200 | 200 | 200 | 200 |
| Laser Profile Size (Y) | 70 | 70 | 70 | 70 | 50 | 50 | 50 | 70 | 70 | 70 | 70 |
| Laser Profile Raio (Y) | 5 | 5 | 5 | 5 | 5 | 5 | 5 | 5 | 5 | 1 | 5 |

Legende:        LL    Laser-Lichtschnitt
                WS    Wirbelstrom

## 17.7  Genutzte Software zur Messdatenauswertung

Tabelle 75:        Übersicht der genutzten Software zur Messdatenauswertung

| Software: Anwendungszweck | Software je Verfahren | | |
| --- | --- | --- | --- |
| | Industrie-kamera | Laser-Lichtschnitt | Wirbelstrom bildgebend |
| Matlab (insb. Image Processing Toolbox) in der Version R2015b der Firma Mathworks aus Natick, Massachusetts, USA: Messdaten-/Bildverarbeitung für Zielmerkmale mit Entwicklung eigener Software-Toolbox | X | X | |
| EddyEva in der Version 2.0 der SURAGUS GmbH, Dresden: Messdaten-/Bildverarbeitung für Zielmerkmale für kommerziell erhältliche Software | | | X |
| Excel in den Versionen 2016 und 2019 der Firma Microsoft aus Redmond, Washington, USA: Weitere Auswertungen und Erstellung von Diagrammen | X | X | X |

# 18 Anhang C: Technologievalidierung

Der Anhang C enthält ergänzende Versuchsdaten, Ergebnisse und Auswertungen zur Technologie- und Prototypen-Validierung (entsprechend der Verweise aus Kapitel 7).

## 18.1 Prozessanalyse: Ergänzende Versuchsdaten, Ergebnisse und Auswertungen

Tabelle 76:       Versuchseinstellungen zur Ermittlung des Einflusses von Dickstellen in Gelege auf die Kompaktierungskraft

| Merkmal 2 \ Merkmal 1 | $150\ g/m^2$, 5 mm | $150\ g/m^2$, 15 mm | $300\ g/m^2$, 5 mm | $300\ g/m^2$, 15 mm | ohne |
|---|---|---|---|---|---|
| $150\ g/m^2$, 5 mm | $X_{300}$ | $X_{300}$ | $X_{450}$ | $X_{450}$ | $|_{150}$ |
| $150\ g/m^2$, 15 mm | | $X_{300}$ | $X_{450}$ | $X_{450}$ | $|_{150}$ |
| $300\ g/m^2$, 5 mm | | | $X_{600}$ | $X_{600}$ | $|_{300}$ |
| $300\ g/m^2$, 15 mm | | | | $X_{600}$ | $|_{300}$ |
| $600\ g/m^2$, 5 mm | | | | | $|_{600}$ |
| $600\ g/m^2$, 15 mm | | | | | $|_{600}$ |
| ohne | | | | | Referenz |

**Legende:**      X:       Punktförmige Dickstelle an Kreuzungspunkt

                 |:       Linienförmige Dickstelle

                 Index:       Gesamtgrammatur der Dickstelle $[g/m^2]$

Tabelle 77:	Versuchsparameter zur Korrelationsanalyse der Dickstellen in Gelege-Stacks mit Kompaktierungskraft

| Lagenaufbau | Probekörper, Stichprobenumfang | Messfläche, Vakuum | Auflösung, Messmodus |
|---|---|---|---|
| CFL-2 (vgl. Abbildung 154) | 5 Stacks 600 × 600 mm²; n = 8 Proben je Faktorstufe, $n_{ges}$ = 136 | 740 × 700 mm², 0,05 bar | 1 × 1 mm², Linienscan |

Tabelle 78:	Gruppenbildung der punktförmigen Dickstellen

| Gesamtgrammatur \ Breite 1 x Breite 2 | 5 x 5 mm² | 5 x 15 mm² | 15 x 15 mm² |
|---|---|---|---|
| 300 g/m² | II | II | II |
| 450 g/m² | II | II | III |
| 600 g/m² | II | III | IV |

**Legende:**		II-IV:	Gruppen nach Abbildung 102

Tabelle 79:	Versuchsparameter zur Untersuchung der Effekte der Dickstellen in Vlieskomplex-Stacks im HD-RTM-Prozess

| Lagenaufbau | Probekörper, Stichprobenumfang | Messfläche, Vakuum | Auflösung, Messmodus |
|---|---|---|---|
| CFL-1 (vgl. Abbildung 154) | 7 Stacks 600 × 600 mm²; 96 Flusen/Dickstellen | 640 × 620 mm², 0,05 bar | 0,5 × 0,5 mm², Linienscan |

**Tabelle 80:     Vlieskomplex-Dickstellen in Bauteilen CFL-1**

| Lfd Nr. | Stack Nr. | Dicke (Max. Dickst. - Umgebung) [mm] | Bewertung Bauteil | ZfP Klasse (Δ Dicke) | MW Stack-dicke [mm] | Relative Dicke | ZfP Klasse (gesamt) |
|---|---|---|---|---|---|---|---|
| 1 | 2 | 0,65 | i.O. | i.O. | 3,93 ↘ | 1,165 | i.O. |
| 2 | 2 | 0,59 | i.O. | i.O. | 3,98 ↓ | 1,149 | i.O. |
| 3 | 2 | 0,58 | i.O. | n.i.O. | 3,98 ↓ | 1,145 | i.O. |
| 4 | 2 | 0,76 | i.O. | n.i.O. | 3,98 ↘ | 1,192 | n.i.O. |
| 5 | 2 | 1,44 | n.i.O. | n.i.O. | 4,04 ↗ | 1,357 | n.i.O. |
| 6 | 2 | 1,18 | i.O. | n.i.O. | 4,06 → | 1,290 | n.i.O. |
| 7 | 2 | 1,09 | n.i.O. | n.i.O. | 4,06 → | 1,268 | n.i.O. |
| 8 | 2 | 0,99 | i.O. | n.i.O. | 4,06 → | 1,244 | n.i.O. |
| 9 | 2 | 0,85 | i.O. | n.i.O. | 3,99 ↘ | 1,213 | n.i.O. |
| 10 | 2 | 0,87 | i.O. | n.i.O. | 4,01 ↘ | 1,216 | n.i.O. |
| 11 | 2 | 0,54 | i.O. | i.O. | 3,99 ↓ | 1,135 | i.O. |
| 12 | 2 | 0,48 | i.O. | i.O. | 3,93 ↓ | 1,123 | i.O. |
| 13 | 2 | 0,74 | i.O. | i.O. | 3,98 ↘ | 1,186 | i.O. |
| 14 | 2 | 0,48 | i.O. | i.O. | 3,99 ↓ | 1,121 | i.O. |
| 15 | 3 | 1,54 | n.i.O. | n.i.O. | 4,06 ↑ | 1,379 | n.i.O. |
| 16 | 3 | 1,17 | n.i.O. | n.i.O. | 4,06 → | 1,289 | n.i.O. |
| 17 | 3 | 1,39 | n.i.O. | n.i.O. | 4,04 ↗ | 1,345 | n.i.O. |
| 18 | 3 | 0,41 | i.O. | i.O. | 3,98 ↓ | 1,103 | i.O. |
| 19 | 3 | 0,63 | i.O. | i.O. | 3,98 ↓ | 1,158 | i.O. |
| 20 | 3 | 0,66 | i.O. | n.i.O. | 3,98 ↘ | 1,165 | n.i.O. |
| 21 | 3 | 0,73 | i.O. | n.i.O. | 3,93 ↘ | 1,187 | n.i.O. |
| 22 | 3 | 0,76 | i.O. | n.i.O. | 3,99 ↘ | 1,192 | n.i.O. |
| 23 | 3 | 0,95 | n.i.O. | n.i.O. | 4,01 → | 1,237 | n.i.O. |
| 24 | 3 | 0,82 | i.O. | n.i.O. | 4,01 ↘ | 1,205 | n.i.O. |
| 25 | 3 | 0,61 | i.O. | i.O. | 3,98 ↓ | 1,154 | i.O. |
| 26 | 3 | 0,89 | n.i.O. | n.i.O. | 4,01 ↘ | 1,222 | n.i.O. |
| 27 | 3 | 0,74 | n.i.O. | n.i.O. | 3,99 ↘ | 1,185 | n.i.O. |
| 28 | 3 | 1,40 | n.i.O. | n.i.O. | 4,06 ↗ | 1,345 | n.i.O. |
| 29 | 4 | 0,54 | i.O. | i.O. | 3,99 ↓ | 1,136 | i.O. |
| 30 | 4 | 0,74 | n.i.O. | n.i.O. | 3,99 ↘ | 1,186 | n.i.O. |
| 31 | 4 | 0,43 | n.i.O. | i.O. | 3,99 ↓ | 1,108 | i.O. |
| 32 | 4 | 0,87 | n.i.O. | n.i.O. | 3,99 ↘ | 1,218 | n.i.O. |
| 33 | 4 | 1,09 | n.i.O. | n.i.O. | 4,06 → | 1,269 | n.i.O. |
| 34 | 4 | 0,74 | n.i.O. | n.i.O. | 4,01 ↘ | 1,184 | n.i.O. |
| 35 | 4 | 1,18 | n.i.O. | n.i.O. | 4,04 → | 1,292 | n.i.O. |
| 36 | 4 | 1,48 | n.i.O. | n.i.O. | 4,04 ↗ | 1,367 | n.i.O. |
| 37 | 4 | 0,89 | n.i.O. | n.i.O. | 4,01 ↘ | 1,223 | n.i.O. |
| 38 | 4 | 0,81 | n.i.O. | n.i.O. | 4,01 ↘ | 1,202 | n.i.O. |
| 39 | 4 | 0,57 | i.O. | n.i.O. | 3,93 ↓ | 1,144 | i.O. |
| 40 | 4 | 0,55 | i.O. | i.O. | 3,93 ↓ | 1,141 | i.O. |
| 41 | 4 | 0,53 | i.O. | n.i.O. | 3,98 ↓ | 1,134 | i.O. |
| 42 | 4 | 0,38 | i.O. | i.O. | 3,93 ↓ | 1,098 | i.O. |
| 43 | 5 | 0,80 | n.i.O. | n.i.O. | 3,99 ↘ | 1,202 | n.i.O. |
| 44 | 5 | 0,54 | i.O. | i.O. | 3,98 ↓ | 1,135 | i.O. |
| 45 | 5 | 0,82 | i.O. | n.i.O. | 3,99 ↘ | 1,207 | n.i.O. |
| 46 | 5 | 0,80 | n.i.O. | n.i.O. | 4,01 ↘ | 1,198 | n.i.O. |
| 47 | 5 | 1,35 | n.i.O. | n.i.O. | 4,06 ↗ | 1,331 | n.i.O. |
| 48 | 5 | 0,37 | i.O. | i.O. | 3,99 ↓ | 1,092 | i.O. |
| 49 | 5 | 0,39 | i.O. | i.O. | 3,99 ↓ | 1,098 | i.O. |
| 50 | 5 | 0,53 | i.O. | n.i.O. | 3,93 ↓ | 1,135 | i.O. |
| 51 | 5 | 0,47 | i.O. | i.O. | 3,98 ↓ | 1,118 | i.O. |
| 52 | 5 | 0,95 | n.i.O. | n.i.O. | 4,01 → | 1,236 | n.i.O. |
| 53 | 5 | 1,72 | n.i.O. | n.i.O. | 4,04 ↑ | 1,426 | n.i.O. |
| 54 | 5 | 1,00 | n.i.O. | n.i.O. | 4,06 → | 1,247 | n.i.O. |
| 55 | 6 | 1,04 | n.i.O. | n.i.O. | 4,04 ↘ | 1,257 | n.i.O. |
| 56 | 6 | 0,55 | i.O. | n.i.O. | 3,93 ↓ | 1,140 | i.O. |
| 57 | 6 | 0,96 | n.i.O. | n.i.O. | 3,93 → | 1,244 | n.i.O. |
| 58 | 6 | 0,44 | i.O. | i.O. | 4,01 ↓ | 1,110 | i.O. |
| 59 | 6 | 0,84 | n.i.O. | n.i.O. | 4,01 ↘ | 1,209 | n.i.O. |
| 60 | 6 | 1,11 | n.i.O. | n.i.O. | 4,04 → | 1,274 | n.i.O. |
| 61 | 6 | 1,31 | n.i.O. | n.i.O. | 4,01 ↗ | 1,328 | n.i.O. |
| 62 | 6 | 0,86 | n.i.O. | n.i.O. | 3,99 ↘ | 1,215 | n.i.O. |
| 63 | 6 | 1,37 | n.i.O. | n.i.O. | 4,04 ↗ | 1,339 | n.i.O. |
| 64 | 6 | 1,39 | n.i.O. | n.i.O. | 4,06 ↗ | 1,343 | n.i.O. |
| 65 | 6 | 0,44 | i.O. | i.O. | 3,99 ↓ | 1,111 | i.O. |
| 66 | 6 | 0,66 | i.O. | n.i.O. | 3,93 ↘ | 1,168 | n.i.O. |
| 67 | 6 | 1,16 | n.i.O. | n.i.O. | 4,04 → | 1,288 | n.i.O. |
| 68 | 6 | 0,46 | i.O. | i.O. | 3,99 ↓ | 1,116 | i.O. |
| 69 | 7 | 1,00 | n.i.O. | n.i.O. | 4,01 → | 1,250 | n.i.O. |
| 70 | 7 | 1,23 | n.i.O. | n.i.O. | 4,04 ↗ | 1,305 | n.i.O. |
| 71 | 7 | 1,06 | n.i.O. | n.i.O. | 4,06 → | 1,260 | n.i.O. |
| 72 | 7 | 0,42 | i.O. | i.O. | 3,93 ↓ | 1,107 | i.O. |
| 73 | 7 | 0,67 | n.i.O. | i.O. | 3,93 ↘ | 1,171 | i.O. |
| 74 | 7 | 0,61 | i.O. | n.i.O. | 3,98 ↓ | 1,152 | i.O. |
| 75 | 7 | 0,59 | i.O. | n.i.O. | 3,99 ↓ | 1,149 | i.O. |
| 76 | 7 | 0,51 | i.O. | i.O. | 3,99 ↓ | 1,127 | i.O. |
| 77 | 7 | 0,66 | n.i.O. | n.i.O. | 3,99 ↘ | 1,165 | n.i.O. |
| 78 | 7 | 0,36 | i.O. | i.O. | 3,93 ↓ | 1,092 | i.O. |
| 79 | 7 | 0,70 | i.O. | n.i.O. | 3,98 ↘ | 1,176 | n.i.O. |
| 80 | 7 | 1,22 | n.i.O. | n.i.O. | 4,04 ↗ | 1,301 | n.i.O. |
| 81 | 7 | 1,55 | n.i.O. | n.i.O. | 4,04 ↑ | 1,385 | n.i.O. |
| 82 | 7 | 1,19 | n.i.O. | n.i.O. | 4,06 → | 1,293 | n.i.O. |
| 83 | 8 | 1,53 | n.i.O. | n.i.O. | 4,04 ↑ | 1,380 | n.i.O. |
| 84 | 8 | 0,97 | n.i.O. | n.i.O. | 4,06 → | 1,238 | n.i.O. |
| 85 | 8 | 0,92 | n.i.O. | n.i.O. | 4,01 → | 1,230 | n.i.O. |
| 86 | 8 | 0,67 | n.i.O. | n.i.O. | 3,99 ↘ | 1,168 | n.i.O. |
| 87 | 8 | 0,66 | n.i.O. | n.i.O. | 3,93 ↘ | 1,168 | n.i.O. |
| 88 | 8 | 0,52 | i.O. | i.O. | 3,98 ↓ | 1,131 | i.O. |
| 89 | 8 | 0,46 | i.O. | i.O. | 3,99 ↓ | 1,114 | i.O. |
| 90 | 8 | 0,84 | n.i.O. | n.i.O. | 3,99 ↘ | 1,211 | n.i.O. |
| 91 | 8 | 0,50 | i.O. | i.O. | 3,99 ↓ | 1,124 | i.O. |
| 92 | 8 | 0,66 | i.O. | i.O. | 3,99 ↘ | 1,165 | i.O. |
| 93 | 8 | 0,49 | n.i.O. | i.O. | 3,99 ↓ | 1,122 | i.O. |
| 94 | 8 | 1,13 | n.i.O. | n.i.O. | 4,06 → | 1,277 | n.i.O. |
| 95 | 8 | 1,76 | n.i.O. | n.i.O. | 4,04 ↑ | 1,437 | n.i.O. |
| 96 | 8 | 0,77 | n.i.O. | n.i.O. | 3,99 ↘ | 1,194 | n.i.O. |

Tabelle 81:    Versuchsparameter zur Untersuchung der Effekte von Dick-
               stellen in Gelege-Stacks im Preforming-Prozess

| Lagenaufbau | Probekörper, Stichprobenumfang | Messfläche, Vakuum | Auflösung, Messmodus |
|---|---|---|---|
| CFL-5 (vgl. Abbildung 154) | 60 Stacks 1090 × 718 mm²; n = 4 je Faktorstufe | 895 × 750 mm², 0,1 bar | 1 × 1 mm², Linienscan |

Tabelle 82:    Merkmalsunterschiede je Lage in Preforms CFL-5

| Charge; Position | Lagen des Preforms (von oben) | | | | | |
|---|---|---|---|---|---|---|
| | Lage 1 | Lage 2 | Lage 3 | Lage 4 | Lage 5 | Lage 6 |
| 1; 0° | $X_{600;25}$ | - | $X_{600;25}$ | $X_{600;25}$ | - | $X_{600;25}$ |
| 1; -45° | $X_{600;25}$ | - | - | - | - | $X_{600;25}$ |
| 1; +45° | - | - | - | - | - | - |
| 2; 0° | $X_{450;25}$ | - | $X_{450;25}$ | $X_{450;25}$ $X_{450;10}$ $X_{300;25}$ | - | - |
| 2; -45° | - | - | - | $\mathbf{X_{450;25}}$ | $\mathbf{X_{450;25}}$ | $\mathbf{X_{450;25}}$ |
| 3; 0° | - | - | - | $X_{300;20}$ $\mathbf{X_{300;15}}$ | - | - |
| 3; -45° | - | - | - | - | - | - |

**Legende:**   X:      Merkmalsunterschiede zu Referenz-Preforms der
                      Versuchscharge

              -:       keine Merkmalsunterschiede zu Referenz-Preforms
                      der Versuchscharge

       Indizes:  Versuchseinstellung mit Änderung der Merkmale
                 (Grammatur; Breite), Annäherung an **Grenzen**

Tabelle 83:        Relative Merkmalsdicke der Preform-Versuchseinstellungen

| Position | Grammatur [g/m$^2$] | Breite [mm] | Rel. Dicke |
|---|---|---|---|
| -45 | 450 | 10 ↗ | 1,277 |
| -45 | 450 | 25 ↑ | 1,316 |
| 0 | 150 | 25 ↘ | 1,196 |
| 0 | 300 | 10 ⇒ | 1,234 |
| 0 | 300 | 15 ↗ | 1,269 |
| 0 | 300 | 20 ↗ | 1,261 |
| 0 | 300 | 25 ↗ | 1,265 |
| 0 | 300 | 25 ↗ | 1,257 |
| 0 | 450 | 10 ↑ | 1,288 |
| 0 | 450 | 25 ↑ | 1,315 |
| Referenz Charge 1 | | ↓ | 1,145 |
| Referenz Charge 2 | | ↓ | 1,173 |
| Referenz Charge 3 | | ↓ | 1,165 |

Tabelle 84:        Versuchsparameter zur Untersuchung der Effekte von Dick-
                   stellen und Gassen in Gelege-Stacks im HD-RTM-Prozess

| Lagenauf-bau | Probekörper, Stichprobenumfang | Messfläche, Vakuum | Auflösung, Messmodus |
|---|---|---|---|
| CFL-4 (vgl. Abbil-dung 154) | 14 Stacks 1800 × 1000 mm$^2$; n = 1 je Faktorstufe | 2 pro Stack: 885 × 750 mm$^2$, 0,2 bar | 1 × 1 mm$^2$, Linienscan |

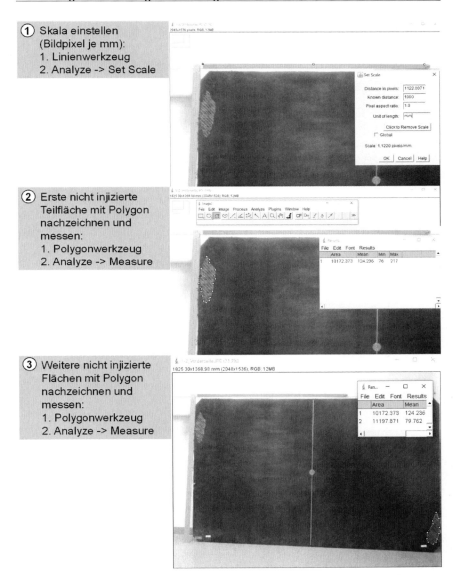

Abbildung 167: Vermessung der nicht injizierten Bauteilfläche mit der Software
ImageJ (1.53e) des National Institute of Health, USA

Tabelle 85:    Auswertung der nicht injizierten Bauteilfläche und Flächenanteil mit relativen Dicken > 1,08

| Nr. | Prozessfenster; Merkmalsvariante | Künstliche Merkmale | Position | nicht injizierte Fläche [mm²] | Flächenanteil rel. Dicke > 1,08 [%] |
|---|---|---|---|---|---|
| 1 | A; 6 | Gassen 5 mm | 0° und -45° Lage einzeln | 0 → | 0,33 → |
| 2 | A; 5 | Gassen 5 mm | 0° und -45° Lage überlagert | 0 → | 0,23 → |
| 3 | A; 1 | Rovings 10 mm | 300 g/m² angussnah | 0 → | 0,44 ↗ |
| 4 | A; 2 | Rovings 10 mm | 300 g/m² angussfern | 0 → | 0,28 → |
| 5 | A; 3 | Rovings 25 mm | 300 g/m² angussnah | 0 → | 0,87 ← |
| 6 | A; 4 | Rovings 25 mm | 300 g/m² angussfern | 594 → | 1,02 ← |
| 7 | B; Ref. 1 | Referenz (ohne) | | 0 → | 0,25 → |
| 8 | B; Ref. 2 | Referenz (ohne) | | 17.601 ↗ | 0,46 ↗ |
| 9 | B; 6 | Gassen 5 mm | 0° und -45° Lage einzeln | 29.119 ↑ | 0,20 → |
| 10 | B; 5 | Gassen 5 mm | 0° und -45° Lage überlagert | 0 → | 0,26 → |
| 11 | B; 1 | Rovings 10 mm | 300 g/m² angussnah | 24.272 ↑ | 0,30 → |
| 12 | B; 2 | Rovings 10 mm | 300 g/m² angussfern | 50.172 ← | 0,68 ↑ |
| 13 | B; 3 | Rovings 25 mm | 300 g/m² angussnah | 40.140 ← | 0,83 ↖ |
| 14 | B; 4 | Rovings 25 mm | 300 g/m² angussfern | 45.292 ← | 0,85 ↖ |

## 18.2 Qualitätsbewertung: Ergänzende Versuchsdaten, Ergebnisse und Auswertungen

Tabelle 86:        Versuchsparameter zur Untersuchung der Referenzkörper

| Lagenauf-bau | Probekörper, Stichprobenumfang | Messfläche, Vakuum | Auflösung, Messmodus |
|---|---|---|---|
| Präzisions-lehrenbän-der | 5 Prüfkörper 50 x 300 mm$^2$; n = 36 | 20 × 400 mm$^2$, 0,05 bar | 0,25 × 0,25 mm$^2$, Punktscan |

Tabelle 87:        Versuchsparameter zur Messsystemanalyse, Verfahren 1

| Lagenauf-bau | Probekörper, Stichprobenumfang | Messfläche, Vakuum | Auflösung, Messmodus |
|---|---|---|---|
| CFL-2 (vgl. Abbil-dung 154) | 1 Stack 360 x 750 mm$^2$; n = 33 | 50 × 50 mm$^2$, 0,05 bar | 0,25 × 0,25 mm$^2$, Punktscan |

Tabelle 88:        Versuchsparameter zur Messsystemanalyse, Verfahren 2

| Lagenauf-bau | Probekörper, Stichprobenumfang | Messfläche, Vakuum | Auflösung, Messmodus |
|---|---|---|---|
| CFL-2 (vgl. Abbil-dung 154) | 5 Stacks 180 x 250 mm$^2$; n = 3 je Stack und Prüfer | 50 × 50 mm$^2$, 0,05 bar | 0,25 × 0,25 mm$^2$, Punktscan |

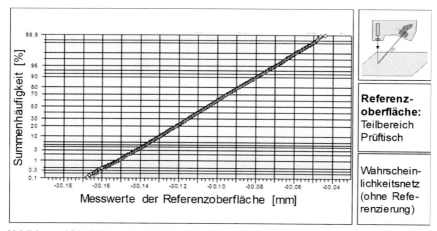

Abbildung 168: Wahrscheinlichkeitsnetz der Messwerte eines Teilbereichs der Referenzoberfläche

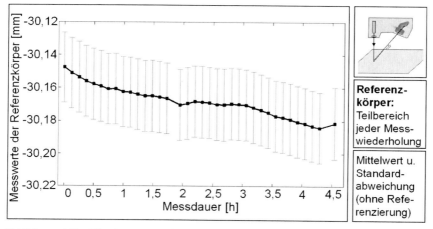

Abbildung 169: Mittelwert und Standardabweichung der Messwerte der Referenzkörper in Abhängigkeit der Messdauer

Tabelle 89: Versuchsparameter zur Klassifikation von Falten, Stack mit Lagenaufbau CFL-6

| Lagenauf-bau | Probekörper, Stichprobenumfang | Messfläche, Vakuum | Auflösung, Messmodus |
|---|---|---|---|
| CFL-6 (vgl. Abbildung 154) | 4 Stacks 375 x 350 mm$^2$; n > 30 + 30 je Stack (Verfahren 1 u. 2) | 600 × 400 mm$^2$, 0,05 bar | 1 × 1 mm$^2$, Linienscan |

Tabelle 90: Versuchsparameter zur Klassifikation von Falten, Stack mit Lagenaufbau CFL-7

| Lagenauf-bau | Probekörper, Stichprobenumfang | Messfläche, Vakuum | Auflösung, Messmodus |
|---|---|---|---|
| CFL-7 (vgl. Abbildung 154) | 4 Stacks 375 x 350 mm$^2$; n > 30 + 30 je Stack (Verfahren 1 u. 2) | 600 × 400 mm$^2$, 0,05 bar | 1 × 1 mm$^2$, Linienscan |

Tabelle 91:     Gewichtungsfaktoren g aller Klassen der relativen Gramma-
                turerhöhung für Stacks CFL-6/7

| Klasse | 0 | 1 | 2 | 3 | 4 |
|---|---|---|---|---|---|
| Ausprä-gung | ≤ 100 % | 150 g/m²; ≤ 125 % | 150 g/m²; ≤ 150 % | 150 g/m²; ≤ 175 % | 150 g/m²; ≤ 200 % |
| g | 0 | 0 | 0 | 0 | 0 |
| Klasse | 5 | 6 | 7 | 8 | 9 |
| Ausprä-gung | 150 g/m²; ≤ 225 % | 150 g/m²; ≤ 250 % | 150 g/m²; ≤ 275 % | 150 g/m²; ≤ 300 % | 300 g/m²; ≤ 225 % |
| g | 1 | 2 | 4 | 8 | 16 |
| Klasse | 10 | 11 | 12 | 13 | 14 |
| Ausprä-gung | 300 g/m²; ≤ 250 % | 300 g/m²; ≤ 275 % | 300 g/m²; ≤ 300 % | 600 g/m²; ≤ 225 % | 600 g/m²; ≤ 250 % |
| g | 32 | 64 | 128 | 128 | 128 |
| Klasse | 15 | 16 | 17 | 18 | 19 |
| Ausprä-gung | 600 g/m²; ≤ 275 % | 600 g/m²; ≤ 300 % | 600 g/m²; ≤ 325 % | 600 g/m²; ≤ 350 % | 600 g/m²; > 350 % |
| g | 128 | 128 | 128 | 128 | 128 |

Tabelle 92:     Formel zur Berechnung und Grenzwerte für die Qualitätsbe-
                wertung der Lagenaufbauten

| Formel | $$a_Q = \sum_{l=1}^{19} \left( g_l \cdot \frac{n_{el,l}}{n_{ges}} \right)$$ |
|---|---|
| Formelzeichen | $a_Q$:   Flächenanteil für die Qualitätsbewertung <br> $g_l$:   Gewichtungsfaktor der Klasse (aus Tabelle 91) <br> $n_{el,l}$:   Anzahl Rasterelemente je Klasse <br> $n_{ges}$:   Anzahl Rasterelemente des Stacks gesamt <br> $l \in [1, 19]$   Klasse Nr. |
| Grenzwerte Qualitätsbewertung | Stack CFL-6/7 mit Geometrie 375 x 350 mm$^2$: <br><br> $a_Q < 0,5$:   Prüfergebnis i.O. <br> $0,5 \leq a_Q < 0,6$:   Warnung, Nachprüfung erforderlich <br> $a_Q \geq 0,6$:   Prüfergebnis n.i.O. |